三坑村石门炉东庆楼

三坑村石门炉瑞兴楼

莒舟村上溪坂谦亨楼

莒舟村三井崇德楼

新祠村卢景云楼

新祠村卢尾先春楼

新祠村黄乾逢原楼

象山村山埔东顺楼

象山村洋心底中楼

兰田村4组过山楼

兰田村4组裕德楼

兰田村5组善庆楼

兰田村瑞凝楼

兰田村塘垌镇春楼

兰田村塘垌凤益楼

洋东村山坪头红土楼

洋东村山坪头承德楼

洋东村山坪头映山楼

洋东村洋邦攸宁楼

洋东村洋邦崇德楼

洋东村洋邦仁德楼

洋东村洋邦聚成楼

洋东村上赖丰田楼

洋东村上赖顺信楼

洋东村上赖永成楼

洋东村上赖裕春楼

中心村上亲瑞桐楼

中心村上亲仰文楼

中心村上亲馀春楼

中心村上亲长春楼

中心村上亲紫霖楼

中心村上亲馀庆楼

中心村上亲凤鸣楼

中心村上亲佳基楼

中心村上亲安吉楼

中心村上亲赞绪楼

中心村上亲萃德楼

中心村上亲培德楼

中心村上亲绵德楼

中心村上亲瑞和楼

中心村上亲崇德楼

中心村上亲瑞庆楼

中心村上亲和致楼

中心村上亲凝德楼

中心村上亲怡德楼

中心后街炮楼

中心老市场炮楼

中心村肃威延禧楼

中心村肃威裕德楼

中心村肃威景云楼

中心村肃威福山堂DSC07300

中心村肃威裕福楼

中心村肃威春晖楼

中心村肃威龙田楼

中心村墩古重庆楼

中心村墩古瑞庆楼

中心村墩古治燕楼

中心村墩古德春楼

中心村墩古耕书楼

中心村墩古在田楼

中心村墩古攸宁楼

中心村墩古桂新楼

中心村墩古護宁楼

中心村墩古望德楼

中心村墩古聆凤楼

中心村墩古奋裕楼

中心村墩古振东楼

中心村墩古长春楼

中心村墩古益谦楼

中心村墩古维新楼

中心村墩古成志楼

中心村墩古式谷楼

中心村墩古馀庆楼

中心村墩古瑞云楼

中心村墩古怡致楼

中心村墩古环翠楼

中心村墩古古丰楼

中心村东甲崇安楼

中心村东甲宝田楼

中心村东甲龙德楼

中心村东甲敦安楼

中心村东甲聚庆楼

中心村东甲东裕楼

中心村东甲裕丰楼

中心村东甲仰华楼

中心村东甲新庆楼

中心村东甲恒升楼

中心村东甲翼诚楼

中心村东甲馀庆楼

中心村东甲树勋楼

中心村东甲树德楼

中心村东甲东成楼

中心村东甲东恒楼

中心村东甲绍德堂

中溪村龙埔祥云楼

中溪村龙埔崇庆楼

中溪村龙埔逢源楼

中溪村龙埔安和楼

中溪村龙埔得月楼

中溪村龙埔奕昌楼

中溪村龙埔萼华楼

中溪村龙埔活源居

中溪村龙埔澄波楼

中溪村龙埔恒德楼

中溪村龙埔人和楼

中溪村龙埔迴州楼

中溪村龙埔善庆楼

中溪村龙埔福宁楼

中溪村龙埔卿云楼

中溪村龙埔和致楼

中溪村龙埔潆洲楼

中溪村龙埔诒德楼

中溪村柳溪太史第

中溪村柳溪忠隆堂

中溪村柳溪德庆楼

中溪村柳溪西贯楼

中溪村柳溪三成楼

中溪村柳溪仰善楼

中溪村柳溪绵庆楼

中溪村柳溪西成楼

中溪村柳溪乐和楼

中溪村柳溪怀德楼

中溪村柳溪西善楼

中溪村大中文庆楼

中溪村大中龙德楼

中溪村大中东春楼

中溪村大中毓秀楼

中溪村大中泰和楼

中溪村大中善成楼

中溪村大中和庆楼

中溪村大中丰德楼

中溪村大中诒谷楼

中溪村大中瑞凤楼

中溪村大中朝新楼

中溪村大中东成楼

中溪村大中仰型楼

中溪村大中留源楼

中溪村大中宏德楼

保丰村中圩崇德楼

保丰村中圩聚秀楼

保丰村中圩永春楼

保丰村中圩协成楼

保丰村中圩联芳楼

保丰村中圩天然楼

保丰村中圩观成楼

保丰村中圩阳春楼

保丰村中圩东华楼

保丰村中圩保和楼

保丰村中圩庆芳楼

保丰村中圩祥乾楼

保丰村中圩诒福楼

保丰村中圩祥和楼

保丰村中圩馀庆楼

保丰村中圩西兴楼

保丰村中圩燕昌楼

保丰村中圩苞竹楼

保丰村中圩绿沙别墅

保丰村中圩南阳楼

保丰村中圩栖燕楼

保丰村中圩丹桂行

保丰村中圩水车楼

保丰村中圩慎德楼

保丰村中圩萼馨楼

保丰村中圩拱秀楼

保丰村保宁隆安楼原貌

保丰村保宁凝庆楼

保丰村保宁岳崇楼

保丰村保宁盘谷楼

保丰村保宁天然居

保丰村保宁安所楼

仁和村保泰宁德楼

仁和村保泰庆云楼

仁和杜保泰衍庆楼

仁和村保泰屏山楼

仁和村保泰申有楼原貌

仁和村保泰辉德楼

仁和村保泰广业楼

仁和村保泰和成楼

仁和村王乾中央楼

仁和村北山仰燕楼

仁和村北山长春楼

仁和村北山仰田楼

仁和村北山观成楼

仁和村北山庆善楼

仁和村北山庆馀楼

仁和村北山崇福楼

仁和村北山光裕楼

仁和村北山西兴楼

仁和村北山天成寨

仁和村安彬聚兴楼

仁和村安彬南兴楼

仁和村安彬敦和楼

仁和村安彬怡德楼

安彬望庆楼

仁和村安彬庆馀楼

仁和村王乾绵庆楼

仁和村王乾东成楼

仁和村王乾东兴楼

仁和村王乾庆馀楼

仁和村南墩裕兴楼

仁和村南墩燕诒楼

仁和村南墩望月楼

营坑村城坑舜行楼

营坑村城坑虑善楼

营坑村寒树下西安楼

营坑村寒树下元德楼

营坑村后头山福兴楼

白叶村白叶大楼

白叶村荣庆楼

上屿村和德楼

上屿村东华楼

下屿村高中楼

下屿村中和楼

下屿村和建楼

下屿村永新楼

下屿村溪尾辅庆楼

下屿村溪尾庆馀楼

温庄村瑞和楼

温庆村解放楼

温庄村东风楼

坂溪村溪柄新楼

坂溪村溪柄维新楼

坂溪村溪柄馀庆楼

坂溪村坂寮瑞兴楼

坂溪村坂寮新月楼

坂溪村后坂永安楼

坂溪村窑头鼎新楼

坂溪村永溪大楼

福建龙岩适中土楼实测图集

路秉杰　谢炎东　主编

中国建筑工业出版社

图书在版编目（CIP）数据

福建龙岩适中土楼实测图集/路秉杰，谢炎东主编．—北京：中国建筑工业出版社，2009

ISBN 978－7－112－10816－9

Ⅰ．福…　Ⅱ．①路…②谢…　Ⅲ．民居－建筑测量－龙岩市－图集　Ⅳ．TU241．5－64　TU198

中国版本图书馆 CIP 数据核字（2009）第 034989 号

责任编辑：张振光　费海玲
责任设计：董建平
责任校对：陈晶晶　刘　钰

编者的话

1992 年 7 月 27 日至 8 月 21 日，我校建筑学专业 89 级师生共计 75 人，与福建省龙岩市建设委员会、城市规划局以及适中镇政府联合共同考察了适中方形土楼建筑。计考察实测各种不同类型方形及椭圆形土楼 23 座。绘图 121 张，报告书 10 万余字。对适中镇建筑的奇异发展有了更深的了解。这是三方共同努力的结晶，成果也为三方所共享共有。结束时，曾在适中镇、龙岩市分别进行汇报展出，深受群众和领导的好评。共同认为这是“使世界了解适中，使适中走向世界”迈出了可喜的第一步，并相约继续合作下去。无疑这对解决高校某些专业实习经费不足，和解决地方开发建设中的实际问题有启示意义。现将实测图纸编辑成册，提供有关各方参考。当然，由于学生尚处在学习阶段，对传统建筑的了解还很有限，加之来去匆匆，表现不够、不妥或甚至错误之处，在所难免，请读者使用时注意，并不吝赐教，以便再版时修正。

编者

福建龙岩适中土楼实测图集
路秉杰　谢炎东　主编
*
中国建筑工业出版社出版、发行（北京西郊百万庄）
各地新华书店、建筑书店经销
北京嘉泰利德公司制版
北京建筑工业印刷厂印刷
*
开本：880×1230 毫米　横 1/16　印张：10¼　插页：8　字数：324 千字
2011 年 1 月第一版　2011 年 1 月第一次印刷
定价：**39.00** 元
ISBN 978－7－112－10816－9
（18054）

仿佛仙山入梦初
自怜老眼未模糊
流风已随宋元去
如此楼台岂易图

陈从周题

（这是同济大学著名教授为本书内部刊印时的题诗。）

目　录

福建龙岩适中土楼的初步考察

路秉杰

选 择

自从 1957 年读到刘敦桢著《中国住宅概说》后，我就被书中福建永定县高大宏伟的土楼建筑群所吸引，直到 1985 年趁到华侨大学讲学之缘，才有机会实地见到土楼的面貌。那时是从厦门方向北上，对闽西南的城市位置、地理风景还很陌生，出了厦门进入漳州，首先映入眼帘的是辽阔的海滩平原，引人注目的是公路两侧的柳桉，时而见到三五成群头顶黄笠，上着短襟蓝衫，下着黑裤的惠安女；过了漳州，则是十里蕉林；过了南靖就一路上山。至和溪才感到民居风格为之一变。特别是一座迎路小楼，其比例、风格与日本奈良东大寺南大门极其相似，这就是我七八年来，万余张民居摄影中的第一个镜头。经过一段蜿蜒曲折，触目惊心的山中爬行之后，豁然开朗，山中盆地，高楼耸立，栉比连檐，平平的屋顶，深深的出檐，高大宏伟的墙体，配上小小的窗洞，远望若城，和北京的城楼相仿佛，我以为永定到了，欣喜若狂，两眼也只有紧盯着窗外，忽左忽右，大有应接不暇之感，因为事先毫无准备，照相机箱子也来不及打开，就一晃而过。事后才知道这是适中，不是永定。过了适中，尽是山路，很少见到人家，即使有建筑，也很平平。出了王坑，是一片大坡，远望龙岩市湮没在紫气之中。趁换乘的短暂时间，游览了龙岩市区，除了发现当地建筑插栱用法较普及之外，似乎找不到高大雄伟的土楼建筑的痕迹。非但没有 4、5 层的土楼，连 3 层的也看不到，偶尔所见仅 2 层而已。到了永定县，可说是土楼王国了，但圆寨仍极少见，去永定县城的路上也只有一两座，不特别注意的话，根本不会发现。对外人来说对土楼第一个强烈印象大都在适中。

自此以后，我就一直盘算着，倘若能把我系的学生带来看看土楼建筑那是很有意义的！在楼内外各方的积极支持下，我这一愿望终于在 1987 年实现了。首先在漳州市文化局、建委及南靖县府、文化局、文化馆的热情支持下到了南靖，师生 110 多人，这样浩浩荡荡的考察大军的确是空前的。当时是以圆寨为中心，因为方楼实在太多了，一时还顾不上。圆寨也不少，仅书洋一乡我所见到有名称有记录的就有 100 余座，据县文化馆统计全县达 500 余座。第二年到了永定，对古竹、湖坑、下洋三乡的圆寨进行了考察实测。第三年再到永定，全部集中在坎市一镇，这时才开始了对方楼的考察。因为当时我看到拥挤的公路必然要拓宽，两侧的土楼无论如何也将会保存不下去的，应该先做资料性保存。果不出所料，时隔不到两年，那座被俗称“太子楼”的双胞胎式土楼已踪影全无。第四年即 1990 年去了安徽九华山的后山，1991 年到广东梅州市，它有“客都”之称，使我有机会纵、横贯穿广东省，从东、西两侧接通了闽西南与粤东北的联系，对客家文化中的客家民居的认识更加开阔和全面。围陇屋、杠式楼的发现，更加丰富了客家民居文化。1992 年使我多年来想考察适中客家民居的憧憬实现了。这次，一年之中我三下适中，结识了许多志士仁人，除去当时龙岩市副市长李福海、建委林仁川、规划局马伯钦等同志外，尚有适中镇谢炎华、谢梓东同志，累计工作日数达 30 天。中国的民居文化实在是太丰富了，令人着迷的东西太多了。本想走遍适中乡 14 个行政村的每个角落、查实三层以上 362 座大楼的全部情况，实际上最终也只能是沿公路沿线的主要地区而已。查明的土楼也不过百余座。

沿　革

在我国最古的地理书《禹贡》中，将长江中下游概称为扬州南蛮之地。那时的适中未必已纳入《禹贡》范围。《周礼·夏宫·职方氏》中称七闽。战国属越。秦属闽中群。汉初为闽越国，为汉武帝刘彻所灭，徙其人，圩其地，后复生聚，因之为治县，属会稽郡。汉末分治县为东、南二县，适中属南治县。三国吴为建安郡。西晋太康三年（282年）析建安郡之一部为晋安郡，龙岩初名苦草镇。南朝梁天监年间（502～519年）龙溪置县，即今漳州，原在漳浦，786年移今址。适中属漳州郡龙溪县。

唐开元二十四年（736年）于苦草镇始设新罗县，属汀州。不久，至天宝元年（742年）改称龙岩县，属漳州。自此历经宋、元、明、清朝尽属漳州。龙岩县有24里，适中属龙门里称上坪堡。清雍正十三年（1735年）升龙岩县为龙岩州。至民国2年（1913年）废府、州，龙岩复为县，隶属于汀漳道。民国4年（1915年）龙岩县直属于福建省。

诚如“吴公像祠”记中所载：“地跨山海，雄截乎四方咽喉”，“万山居之，地隘民稠，俨然如藩屏”，“为往还京师所系，尽皆鸟道，旧无遷庐，后建驿，纪适中”，这是适中得名的开始，时在大明嘉靖十二年癸巳（1533年）。祠记中还载有“皇华驻节于此”，实际上，早在明成化年间（1465～1487年）龙岩县知县陶博，已于50余年前置“上坪公馆”，设巡按、巡通、理刑三馆；另在缘岭（今仁和村北山）建有“北坪公馆”，设中军营。由于适中是闽西南、粤东北通向京师的要道，遂使适中这个万山环居的小村落逐渐发展起来。“吴公像祠”记中的吴公是明万历十五年（1587年）到十七年的龙岩知县，先后不足两年的时间，适中人何以为他树像立祠？记中只言：“以候考绩报政称最”，其具体内容并未明说出来。根据历代相传吴公守忠是适中大恩人。当吴公来任时，送往京师的“皇扛”在适中境内被劫，朝廷震怒，欲遣兵剿灭适中。适中士绅惶恐，具结申辩，其中言曰：“贼人随抢随散”。状子送到龙岩县吴守忠那里，他思之再三，以为此言不妥，“随抢随散”，必然散居附近民间，正合剿灭之理，应改为“随抢随去”，这说明是过路强盗，与本地无涉，或关系不大，断无进剿平民之理，因此拯救了适中生民。众民念其救命之恩，于明万历十六年（戊子，1588年）夏五月，建立像祠，颂其功德。今碑记尚存。

历史沿革与上述传说正说明了适中的重要地位。

开　基

再从适中开发的过程来看，亦与其重要地位相适应。

据现存五大姓（陈、林、赖、谢、郑）家谱来看，以陈姓来适中最早，约在南宋初年，即绍兴、乾道、淳熙年间（1131～1189年），自称是开漳圣王陈元光（657～711年）后裔。当然上距陈元光已500余年。陈元光是唐初名将陈政之子，是建立漳州后的第一任刺史。其所率中原大军及其家属最后完全流落在闽南各地是完全符合历史事实的。陈氏子孙未必都是直接来自河南光州固始县。也不知道是陈元光的第几代裔孙名陈七七，陈八八，始迁龙岩，住龙坪岭头。陈七七之孙陈小十，讳古峰者开基适中，这就是现代陈姓适中开基的一世祖。

适中现存最古建筑两座，其一位于适中中学内的奎楼，其二为文明塔。两座建筑南北相距10公里余，遥遥相对，今验之以罗盘，两建筑相对方向不偏不倚。传说是根据南宋理学家朱熹（1130～1200年）的建议建造的。朱熹南宋初年侨寓福建。确实曾到过漳州，至今尚有遗迹存在。朱熹本人未到适中，而是据其适中弟子的请求而提出如上建议的，并说当时已有修来堂，拟请朱熹来此讲学。这样把适中的开基追溯为南宋初年，无论从哪个方面来看，都是可以找到证据的。当然，在此之前也不能断言一户人家也没有，因为历史上的大姓和今存的大姓并不完全一致，历史上的四大姓王、严、筱、张，其中张姓尚有329人，严姓6人，王姓4人，筱姓早已绝迹了。所以，我们只能说适中开始发达起来是在南宋初期，有人迹活动的历史更早。

遗　迹

到南宋末年由于历史演变，适中就完全在历史上占有一席之地了。现存坂寮岭下“丞相垒”，当地人呼为倒岭头，山势盘曲峻绝，据明代碑文“皇明赐谥忠烈故宋少保右丞相信国公文山文公天祥举义驻师故垒”，是文天祥驻兵的地方。史书记载宋景炎二年（1277 年），文天祥从长汀龙岩率军移屯漳州，适中是必经之路，其旁之桥称国公桥，盖因文天祥率军通过故称，亦是旁证。且尚有能与故垒联系起来的古驿道存在，证明并非虚构。立碑者为龙岩知县曹胤儒（太仓人），时在明万历十年（1582 年），又有历代文人记述和歌颂此事。如曾任龙岩知府的南靖人吴之望，有诗曰：

丞相碑亭傍蒿莱，渭南无复叹奇才；
临危始受匡时托，濒死还期卷土来。
万里舆图沉岭海，一腔忠义赴燕台；
行人莫问行军处，岩下泉声不尽哀。

适中神童林希尹（泰）（1793～1809 年）题国公桥诗也是写的这回事，诗曰：

当时丞相过桥东，战马萧萧满路风；
万古人间留壮烈，百年溪水泣英雄。
伤心荒涧碑犹在，极目寒山事已空；
怀古不堪回首望，冷烟衰草夕阳红。

该桥亦称驻师桥，位于倒岭头与南礅十八兀间之打石坑口，距适中 8 公里。

传　闻

适中尚有侍御桥者，位于保宁村“新安祠”左麻公圳上。传为适中士绅迎候文天祥护送之南宋皇室之处。同时，适中人婚俗中还有闺女出嫁可着凤冠蟒袍，乘四人轿。妇女死后不管其夫有无官职皆可称孺人，这是由于适中谢氏妇女曾为期届临盆的谢太后接生成功所获得的特封。这和广东梅州的昺村极相似。南宋王室由浙、赣逃至闽、粤，已贫困不堪，对于恩深义重的臣民无以为赏，只好开一些空头支票，甚至连自己的名字也赐给村民了，不能不说从另一个侧面反映了历史的真实情况。南宋最后一个皇帝确实叫赵昺，当时也确实有个当政的谢太后，陆秀夫负帝投海的正是这个赵昺，他们也的确先经过闽西南，粤东北，最后退到崖山而投海的（今广东新会境内）。在这段历史中，适中登上了历史舞台，当然不是无稽之谈。

南宋末元初林氏也来了适中。在福建有陈、林半天下之称。适中林氏始祖林九郎居象山。

谢氏虽说是元中统年间（1260 年前后）迁居适中后间的，较文天祥来此尚早十七八年，故与传说中的谢氏妇女为谢太后接生成功也是相符的。

明初洪武年间郑氏迁徙至莒舟。

卢氏自永定坎市迁来，当在明中叶以后，因为坎市卢氏是明弘治年间才迁去的。如此一来直到明中后期适中已相当发达了。明末天启年间谢殿吁应科举考试成为适中的第一个举人。

土楼兴起

大约就在明中后期，烟草自南洋传入福建，在这一地区开始种植、吸食起来，很快流向全国。适中的皮丝烟商（皮丝烟，是烟丝的一种称呼——作者注）分布在陕西、河南、河北、山东、山西、江苏、浙江、江西、广东等各主要省份，到南洋经商的人也不少，他们发财还乡后竞相建造高大的土楼。清代的雍正、乾隆、嘉庆期间达到了高潮（1723～1820 年）。据适中《文史通讯》第一期“适中土楼”（作者岂闻，油印）统计，最盛期达 300 余座。经过清同治三年（甲子，1864 年）的太平军战役烧毁 38 座，中华民国 13 年（甲子，1924 年）军阀混战又毁 22 座，适中人称“前后两甲子”。

清雍正十年（1732 年）雁石巡检司迁来适中。有清一代把整个龙岩县划分为六坂十八社，适中社是其中之一。1922 年成立保卫团，1926 年成立保商团，后改名保安团，1927 年被驻龙岩的陈国辉军解散。同年共产党发动后田起义、石门炉起义，建立苏维埃政权。1933 年 10 月十九路军驻龙岩，翌年秋陈铭枢成立人民政府，适中为区人民政府所在地，施行保甲制。1938 年缩联保为乡镇，适中始称镇。新中国成立后，1957 年撤区并乡，改称适中乡。

大楼数量

适中人给大楼的定义是 4 层以上才称大楼，一般只能称楼。并说适中大楼 362 座，现存 242 座，言之确凿。经我实地考察核对的土楼有 70 余座。分列于后：

1. 庆云楼
2. 绵庆楼（仁和）
3. 圆寨楼（凹口）
4. 申有楼
5. 庆芳楼
6. 岭边楼
7. 辉德楼
8. 西兴楼
9. 石溪斋
10. 东华楼（俗称棺材楼）
11. 识思楼
12. 辉德楼
13. 宁德楼
14. 和成楼
15. 东成楼
16. 燕裕楼
17. 裕兴楼
18. 裕德楼
19. 怡德楼
20. 凹口楼
21. 蹓口楼
22. 庆成楼
23. 溪坝楼
24. 松坑楼
25. 和庆楼
26. 崩片楼
27. 善成楼
28. 西善楼
29. 绵庆楼（同名之一）
30. 太和楼
31. 西贯楼
32. 回洲楼
33. 文庆楼
34. 东春楼
35. 龙田楼
36. 文波楼
37. 贯川楼
38. 红土楼
39. 培德楼
40. 树德楼
41. 翠德楼
42. 诒燕楼
43. 瑞庆楼
44. 长春楼
45. 和致楼
46. 文绵楼
47. 永宣楼
48. 古风楼
49. 典常楼
50. 绪源楼
51. 赞宁楼
52. 毓庆楼
53. 毓夫楼
54. 凤鸣楼
55. 隆庆楼
56. 裕丰楼
57. 裕德楼
58. 德辉楼
59. 安水楼
60. 鸿文楼
61. 美国楼（茂国楼）
62. 燕诒楼（南磡大楼）
63. 两成楼（太史第）
64. 披云堂
65. 元泉楼
66. 崇安楼
67. 宝田楼
68. 隆德楼
69. 敦安楼
70. 紫田楼
71. 东裕楼
72. 朝鲜楼
73. 七魁楼
74. 凝福楼
75. 乃和厝（和土楼）

前甲子

清同治三年（1864 年）毁于太平军之战的楼有：

行政村名	自然村名	被焚楼名	备注
中心村	敦古	麟德楼　方树楼　玉成楼　素庵楼 湖洋楼　大夫经　圳尾楼 振东楼　振云楼　前楼	1. 据老人传说，被焚毁大小楼房总计 82 座
	上亲 浮山 东甲	宗谦楼 裕燕楼　和春楼 东山楼　广泰楼	2. 温庄合东兴楼在内被烧楼房 9 座

续表

行政村名	自然村名	被焚楼名	备注
中溪村	龙埔	竹篙楼　复兴楼　萃庆楼 萦波楼　承庆楼	3. 有址可查者52座
	柳溪 大中	德庆楼　崩溪楼　西春楼（5层） 贵英楼	
保丰村	中圩	西安楼　半山居　东安楼 赞源楼三个	
	保宁	封公楼　赖洋寨二座　德玉公楼　圆潭楼	
仁和村	保太	作求楼　成庆楼　泽春楼 锡思楼　和庆楼　德申楼 朝阳楼　馨桂楼	
	安彬	白楼仔	
温屿	温庄	东兴楼等九座	

后甲子

中华民国15年（1924年）被赣军烧毁土楼

行政村	自然村	被焚楼名	备注
中心村	敦古	永谷楼　成德楼　豫耕楼 湖洋楼　横楼	1. 赣军焚楼总计28座
	上亲 浮山	和致楼 稀月楼　裕福楼	2. 中圩的苞竹楼边塌楼，刘尾楼边塌楼，诒福楼边塌楼均待查明
	东甲	翠文楼　东兴楼　立诚楼　东裕楼横楼、万山行内楼和外楼	
中溪村	龙埔	岗源楼　碧沙楼	

余　劫

中华民国21年壬申（1932年），中国工农红军围困适中时，在洋邦发动群众，组织工农政权，保安队分子谢才业住厝被烧，红军回师龙岩后，保安队进行报复，全村楼厝全部被烧光，有：钧同楼、怀仁楼、吊景楼、阳兆楼、惠州楼、任峰公楼、金盘楼等，可记名称者7座，致使洋邦村至今可称楼者只剩一座而已。

同年，适中保安队在石门炉村抓人烧楼，仅3层以上被焚大楼就有8座，即怡顺楼、东庆楼、燕诒楼、成金楼、石安楼、瑞兴楼、湖洋楼、西庆楼。

这样，自1864年至1932年前后68年间被人为烧毁大楼达125座。

溯　源

我们这次实测了26座建筑，其中土楼23座，祠堂3座。23座土楼中，除1座是椭圆形圆寨外，其他22座全属方形土楼。就建造时间来看，最早的可推断到南宋建炎二年（1128年）至今已860余年了。这是当地公认的最古土楼，称古风楼，为陈氏开基适中时所建，位于适中镇中心村，龙漳公路的西侧。其次是谢氏开基适中的祖居，位于仁和后间的隆安楼，俗称后间大楼，谢氏今为适中第一大姓，占总人口的57.88%，其起源全都在后间隆安楼。据家谱记载，谢氏第五世祖生于明洪武六年（1373年），则一世祖迁适中开基当在1290年前后，正是宋元交替的时候。其他尚有4座传说比较古的土楼，其一是位于中心村东甲的红土楼，据说是林氏开祖从蔡氏家族购进的，考之当地地名，距蔡坑极近，蔡坑虽然已无蔡氏人居住，但从名称看当为蔡氏开创而无疑，传说已有500余年历史也是可信的，当属明代中前期遗物。此外尚有3座公认较古的，即位于贵中溪的西贯楼、松坑楼，位于仁和的绵庆楼。前两座均为谢氏，后一座为林氏。可以推断修建年代为明末。其余16座，皆属清代。如以开工年份来统计，属清前期康熙年间的有，庆云楼、回洲楼、太和楼、东裕楼；属乾隆年间的有，三成楼、典常楼、和致楼、长春楼、美国楼。属咸丰年间的有东成楼；属清末光绪年间的有申有楼（重建）、东华楼。虽然不敢说绝对正确，但大致上可以给我们勾画出一个历史轮廓，应该说是不会错的。从这里我们不难看出，第一，建筑规模逐渐扩大，到康熙、乾隆达到了顶峰，然后又日趋萎缩；第二，建筑装修质量日趋高级、华丽，也是至康乾盛世达到顶峰，然后日趋没落；第三，建筑技术上日趋进步，墙体愈来愈薄，平面布局、房间大小都日趋合理和公式化、程式化；第四，建筑风格从自然淳朴，粗犷豪放，而日趋纤细繁冗，过分雕琢，力度不足，这和整个适中的诞生发展和衰落相适应的。

史 表

历史时代		楼名
南宋	建炎二年（1128年）	古风楼
元		后间大楼（隆安楼）
明	初	
	中	红土楼
	末	西贯楼　松坑楼　绵庆楼
清	康熙	庆云楼　回洲楼　太和楼　东裕楼
	雍正	
	乾隆	三成楼　典常楼　和致楼　长春楼（和春楼） 申有楼　裕兴楼　龙田楼　燕诒楼
	嘉庆	善成楼　美国楼
	道光	
	咸丰	东成楼
	光绪	（重建）申有楼　东华楼

高 度

土楼之所以引人注目首先是因为它的高度和体量。使用夯土建筑的国家和民族，并不只限于中国。欧洲的西班牙、希腊，北非、东非，近东、中东、中亚，以至于中国内地，建筑材料主要都是土石，尤其在大量的民居建筑中，可以说以土为主。使用的技术都是夯筑型的，即黏土里面加适当的水，干燥密实之后获得一定强度。中国是借助于夯打的方法使之密实，也有的不加夯打，只用自然的堆垛即可。但它们都非常低矮，只限于1层、2层，不用说3层、4层见不到，5、6层绝对没有，就是2层也是很少见的。且大部分在干燥少雨地区。唯独福建土楼全然不同，它虽处亚热带雨林地区，却大量使用黏土，稍微加上一些石灰，或其他的掺合物，利用夯筑的方法，建造出3、4层的大楼是很普通的，个别的竟达5、6层，不能不说是夯土技术发展的最高成就。

中国夯土技术的萌芽在新石器时代后期就出现了，在进入有文字记载的历史阶段以前的大禹时期应该说就已经发展得相当成熟。大禹在历史上的最大功绩是治水，治水离不开修堤坝，在黄土弥漫的华北平原，利用黄土夯筑成堤坝，就成了大禹治水的技术基础。这种堤坝用来挡水就是堤坝，用来围护君民就成了城。所以，《博物志》所言："禹作城，强者攻，弱者守，知者战。城郭自禹始也。"也不是没有根据的。到了商殷时期，考古发掘证实了夯筑技术的存在与发展。商城遗迹至今尚存，偃师二里头商宫遗址有庞大的夯土台。周原考古所发现的西周建筑遗址的完整性令人震惊，春秋、战国虽然有"高台榭、美宫室"的记载，显然是夯土台子，房屋建筑的高度如何尚无法证实。汉画像砖、画像石以及明器中虽有许多望楼、重屋等楼阁式建筑，都是以木构架承重为主的木构建筑，纯粹以夯土为主承重的5层建筑，时至今日，恐怕还是以福建土楼为最高成就吧！这种5层土楼在永定、南靖各地虽不能说没有，也是不多的，适中尚可看到3座，其中 2 座已坍破不堪，唯庆云楼保存完好。

庆云楼是目前所见福建土楼中最完整的 5 层方形大楼。位于适中仁和村，始建于清康熙四年（1665 年），主人谢氏四兄弟在湘赣经营烟草生意发家后建造，费时 7 年。主楼部分通面阔 36.6 米，通进深 31.1 米，是接近方形的扁方形。底层夯土墙厚达 1.35 米，内室隔断墙也全部用夯土筑成。前后楼各设七间，明间分别为门厅和祖堂，是敞口厅式的。左右次间为房间，稍间为楼梯间，后间为曲室。两厢楼各设房屋四间，总计 14 + 8 = 22 间，是非常均匀规则的。一、二、三、四、五层全部对齐对正，丝毫不差。所不对应有二：第一，是二层至五层的室外回马廊，在一层用木质隔断隔成小室，成为每个夯土房间的小室。第二，一层门厅中的楼梯仅通至二、三层，在第三层登至第四层时改换了位置，自门厅内移到了回廊上。除了门厅、祖堂公用之外，四兄弟的独立性很强，各占一隅。中国的封建社会是礼法极严的社会，上下尊卑不容混乱。依此则可找出四兄弟的明确位置，以祖堂之楼为上楼，门厅之楼为下楼。祖堂之左为上位，“左祖右社”、“左文右武”、“左男右女”、“左上右下”均遵此例，当为长兄所居。祖堂之右为下，为次兄居。门厅之左为三弟，门厅之右为四弟。其实就他们的房屋质量和数量来说都是一样的。他们又都可各自独立，相互无干扰影响，这一点和一般土楼在水平层次交叉分配是不同的，可以说它是切块式的立体分割。外墙厚 1.35 米，内墙也达 0.66 米，也不算薄，实际上形成了刚强稳定的整体。房间划分也极规整，大房间阔 6.2 米，中房间 5.3 米，楼梯间 3.05 米，转角房间 6.2 米，两厢房间全部 5.3 米；进深全部是 4.2 米。规格统一，这正是土楼设计、建筑成熟完善的一种反映。

庆云楼中央是一个方形的内天井，天井中除了水井以外，仅置几间猪舍，基本上可以说是空井式，取天井空旷不置一物之意。在这里和完全空井式还有些不同，设两道矮墙，将内院纵向分成三部分，中央部分与门厅、祖堂等宽，又于偏后侧再设一道矮墙，并置门楼，复将中央部分分为前后两部，虽然这两部分都属四兄弟公用部分，似乎又将每日必用的水井和象征家庭的庄严肃穆的祖堂部分分开。无疑这种构思也是非常巧妙合理的。于左右两部分之横向中央处复设矮墙一道，这样四兄弟非但房屋独立，连内院也平等均匀地分成四块，成了各自独立的小天下。

庆云楼外观檐口高达 14.00 米，屋脊高达 17.45 米，极雄伟壮观。屋顶前后楼为歇山式，两厢楼是双坡顶，由于房屋进深全相等，前后两厢楼全等高，屋顶也无高低差或屋面叠起现象的应用，采用檐口屋面，屋脊全等高的形式，前后楼山花朝向两侧，丰富了造型。

内观全是柔和纤细的木结构形象。底层回廊挑出部分做成木结构的前室形式，二层、四层回廊加腰檐，回廊挑出两步架，用单、双步梁各一层，主室部分进深五步架外，墙厚占去一步架，挑檐亦出两部架，是内外对称、硬山搁檩的结构形式。

大门用二层，由厚栗木做成，防火、耐久，外包铁皮，并设防水斗，也是全楼的惟一出入口，是全楼生命财产安全之所系，故着意防范。

五楼转角房间，设木构吊楼，可以打枪、射箭，丢檑木炮石，以及撒石灰、泼开水，对一切来犯者，奋力抵抗，无所不用其极。此吊楼俗称楼耳子，至今保存完好。也是此地方楼一大特征

方　形

大量的方形土楼建于康熙、乾隆年间，多为 3、4 层楼，此时期社会经济实力雄厚，土楼建筑技术成熟，本地的文化水平也较高，因此创建了许多辉煌壮丽的大楼，虽然经过前后两个甲子的大破坏，从现存土楼的状况不难看出当年雄伟壮观、典雅华丽的盛况。

现在土楼中最大者为和致楼。主楼面阔达 54.2 米，进深 51.3 米，底面（包括内院）占地 2780.46 平方米。在实测的 23 座土楼中无与此体量相近者（详见主楼规模大小比较表）。因此，可视其为特大类型。而像隆安楼 17.4 米 × 14.23 米可视为特小类型，此次考察的土楼大量集中在面阔进深皆在 20 ~ 40 米之间。虽曰方楼，真正正方形只有

一座美国楼，面阔、进深恰好相等，皆为24.2米。而燕诒楼、龙田楼、东裕楼、绵庆楼、西贯楼、东成楼亦皆可视为正方形楼，它们的变形参数皆在2%之内。变形参数（面阔与进深的比值）最大的是回洲楼，面阔31.85米，进深22.75米，相差9.10米，明显感到是扁方形的土楼。大量存在的则是变形系数在10%～20%之间，呈方形，还不能明确感到它是长方形，可以称为准正方形。包括：

善成楼 10%　三成楼 10%　红土楼 10%　申有楼 10%　长春楼 13%
典常楼 15%　泰和楼 17%　庆云楼 18%　裕兴楼 20%

变形参数超过20%以上者即能明显感到是长方形，但只有隆安楼（后间）与松坑楼2幢。

由此看来，接近正方形和准正方形的土楼占绝大多数。

厚　墙

这些方形土楼有两个共同特征，第一，以厚厚的夯土墙作为外墙；第二，围成方形围楼，如同方筒形，其厚度则有愈来愈薄的倾向。内墙也是用夯土筑成的，无形中增加了外墙整体刚度的稳定性。而且几乎每个房间的内外隔断全部用夯土墙，这和以前我所考察的各土楼在构造上有很大不同。南靖、永定的圆寨，方楼内隔墙大多是木质隔断。外墙最厚的达1.4米，有绵庆楼、松坑楼；其次是庆云楼达1.35米，它是5层；相对厚度还是以松坑楼为最大，为1.4/11.15＝0.125（墙厚与土楼高度的比值），取为1.25，则绵庆楼为0.95，庆云楼为0.81。厚达1.3米的有三成楼、古风楼、龙田楼、东裕楼、红土楼、裕兴楼、燕诒楼等7座，它们的外墙高度分别为11.2米、13.8米、13.3米、12.75米、13.6米、12.9米、14.0米，则它们的相对厚度当为1.16、0.94、0.98、1.02、0.96、1.01、0.93。以三成楼最厚，其次是古风楼；但由于三成楼是3层，可比性不是太强，以4层对4层来比较，还是松坑楼最厚，相对厚度达1.25。东裕楼和裕兴楼均达1.02和1.01，也算较厚的了。传说中最厚的古风楼，相对厚度仅为0.94，尚不及龙田楼（0.98）和红土楼（0.96）；但考察组的同志在报告中特别声明，该土楼由于年代久远，风化较甚，现在的厚度是依据现存墙体实测的，倘若把风化部分加上当在1.5米左右，即令如此，相对厚度也不过是1.09，也不及松坑楼。当然也算是最厚者之一了。不怪在适中讥讽人脸皮厚有比古风楼的墙还厚的谚语。后间隆安楼的绝对厚度仅有1.2米，其相对厚度为1.13，仅次于松坑楼，正是时代古老的证明。就墙的厚度来看，是和时代先后很一致的，即相对厚度值愈大，时代越久远，相对厚度值愈小，则时代愈近。经验愈丰富，技术愈进步，愈是要省工省料。夯土墙虽说是廉价的黄土，但也都是开挖出来，甚至远处运来，人工夯筑的，因此尽可能地减少墙厚、节约黄土就具有重要的意义。最薄的墙只有0.54米，相对厚度为0.47，这就是建于清咸丰十一年（1861年）的东成楼。最华丽的典常楼，虽然墙厚略大一点，为0.55米，但由于高度为13米，相对厚度反而更小，为0.42，算是最薄的了。这两座土楼的共同特点是内、外墙厚都是一样的。

如果我们仔细看一看墙厚的统计表，则可发现明显有几个档次，绝对厚度最厚者1.4米，有2座；1.5米仅是推断和传说，未见实物。其次是1.3米，有8座，其中包括1.35米1座。再次是1.2米，4座，其中还包括1.25米1座。这些土楼的特点是内墙厚等于外墙厚的一半多一点。在1.2米以下至0.8米以上范围之内，几乎没有发现。0.8和0.7米的各有1座，分别是东华楼和美国楼。0.65米和0.63米，则有泰和楼、善成楼。0.6米的有和致楼。其中规模最大、最华丽的三座楼，皆可以说是薄壁型的，其相对厚度仅有0.57（泰和楼）、0.49（善成楼）、0.53（和致楼）。考虑到高度因素的相对厚度值当以典常楼最薄，仅为0.42。其次是长春楼0.45，再次是东成楼0.47，善成楼0.49，相对厚度值皆不足0.5，可以视为特薄型或超薄型，几乎和现代结构的厚高比1/20相接近。泰和楼与和致楼也是相当薄的，分别为0.57和0.53，高厚比17.5和18.8，较一般土墙高厚比为10的已属相当科学与进步了，非技术提高是不可能做到的。而这种较薄和特薄的大楼都是规模较大、装饰华丽的大楼，绝不是由于财力不足草率从事的结果，实际上是建筑技术科学高度进步的结果。我怀疑，古时应该已经有了较为精确的计算术，不然，何以如此之精确？

如此一来，我们对福建土楼就有了较科学的依据。一般都是说土墙较厚，是土楼的最大特征，但究竟厚到什么程度，大多喜欢用绝对厚度来表示，其实不考虑高度因素，单用绝对厚度是不能完全正确说明问题的，在这里引进了相对厚度和高厚比两个概念，都是引进高度因素以后，直观形象地说明厚度的。这样就建立了可比性。本来认为古风楼是最厚的了，绵庆楼绝对厚度 1.4 米，可谓厚度之冠，考虑到它的高度之后，相对厚度只有 0.95，道理就在这里。天成寨的相对厚度是 1.00，高厚比是 10，可以说这是最标准的土楼外墙高厚的代表。

实测方形主楼开间数及墙厚

编号	楼名	上楼	下楼	两厢（各）	墙厚（米）	墙高（米）	相对厚度
1	太和楼 3	7	7	5	0.65 外 300 内	11.4	0.57
2	回洲楼 4	7	7	3	1.25　0.70	14.4	0.87
3	西贯楼 4	6	5	4	1.20　0.70	14.4	0.87
4	三成楼 3	7	7	4	1.30　0.52	11.20	1.16
5	松坑楼 4	5	4	2	1.40　0.60	11.15	1.25
6	善成楼 4	7	7	4	0.63 0.48 0.35	12.80	0.49
7	绵庆楼 4	5	5	4	1.40　0.70	14.80	0.95
8	典常楼 4	9	6		0.55　0.55	13.00	0.42
9	古风楼 4	7	7	5	1.30　0.75	13.80	0.94
10	和致楼 4	13	13	12	0.60　0.45	11.30	0.53
11	长春楼 4	9	9	7	0.65　0.50	14.40	0.45
12	东成楼 4	5	5	4	0.54　0.54	11.40	0.47
13	龙田楼 4	10	9	8	1.30　0.60	13.30	0.98
14	后间隆安楼 4	3	3	2	1.20　0.60	10.60	1.13
15	申有楼 4	5	5	4	1.20　0.60	12.40	0.96
16	庆云楼 5	7	7	4	1.35　0.75	16.60	0.81
17	天成寨 4	椭圆 15 间			1.20　0.65	12.00	1.00

续表

编号	楼名	上楼	下楼	两厢（各）	墙厚（米）	墙高（米）	相对厚度
18	东裕楼 4	7	7	4	1.30　0.60	12.75	1.02
19	美国楼 4	5	5	3	0.80　0.60	12.90	0.62
20	东华楼 3	5	5	2	0.70　0.50	10.20	0.69
21	红土楼 4	5	5	3	1.30　0.70	13.60	0.96
22	裕兴楼 4	5	5	3	1.30　0.65	12.90	1.01
23	燕诒楼 4	7	7	6	1.30　0.80	14.00	0.43

主楼墙相对厚度排列之顺序

顺序	外墙相对厚度	楼名	原编号	外墙厚	内墙厚	墙高
1	1.25	松坑楼	5	1.4	0.6	11.5
2	1.13	后间隆安楼	14	1.2	0.6	10.6
3	1.16	三成楼	4	1.3	0.52	11.2
4	1.02	东裕楼	18	1.3	0.6	12.75
5	1.01	裕兴楼	22	1.3	0.6	12.9
6	1.00	天成寨	17	1.2	0.65	12.0
7	0.98	龙田楼	13	1.3	0.6	13.3
8	0.96	红土楼	21	1.3	0.7	14.8
9	0.96	申有楼	15	1.2	0.6	13.0
10	0.95	绵庆楼	21	1.4	0.7	14.8
11	0.94	古风楼	7	1.3	0.75	13.8
12	0.93	燕诒楼	23	1.3	0.8	14.0
13	0.89	西贯楼	3	1.2	0.6	12.4
14	0.87	回洲楼	2	1.25	0.7	14.4
15	0.81	庆云楼	16	1.35	0.75	16.6
16	0.69	东华楼	20	0.7	0.55	10.20
17	0.62	美国楼	19	0.8	0.6	12.9
18	0.57	太和楼	1	0.65	0.3	11.4
19	0.53	和致楼	10	0.6	0.45	11.3
20	0.49	善成楼	6	0.63	0.48	0.35 12.8
21	0.47	东成楼	12	0.54	0.54	11.4
22	0.45	长春楼	8	0.55	0.55	13.0
23	0.42	典常楼	8	0.55	0.55	13.0

空井式

土楼除厚墙之外的另一特征是空院，南方人将院子称天井。适中未见实心楼，全部是带内院的。而适中的方土楼前后两厢都是用相同层数的楼围成的，即使前后左右有高低，但是层数却是一样的，只是在屋顶做法形式上有不同。

根据内院的不同处理，可以分成不同的类型。当然最简单的就是空无一物，一般除了水井之外（有的连水井也没有），没有任何构筑物或建筑物，我称之为空井式，即空无一物的天井式之略称。这种形式的土楼占此次实测土楼的一半，达12座。尤其在公认的早期土楼中几乎都采取了这样一种形式。推断为宋、元、明以前的土楼全部属此类形式。例如：古风楼、后间隆安楼、红土楼、西贯楼、松坑楼、绵庆楼，它们的区别有三：其一，面积大小不同；其二，形状方正不同；其三，水井有无不同。具体如下：

楼名	天井阔×深（米）	天井面积（平方米）	变形参数	有无井	井位置
古风楼	13.5×11.4	153.9	1.18	井一眼	中心
后间隆安楼	6×3.55	21.3	1.69	无井	
红土楼	12.6×9.6	120.96	1.31	井一眼	中心
松坑楼	11.1×6.7	74.37	1.66	井一眼	中心
绵庆楼	13.8×12.7	175.26	1.09	井一眼	中心

这仅是一个时代的总的倾向，任何一种形式的建筑在前后发展中总是会有交叉、延续。因此入清以后的各类形式中仍不免有空井式的方楼。如庆云楼、申有楼、裕兴楼、美国楼、东华楼。可能这是由于它小巧简单，容易产生开朗、空阔的效果，为人们所喜爱。尤其在偏远的山区，社会又不安宁，只要将楼门一关，天井就是他们谈天说地、交流思想、共同度过光阴的绝好的公用空间，而且可以呼吸到新鲜空气，享受到足够的阳光。它们的具体情况如下：

楼名	天井阔×深（米）	天井面积（平方米）	变形参数	井有无	井位置
申有楼	14.05×11.3	158.77	1.24	井一眼	偏前右角
裕兴楼	13.45×7.90	106.26	1.70	无井	
美国楼	10.3×10.3	106.09	1.00	井一眼	偏前右角
东华楼	7.8×6.4	49.92	1.22	井一眼	偏前右角

看来明代以前的土楼，要么无井，汲取山中泉水为食用，如后间隆安楼，凹口天成寨圆楼均属此例；要么就是全放在天井中心，以示公平合理。实际此为古老传统。据古籍记载，黄帝作井，八户均等远近，即形成井字格的划分。当然水井是人们聚居的条件，所以在选址时先选有水的地方，水地可凿井，依据井址而确定楼的位置，还必须妥为保护，以保证安全，放在大楼天井的中心位置也就势所必然了。后期的井则往往偏于前右角，据说是风水先生决定的。如何决定的，尚待考查。

楼包厝

适中的土楼都有天井，是围楼的形式，而且层数相等，这一点可能是它与南靖、永定等处土楼的不同处。在天井的处理上除了空无一物的空井式之外，还有在天井内设置建筑物或构筑物者，当地人称为楼包厝。厝者，临时性之小建筑物。福建省喜欢称次要建筑为厝，可能和他们的祖先多来自中原大地有关，有简单临时安置之意，终究还是要回到故乡去的，结果倒成了反映他们客居他乡的一种隐名词。

虽然称厝，但也不是都很简单，规模庞大，富丽堂皇者有之，甚至还有2层楼的，不是“楼包厝”，而成了“楼包楼”。其中以典常楼、和致楼、长春楼、泰和楼、善成楼最为宏大华丽。

典常楼的内包部分，围楼天井阔25.8米，深22.7米，呈扁方形，面积达585.66平方米。在横轴线偏后1.75米的位置上置中堂一座，与位于主楼内的上、下堂呼应，形成完整的三堂屋。且中堂为2层，雕饰丰富华丽。中堂是过厅的形式，一堂二室即一明二暗。暗室是用土墙围成的，而且离开明间柱；明间柱前后错位，形成复杂的梁架结构，增加了中堂的丰富性和华丽性。将中堂的两山墙向前后延长，并与前后主楼连接起来，使中轴线上的三堂屋形成一个独立整体，保持特有的公共活动气氛。两侧以门联系。中堂前后环以廊屋，形成前大后小，前方后扁的小庭院。于中堂两侧院中，置纵、横的厨房小屋，分隔成两纵四横的小庭院，于每庭院中心部位置井一眼，合计 6 眼。据此看来，当初典常楼可以均等地分成 6 个独立部分，各有各的厨房、内院、水井、祖堂及房屋。相互无干扰。

和致楼是规模特大的方楼，有“九井十八厅”之称。内天井阔 41.3 米，深 37.6 米，面积 1552.88 平方米，是一个接近于正方形的庭院。沿中心轴线于庭院内前后设置两座中堂，两侧设廊屋，整体布局如“H”形。中前厅如四合院的形式，厢房带前廊，堂屋开敞，省去明间前柱，而于后檐部位除两根后檐柱外，于檐柱内另加二根后金柱，中置屏门，显示出此厅的过渡性质。后中厅虽也似四合院形式，但均无门朝向内院，堂屋是五间的形式，唯明间开通，直接通向后院、上堂。如将两侧的门洞封死，中央部分是可以完全独立的。两侧院狭长，用矮墙均匀分成四部分，临近院端各设水井一眼，主楼部分设 8 部楼梯，4 主 4 辅，主梯还有向前突出的楼梯间，4 兄弟可均等分配。据其原意拟设 6 部分，因有 6 兄弟，由于楼后土地未能购得，只好缩小规模了。现在是“七井十三厅”。大门是最多的，正面开 3 门，两侧面及背面各设 2 门，共计 9 门，形如城郭。但由于该主人没有功名，为避忌讳，不敢将正中大门开在中轴线上，而向左略有偏移。

长春楼又名和春楼，是和致楼 6 弟兄中的两个合建的。装饰华丽之程度却有过之而无不及。天井阔 27.3 米，深 22.9 米，于横向轴线上置一堂，是五间的形式，明间特大，减去前廊柱，置四金柱，后金柱间设硕大屏门，此中堂的前后两厢与围楼连接起来，构成“H”形构图，形成明显的“三堂屋”形制。两侧狭长的侧院复以横屋两间，分隔成前后小院。井置于前小院，位置恰在整个大庭院的横轴线上。此楼设四梯五门，布置非常的规则，可以说是土楼成熟化、规则化的产物。

东成楼是谢氏第十五代祖中进士后，于 1861 年（清咸丰十一年）建成。规模较小，内天井阔 12.2 米，深 10.8 米。中心轴线部仍取三堂屋形制，于约略中心部位处置中堂，前后出两厢，形成两小院。中堂两山墙延续与前后楼相接处设门。这样中央就可独立出来。两侧院狭长，未再分隔，于中央偏前处设井。与井相对的主楼一间为楼梯间及侧门。一旦中心部分关闭，则两侧又可独立进出。看来这些门梯的设置均与既联合又独立的家庭关系有关。大家庭实际上是小家庭的联合体。

泰和楼是沿公路而建的 3 层土楼，当初不在实测之列。实际上给过往行人留下高大雄伟深刻印象的正是此楼。此楼的内天井阔 26.7 米，深 17.9 米。于中轴线上置中堂，出两厢，形成中央的公用部分。更于中堂山墙外侧纵列一排小屋，这是它的特别之处。侧院狭长，不再分隔，靠近前段置井一眼，共计两眼。此楼亦有 3 门，正门 1，侧门 2，皆置于纵横轴线上。并有辅梯四处，分置于侧院前后两端的主楼廊内。布置清爽利落，亦应是土楼建筑成熟的产物。

以上诸楼皆是内包厝较复杂者，所包不只是一幢建筑，前后重叠，纵横交置，将大内院分隔成许多小内院，多至 7 院，少说也有 4 院。

但也有仅置一堂，既无前后两厢，也不设前后两廊，仅是简简单单的一座中堂而已。形如孤岛，置于院中。

南磡燕诒楼、中溪善成楼即是其例。有趣的是中堂山墙延长的方向不同。燕诒楼向前延长，形成一个前小院；复设前垣墙一道，于中央处设门楼一座，正对中堂。中堂后墙封死，显然不是完整的三堂屋形制。门楼之前向中心收进分设两道垣墙与前楼相接，形如颈脖，并分设门一座，以通左右。侧院内置井两眼，左井约在横轴处，右井在右侧前端近垣墙处。此楼楼梯设置混乱，不甚明确。

善成楼就明确多了，显然仍是以三堂制为依据设置的。中堂正面之间，直接暴露于院中，毫无遮掩，倒也显得开朗，一堂二室，一明两暗的传统制度。唯山墙向后延伸，接于后楼，两侧各出一间的短廊形成一个小小内院，既是中堂的内院，也是上堂的前院。中堂两侧约略中心位置有井 2 眼，且左右对称。如果把前述复杂型的楼包厝称之为大内包，则后述这些类型可以称之为小内包，至少还都是以堂屋为中心而加以组合变化的。但在我们考察中还发现一种内包形式，不是堂屋而是一些小型的附属用房，如厨房、柴房、工具房、猪圈，乃至于几道隔墙加以分隔成突出修饰某一重点部分，是介于空井与内包之间的一种形式，姑且名为“准内包”。

准内包中最简单的是**申有楼**。申有楼本身的规模并不算小，内天井阔 14.05 米，深 11.3 米。井一眼，设在右下角。为了突出上堂的地位，整个上堂做成喇叭口状。堂室是敞口方式的，将喇叭口的扩充部分，另加 2 根廊柱，及披檐出廊，并略加升高，以示尊崇，同时，还在前廊外侧向前加花墙一道，围成一院，中央置砖礅柱 2 根，架三角形门券，低矮的花墙上各设琉璃瓦嵌成的花窗 2 孔，共计 8 孔。

较之略复杂些的是**庆云楼**，那是一座完整保存至今的 5 层大楼。内院阔 19.9 米，深 14.3 米。上、下堂开间皆为 6.2 米，沿着此开间轴线在庭院中置墙两道，将内院分成 3 部分，中央部分偏后再设横墙一道，分成前后两小院，前院中轴线左右对称分置井 2 眼；墙上正对堂屋设小门，左右两侧亦设门，各两樘四扇。两门间设横墙一道，将侧院分成前后两部分，横墙两侧各置小屋三间，为猪舍。

回洲楼底层不设堂屋，既无上堂，亦无下堂，依永定人的标准，此楼可称之为忤逆楼，因为不要祖宗。在庭院的正中心，端端正正地是一眼井，并且有泄水沟与院周的排水沟相通，形成一种独特的构图。井两侧各置一幢矩形小屋。内庭阔 17.0 米，深 10.4 米。整个布局还是很规则的，共 5 部楼梯，除正门厅内一座之外，在回廊四角各设一座。

东裕楼院内的小屋呈一种四周围合的形式。似乎每一间都是独立的小屋，都有自己独立的出入口和过道。内部再形成一方形内院，正中心为井，真是环环相套。大内院阔 21.7 米，深 19.5 米；小内院阔 10.7 米，深 8.9 米。

龙田楼有与东裕楼相同的布局形式，但很显然可以看出形式并不一样。东裕楼的内包小屋是和四周主楼没有任何直接牵连的，而龙田楼的小屋似乎与四周之主楼间相互对应。这些小间分配得很规律，均为厨房间，有独立出入的门通向中心小内院。中心处置井一眼。穿过厨房是独立的天井。面对天井的即是各房的独用客室和餐室。在这一点上有些与南靖人所称的罗溪式相似，关键在于垂直交通上。底层有 5 部楼梯，显然不分房独用，除了正门厅的 1 部设于前楼内外，其余 4 部皆设于回廊内，上下不相重叠，而且方向不同，是很巧妙的。每层回廊都是相通的，回廊外侧是大小约略相同的小房间，前后楼达 10 间，左右两厢各达 8 间，合计每层 36 间。用偶数开间，隔墙位于中心线上，这都是很少见的。不知此类特异处产生的原因何在。

外　联

作为土楼式住宅，有单独存在的形式，大部分是以群体形式出现的，尤其在社会安宁的太平盛世，这种群体式土楼就更多了，形成宏伟的气势，万千的形态。

据我们考察的结果，在适中所存在的土楼群中，其主楼与其外附属部分建筑的关系，有如下几种类型。

一、单独式

主楼之外不是绝对的没有附属建筑，但都是根据需要临时附加的，既不和主楼有共同的设计思想，也和主楼没有必要的联系，材料、结构、装修等的质量、规模以及风格也与主楼不一致。此种类型以主楼为主而单独存在。古风楼、后间隆安楼、松坑楼、西贯楼、绵庆楼等早期土楼，皆属此种形式，这和当时适中地区尚处开发阶段，盗匪出没，社会不安，人们将所有生产、生活用房皆集中于土楼之内以保安全。东华楼虽然也可视为单独存在，但据说它曾经有外联部分，后被烧毁了。

二、前联式

土楼之外的外联部分首先考虑的是与土楼楼门前侧的连接，这是普遍存在的一种形式。农村生活、生产首先需要有一块大禾坪和养鱼池，将它们设在楼门前侧使用方便，有时再将楼内的一部分用房移出来，如祠堂、客厅、学馆、婚丧喜庆的宴厅、官厅等，对各家各户的家庭生活亦无重大影响。这些房屋移至楼门前面，接于主楼两侧，另外组成小三合院，中间是一块大场地，正面是门楼或门屋，根据风水需要也有把门楼倾斜地设在某一角上的，大都和山头或水口相对应。

此种例子以龙田楼、东成楼、和致楼、庆云楼、回洲楼等最为典型。被移出来的祠堂、官厅等俗称东、西厅，可能这是以主楼坐北朝南时的称呼，现在已经成为专门术语了，凡是楼前设置的此类建筑不论其方位如何，一律称东、西厅。

三、纵联式

随着社会的安定，经济实力的发展，追求豪华气魄的府第之风盛行，因此产生了一种纵向连接的方式，即沿主楼的中心轴线，将部分居住房屋也移出来，组成纵深排列、气势恢宏的府第式住宅。适中最典型的实例是三成楼。三成楼由谢氏第十六世三兄弟合建，建成于乾隆年间，恰逢最发达的太平盛世，谢家靠经营烟草生意发家，生活安定而富裕，人丁兴旺，反映在建筑上也极其奢华、考究，完全体现了“诗礼传家”、“书香门第”，这是中国人的传统思想，无论经商、务农一旦发家之后总想沾上些文化气息，即所谓“万般皆下品，唯有读书高。”在长达62米的中轴线上，布置了三进大厅、五进房屋。周围另加围墙，宽50余米，长71米余，另设外大门。外大门、内大门皆扭转了一个方向。看来这既有风水上的原因，即外大门须对山口，另一方面也有封建礼制上的原因，山间村民岂敢完全置中，所以内大门是放在前院的横轴线上的。前院是整个住宅的最外围部分，由东、西厅和倒座组成。东厅是门屋，倒座及西厅是学馆、客舍和杂屋，且用围墙封闭。西厅正对门屋设小门楼，形成两个独立的小院，保持他们的独立性和完整性。此院建筑全为1层。其正面主体建筑即官厅，采用三间敞厅的形式，用插栱，穿斗形式，前后出檐各1步架，正厅部分6步架，后拖3步架，其中后廊1步架，于廊内柱上置屏门以分隔，共计11步架，前檐高，后檐低，采取不对称式，雕刻丰富，彩绘华丽，实际上是全宅的中心大厅。官厅虽仅1层，其高则相当于2层，两山墙将左右楼屋截然分隔开来，厢楼5间2层，并置内院、梯井与井。主楼3层。下堂为门厅，中堂拜月厅，是婚丧嫁娶、喜庆宴客之处，后堂是祭祀楼神的地方，另于门侧建祭祖的祠堂。此楼除了有一个总门对外之外，楼本身共9门，可以进出，功能复杂，分别满足不同功能需要。

四、横联式

有些人家，人丁兴旺，人口众多，必然要从居住的实际出发，往往以主楼为中心，向两侧发展，也用楼屋，称横楼。善成楼是左右另加二横楼的代表例。申有楼则是左右各加二横楼的合计四横之例，其外再加围屋，布置规则而完整。中轴线前端设半圆形大鱼池，以象征着家族的兴旺发达，如鱼得水，其上为大禾坪，土楼两侧分置外大门，与外围屋相连，说明其横向发达，两侧进出。正面是门楼，由于没有功名，只能用悬山顶，两侧为横楼，实际上各是3组三间两进的四合院组合，横楼2层，前有独用院落，而于主、横楼之间是一狭长的院落，有前后门供出入。另一典型的实例即美国楼，是由谢美国、谢茂国兄弟二人合建，正名庆芳楼。它的布局与申有楼相似。所不同处在于横楼为一进2层，以五间两厢，组成两个跨院，另于院外楼梯间，复设1个3间小院。围楼2座为单层，与主楼、横楼无密切之联系。

五、异例

泰和楼纵横交错，严谨当中有变化，变化当中又有对称，主楼及主楼部分极为规整对称，前加一弧形围墙，大门开在一侧，其位置与方向极自由，两侧横楼、围屋纵横交错，左扭右拐，虽然和主楼的垂直平行关系未变，但变化得很难掌握，姑且称之为特殊异例吧！储贵楼也属上述特殊异例，虽然大部残损，仍能看出底层不设楼门，另置高台与吊桥。西成楼也是个特例，是一座层层相围，向内逐步升高的例子。这些异例的存在增加了方楼的多样性和丰富性，再一次引起了我们进一步考察的兴趣。

1992年实测适中土楼23座一览表

序号	名称	位置	层数	建造年代	姓氏	特征（米）
1	泰和楼	中溪	3层	清康熙	谢15	历时十二年 38.3×32.6 40×内包外联
2	回洲楼	中溪	4层	清康熙	林1	31.18×28.3

续表

序号	名称	位置	层数	建造年代	姓氏	特征（米）
						空井式有井一 空井 外联
3	西贯楼	中溪	4 层	明末	谢 明	30×30 空井式 空井
4	三成楼	中溪	3 层	清乾隆	谢 高	31. 18×28. 3
						内包外联
5	松坑楼	中溪	4 层	明末	谢	26. 6×21. 7
						空井式、居中为井
6	善成楼	中溪	4 层	清嘉庆八年（1803 年）	谢	最大 31. 4×28. 5
						内包外联
7	绵庆楼	仁和	4 层	明末?	林	30. 4×29. 9
						空井式
8	典常楼	中心	4 层	距今 200 余年	谢	42. 75×37. 25
				清中叶乾隆		最完善最华丽
						37×42
9	古风楼	中心	4 层	南宋建炎二年	陈	31. 8×29. 62
		空井式		1128 年		最古
10	和致楼	中心	4 层	距今 250 年	谢	最大
				清乾隆		54. 2×51. 3
11	长春楼	中心上亲	4 层	清中乾隆 200 年前	谢	43. 07×38. 7
12	东成楼	中心	4 层	清咸丰十一年 1861 年	谢	24. 4×26. 25
13	龙田楼	中心	4 层	清乾隆 260 年以前	谢	14. 4×26. 25
14	后间大楼	保丰后间	4 层	明以前宋末元初	谢	17. 4×14. 2
	隆安楼	空井式无井		元		
15	申有楼	仁和	4 层	清乾隆		空井式 28. 52×2. 6
				清光绪十一年重建		
16	庆云楼	仁和	5 层	清康熙十年（1671 年）	谢	16. 6×31. 1
		空井式				
17	天成寨	仁和	4 层	400 余年 清康熙	卢	27. 3×23. 45
		空井式				
18	东裕楼	中心 东甲	4 层	300 多年前 康熙		33. 85×33. 6
19	美国楼	保丰 八队	4 层	清嘉庆	谢	24. 2×24. 2
		空井式				
20	东华楼	保丰	3 层	清光绪年间		20. 98×20. 8
21	红土楼	中心	4 层	传 500 年 明中	林	29. 9×27. 2
22	裕兴楼	南磜空井式	4 层	清乾隆年间	谢	空井 28. 1×29. 4
23	燕诒楼	南磜	4 层			39×39. 35

各主楼面阔、进深尺度表

	名称	主楼阔、深（米）	面积（平方米）	原编号	面积当量	阔、深差（米）	变形参数
1	和致楼	54. 2×51. 3	2780. 46	10	11. 25	2. 90	1. 07
2	长春楼	43. 7×38. 7	1691. 19	11	6. 85	5. 00	1. 13
3	典常楼	42. 75×39. 25	1592. 4375	8	6. 45	5. 50	1. 13
4	燕诒楼	39×39. 35	1534. 65	23	6. 21	-0. 35	0. 99
5	龙田楼	37. 1×37. 7	1398. 67	13	5. 66	-0. 6	0. 98
6	泰和楼	38. 3×32. 6	1248. 58	1	5. 05	5. 70	1. 17
7	庆云楼	36. 6×31. 1	1138. 26	16	4. 61	5. 50	1. 18
8	东裕楼	33. 85×33. 60	1137. 36	18	4. 60	0. 25	1. 01
9	古风楼	31. 8×29. 62	941. 96	9	3. 81	2. 18	1. 07
10	绵庆楼	30. 4×29. 9	908. 96	7	3. 68	0. 55	1. 02
11	善成楼	31. 4×28. 5	894. 5	6	3. 62	2. 55	1. 10
12	三成楼	31. 18×28. 3	882. 394	4	3. 57	3. 55	1. 10
13	西贯楼	29. 9×29. 4	879. 06	3	3. 56	0. 5	1. 02
14	红土楼	29. 9×27. 2	813. 28	21	3. 29	2. 7	1. 10
15	申有楼	28. 52×26	741. 52	15	3. 00	2. 52	1. 10
16	回洲楼	31. 85×22. 75	724. 5875	2	2. 93	9. 10	1. 40
17	裕兴楼	28. 1×23. 4	657. 54	22	2. 66	4. 7	1. 20
18	东成楼	24. 4×26. 25	640. 5	12	2. 59	-1. 85	0. 93
19	天成寨	27. 3×23. 45	640. 185	17	12. 59	2. 59	3. 85
					天成寨以矩形计		
20	美国楼	24. 2×24. 2	585. 64	19	2. 37	2. 37	0. 1
21	松坑楼	26. 6×21. 7	577. 22	5	2. 34	4. 5	1. 23
22	隆华楼	20. 95×20. 8	435. 76	20	1. 76	0. 15	1. 01
23	隆安楼	17. 4×14. 2	247. 08	14	1. 00	3. 2	1. 22

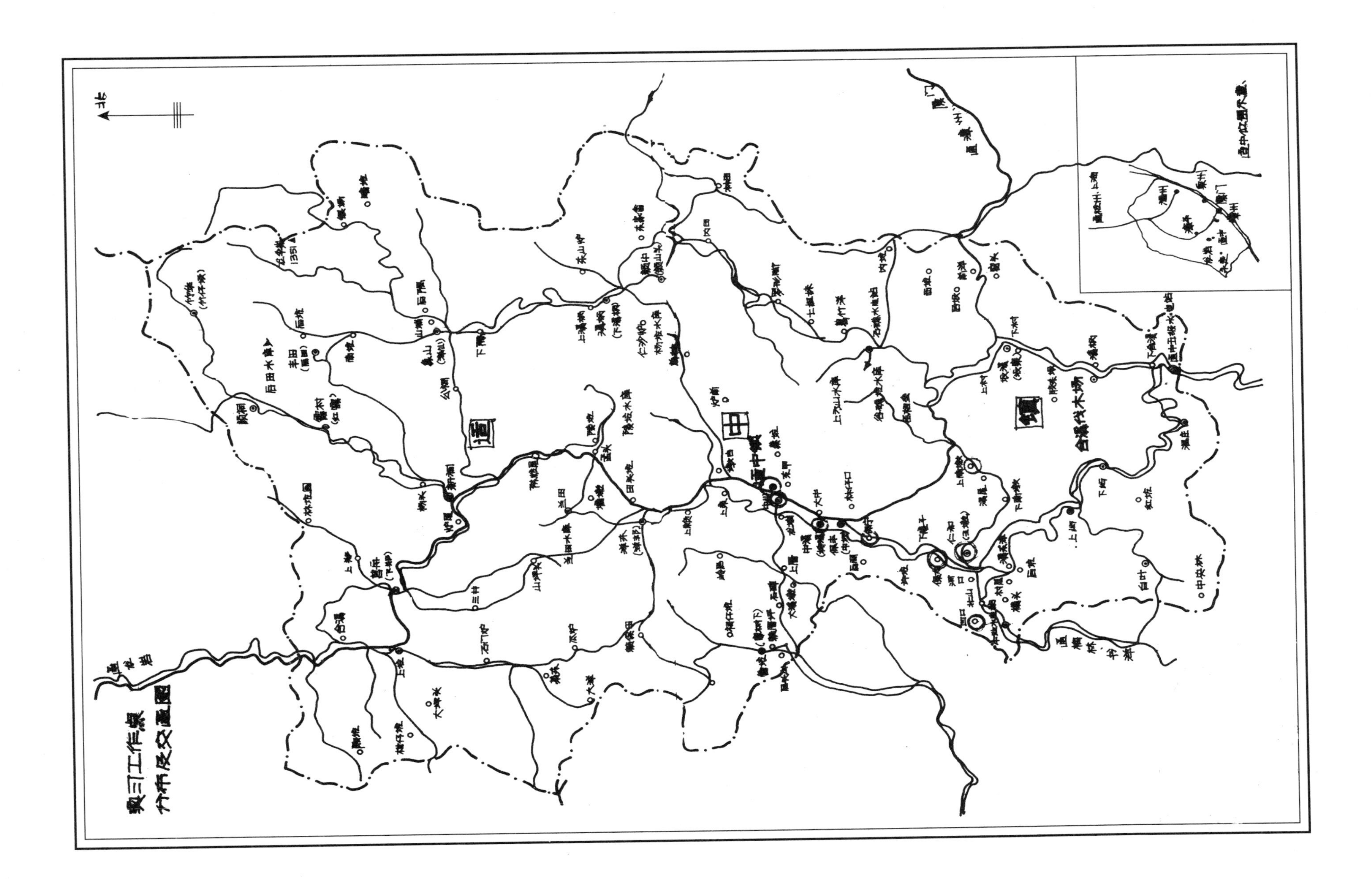

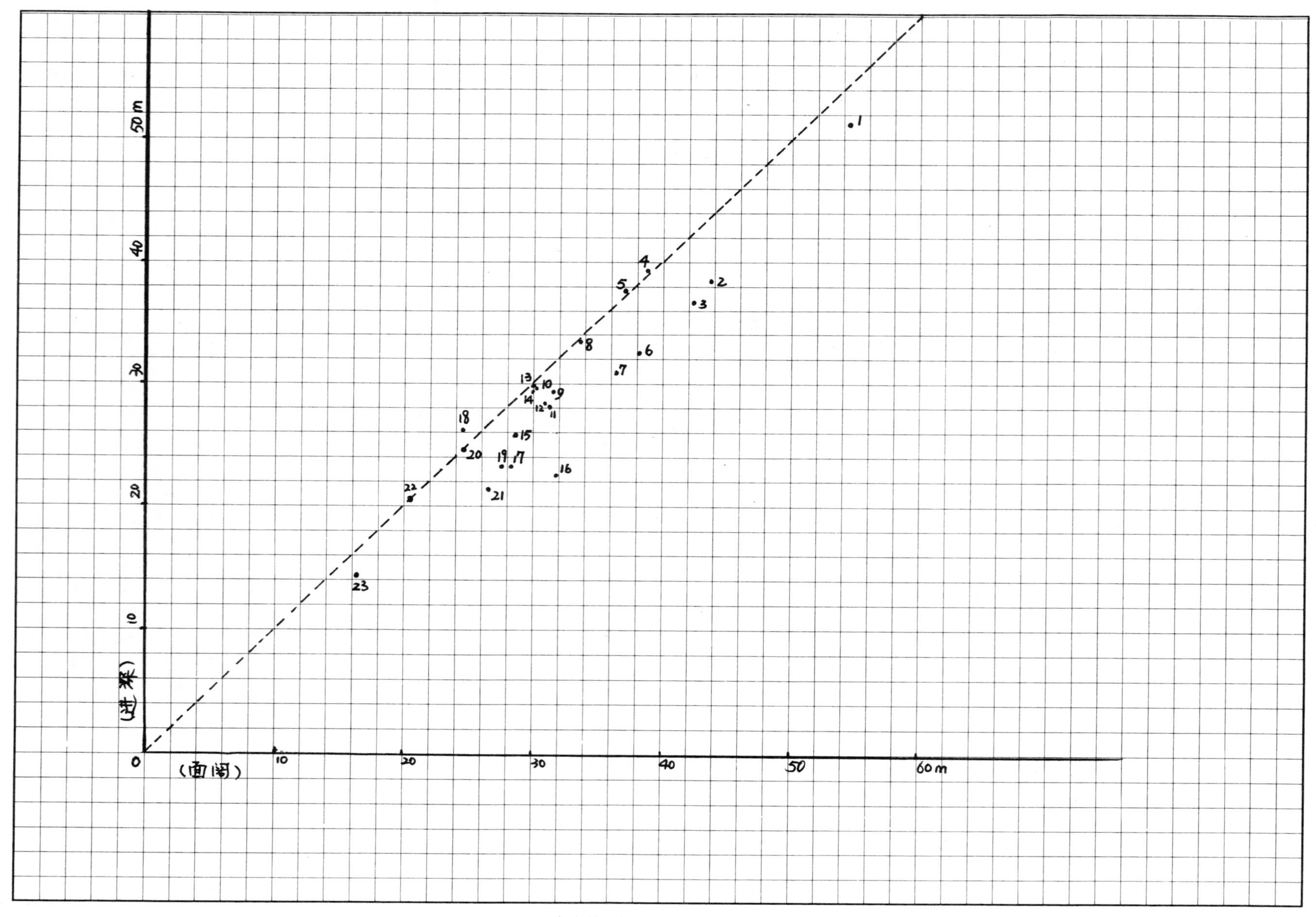

各主楼面阔、进深尺度比较表

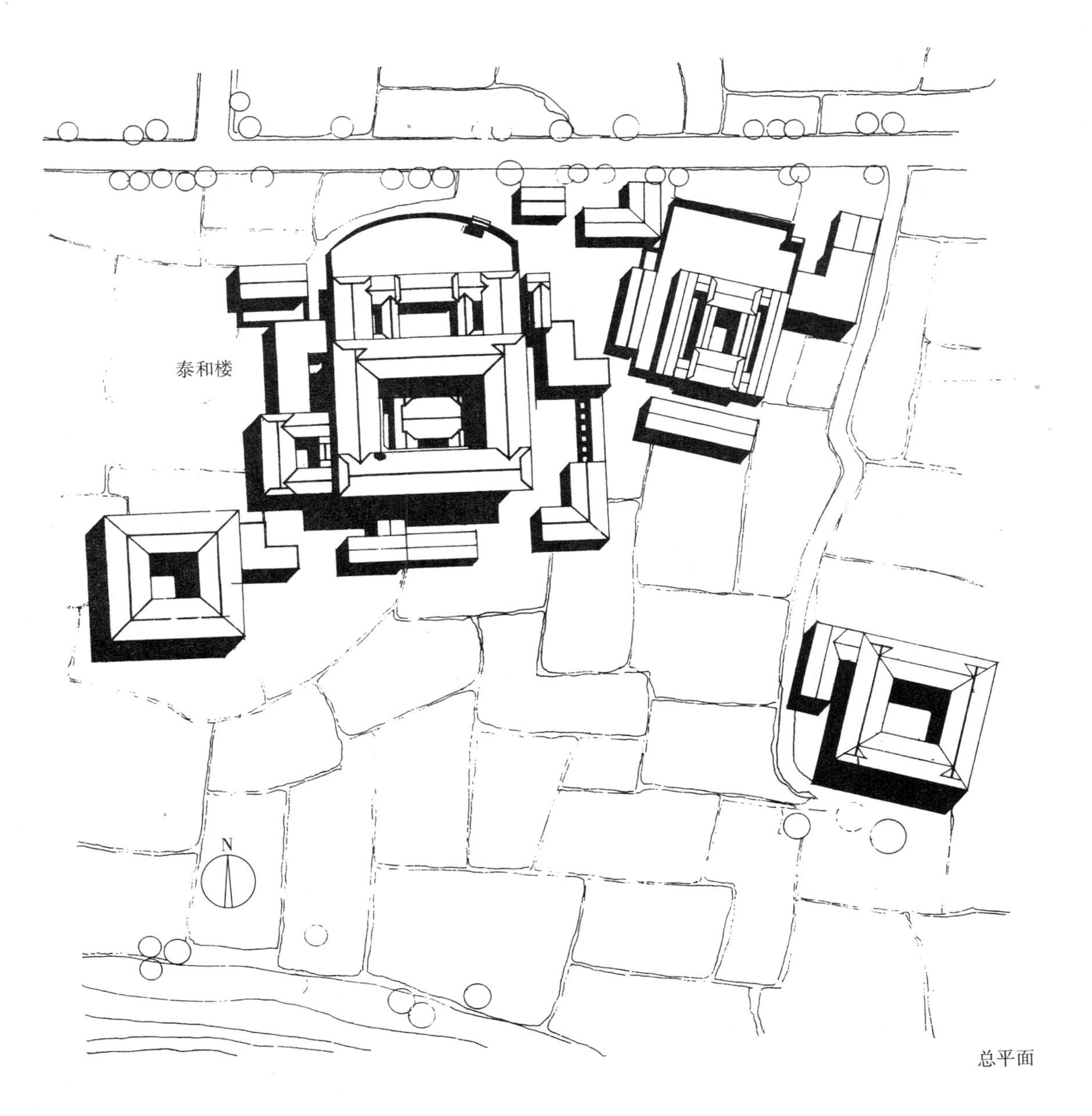

总平面

福建龙岩适中土楼测绘　泰和楼

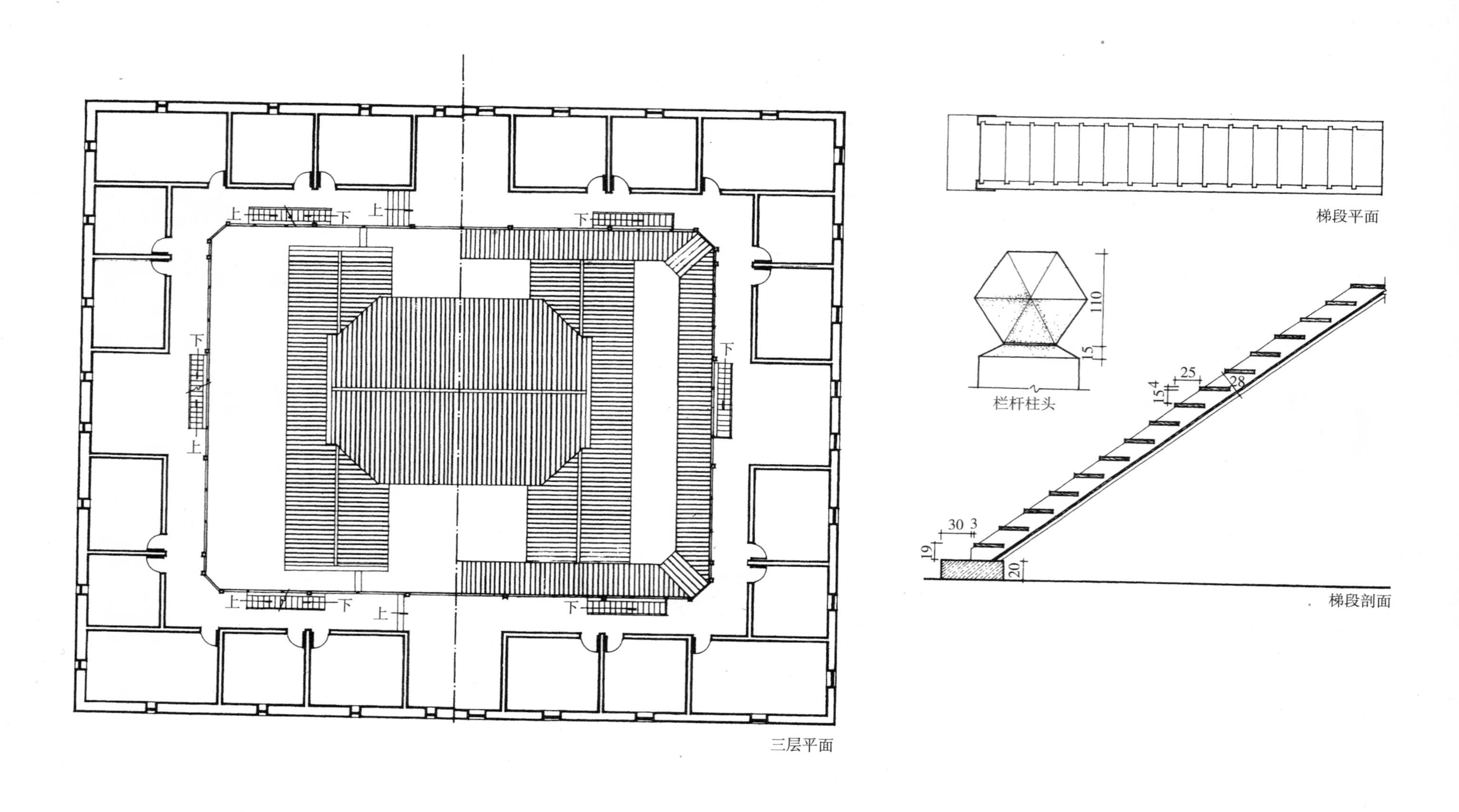

三层平面

梯段平面

栏杆柱头

梯段剖面

福建龙岩适中土楼测绘　泰和楼

福建龙岩适中土楼测绘 泰和楼

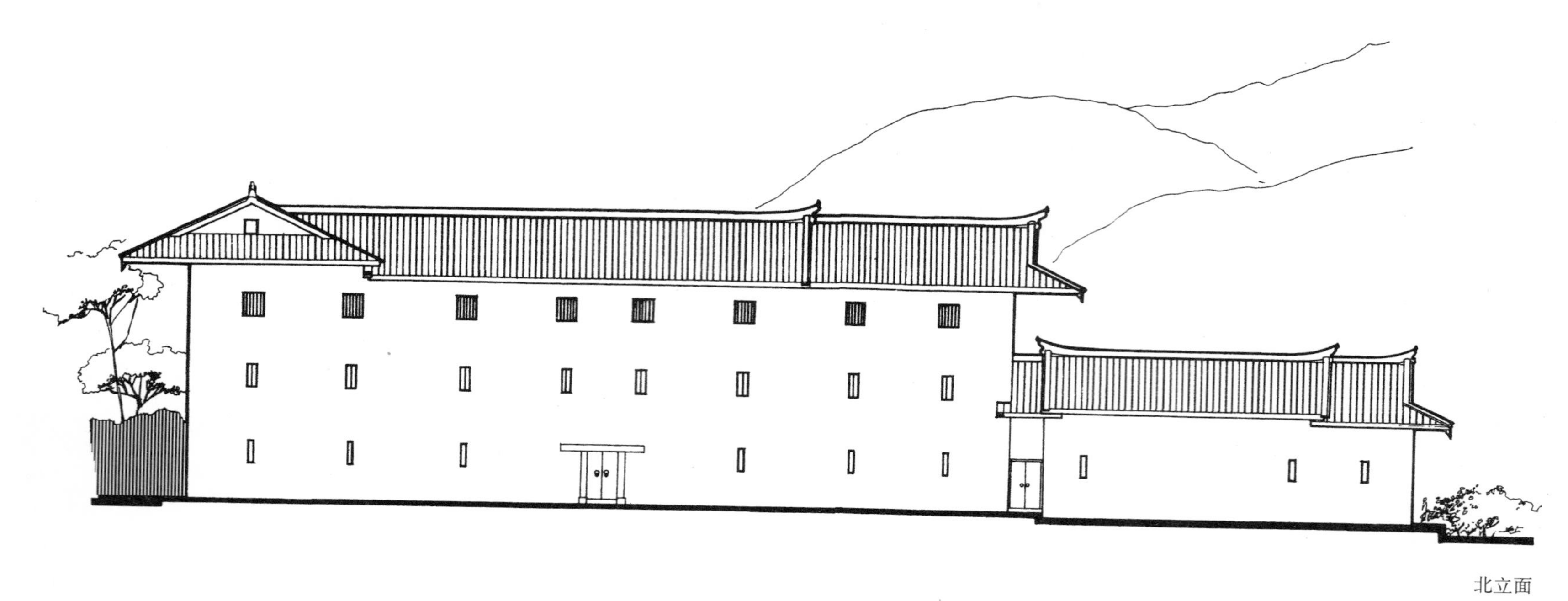

北立面

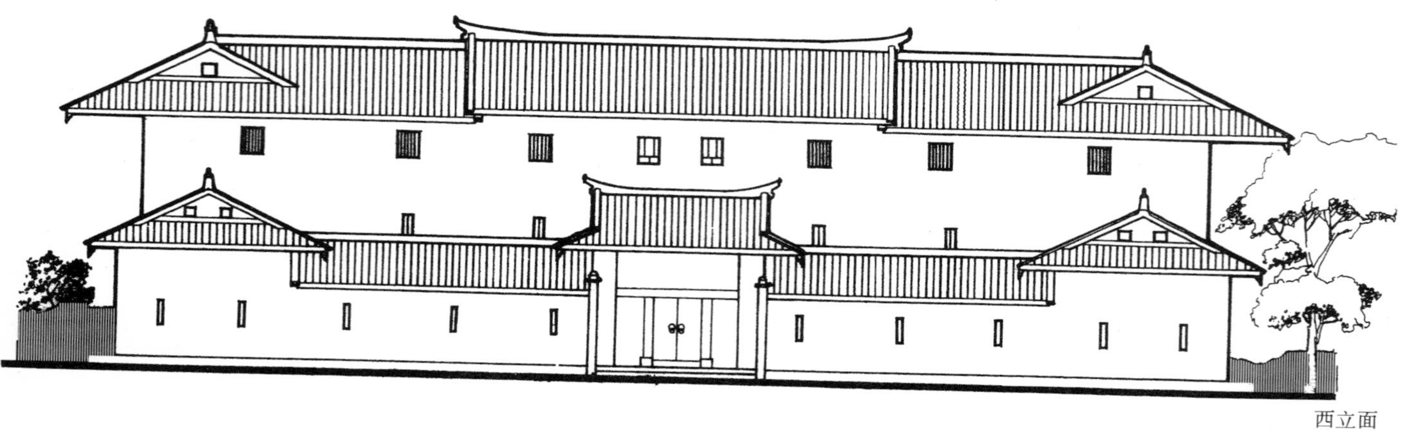

西立面

福建龙岩适中土楼测绘　泰和楼

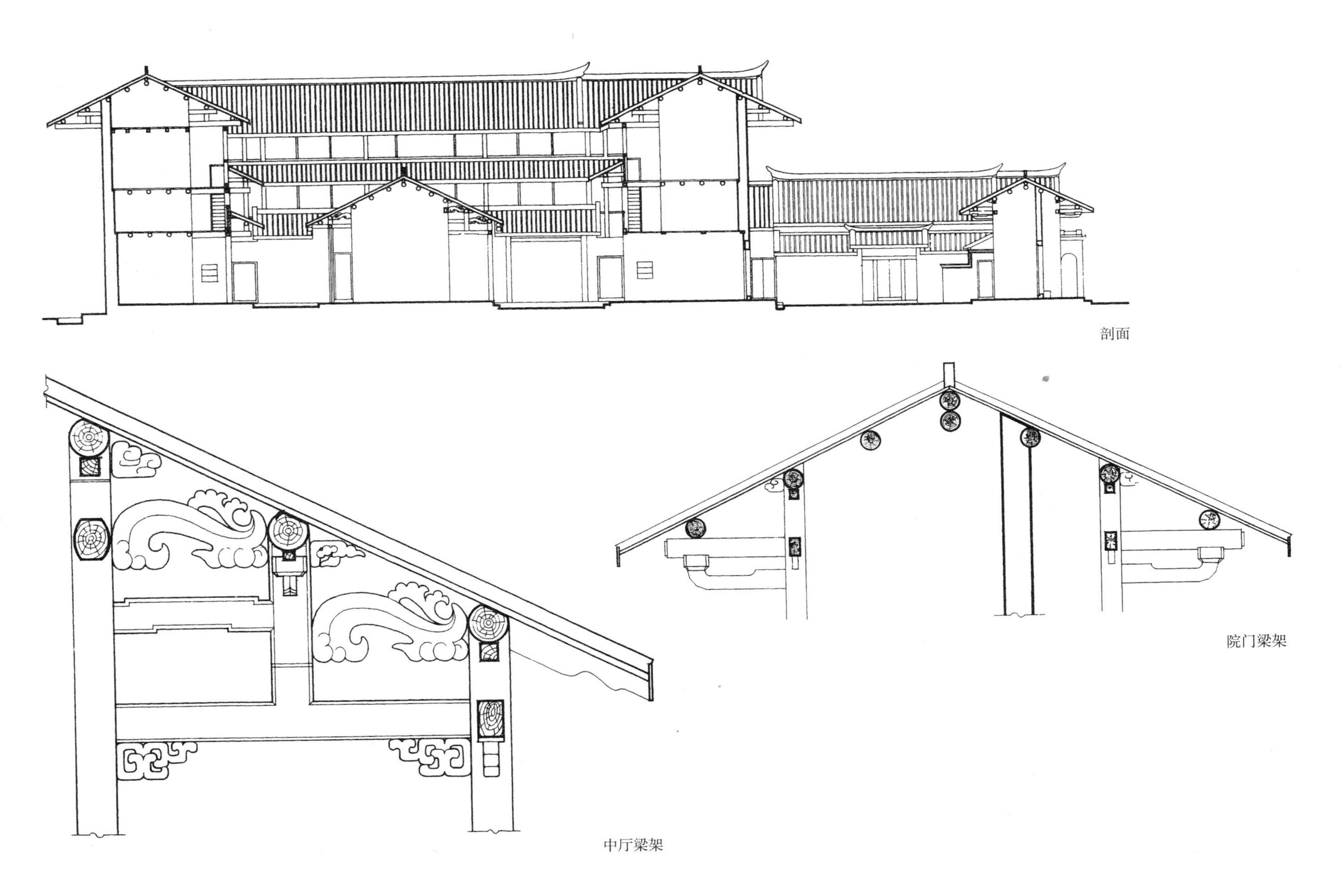

福建龙岩适中土楼测绘　泰和楼

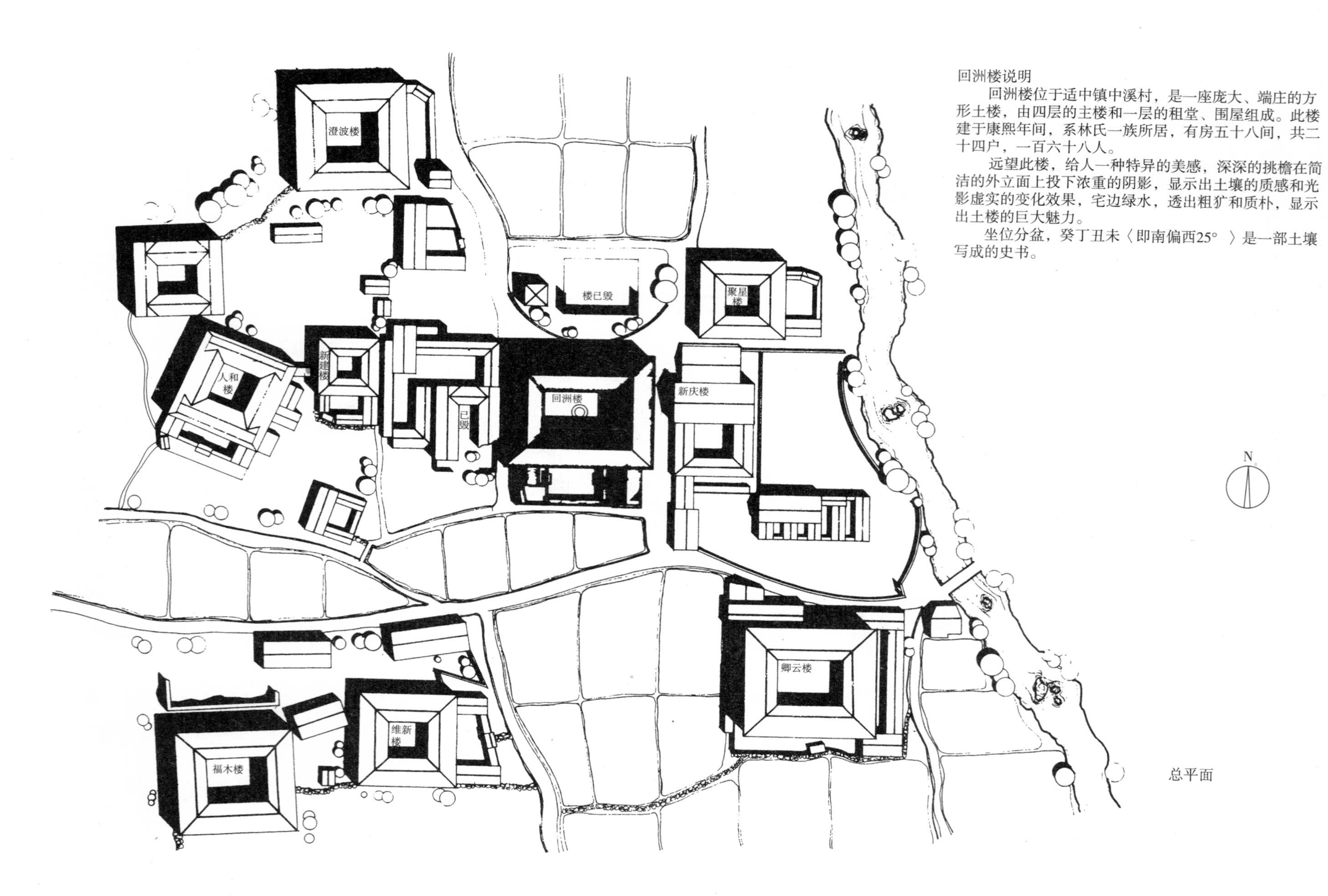

回洲楼说明

回洲楼位于适中镇中溪村，是一座庞大、端庄的方形土楼，由四层的主楼和一层的租堂、围屋组成。此楼建于康熙年间，系林氏一族所居，有房五十八间，共二十四户，一百六十八人。

远望此楼，给人一种特异的美感，深深的挑檐在简洁的外立面上投下浓重的阴影，显示出土壤的质感和光影虚实的变化效果，宅边绿水，透出粗犷和质朴，显示出土楼的巨大魅力。

坐位分盆，癸丁丑未〈即南偏西25°〉是一部土壤写成的史书。

福建龙岩适中土楼测绘　回洲楼

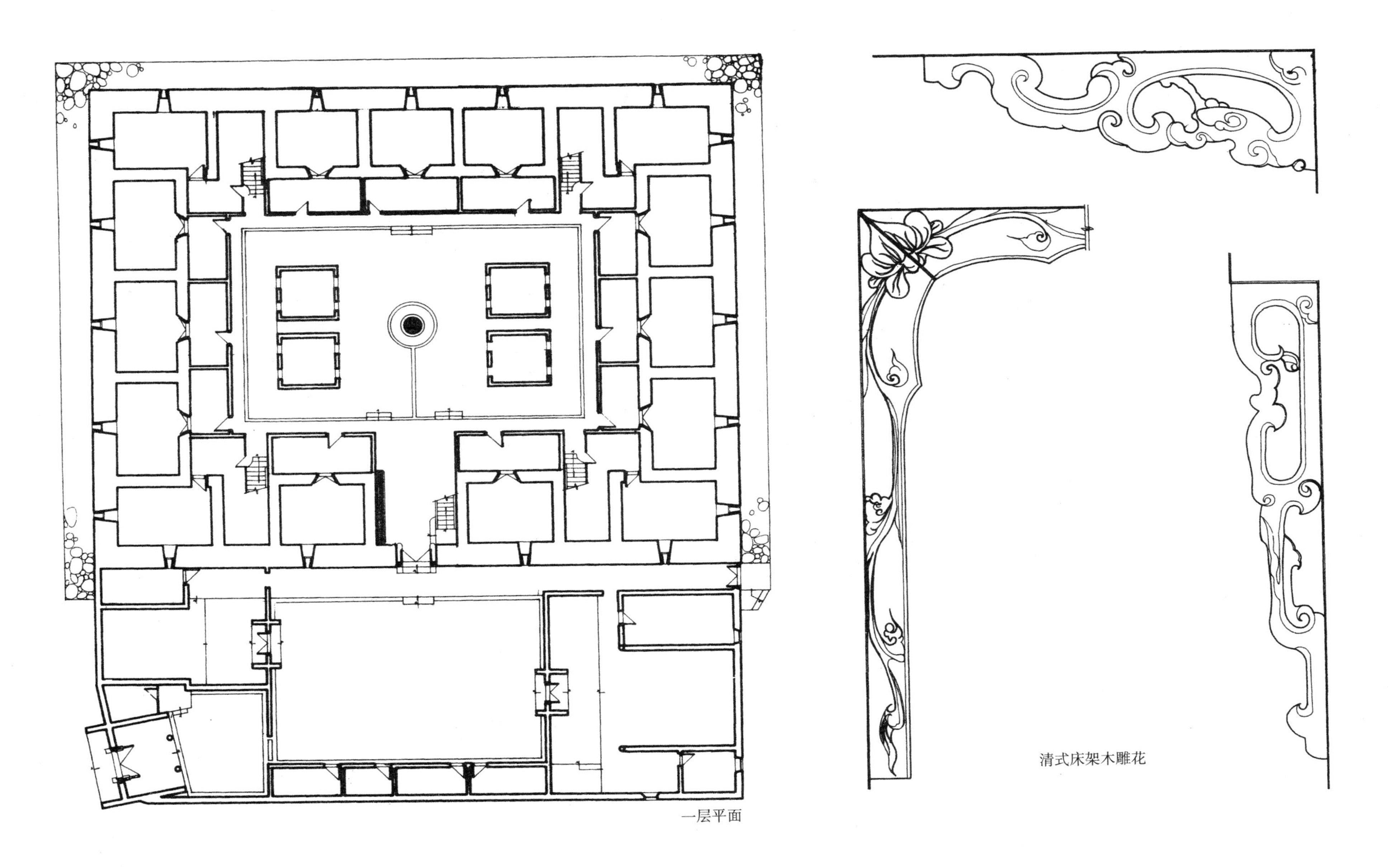

一层平面

清式床架木雕花

福建龙岩适中土楼测绘　回洲楼

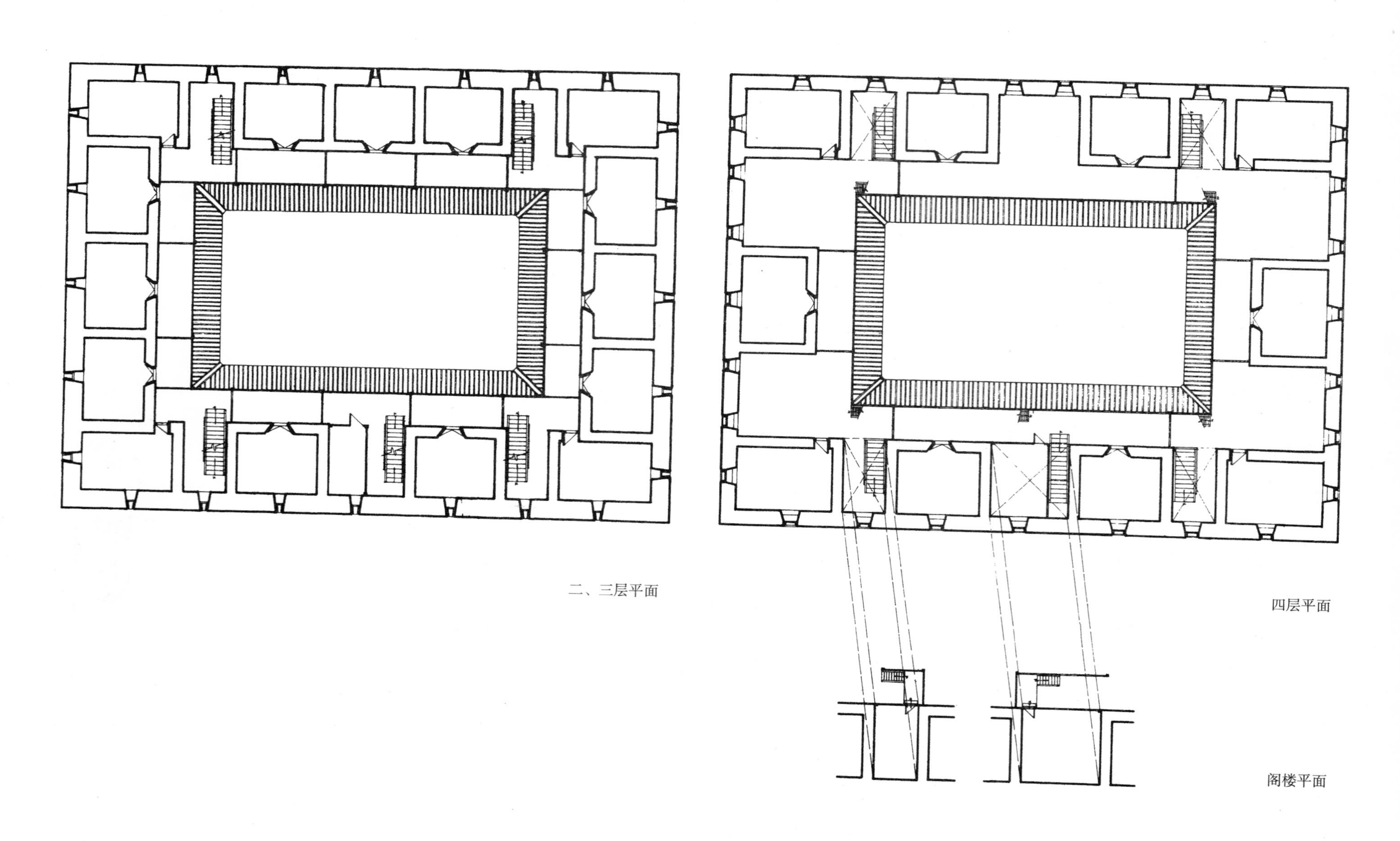

二、三层平面

四层平面

阁楼平面

福建龙岩适中土楼测绘　回洲楼

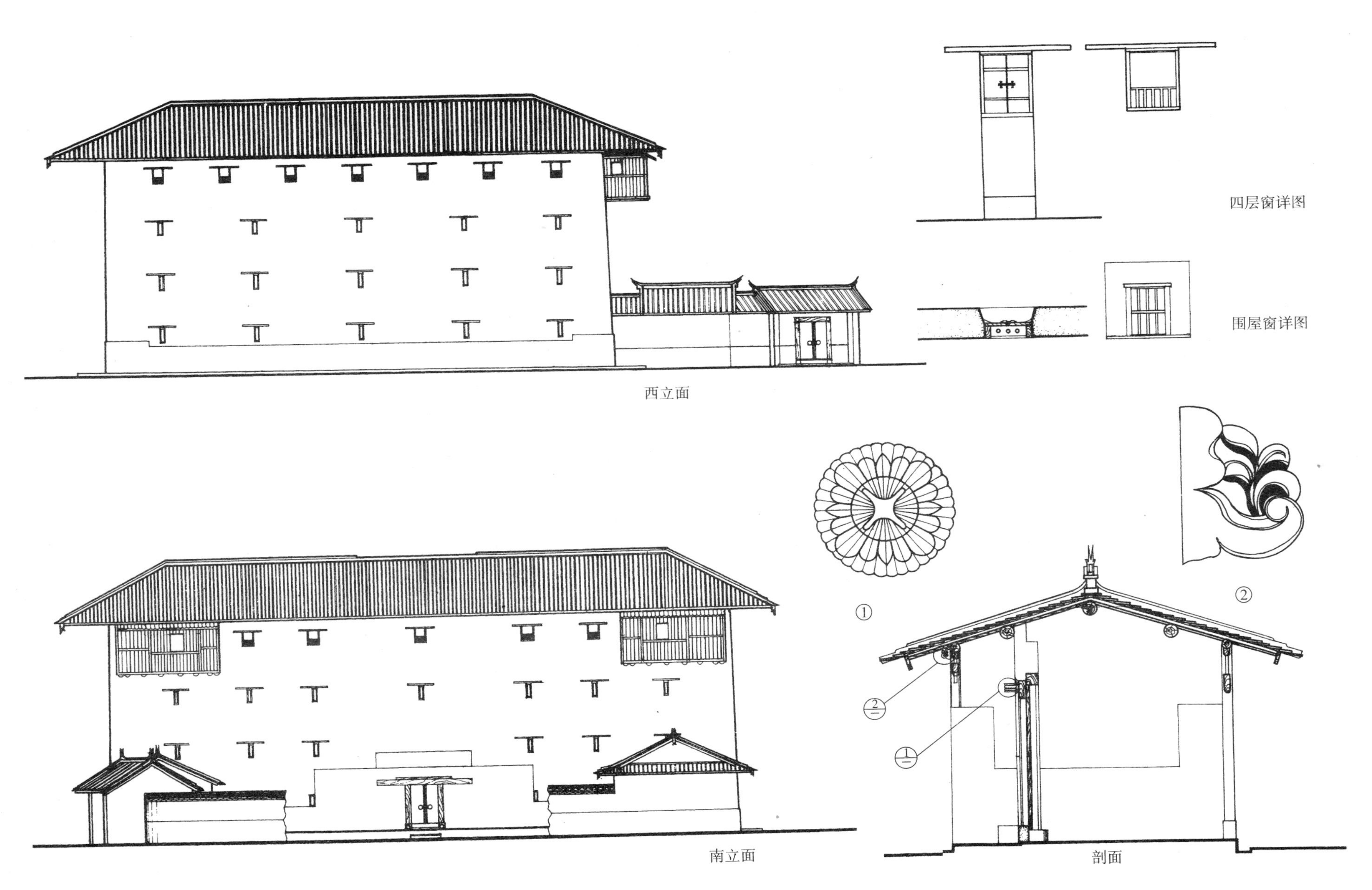

福建龙岩适中土楼测绘　回洲楼

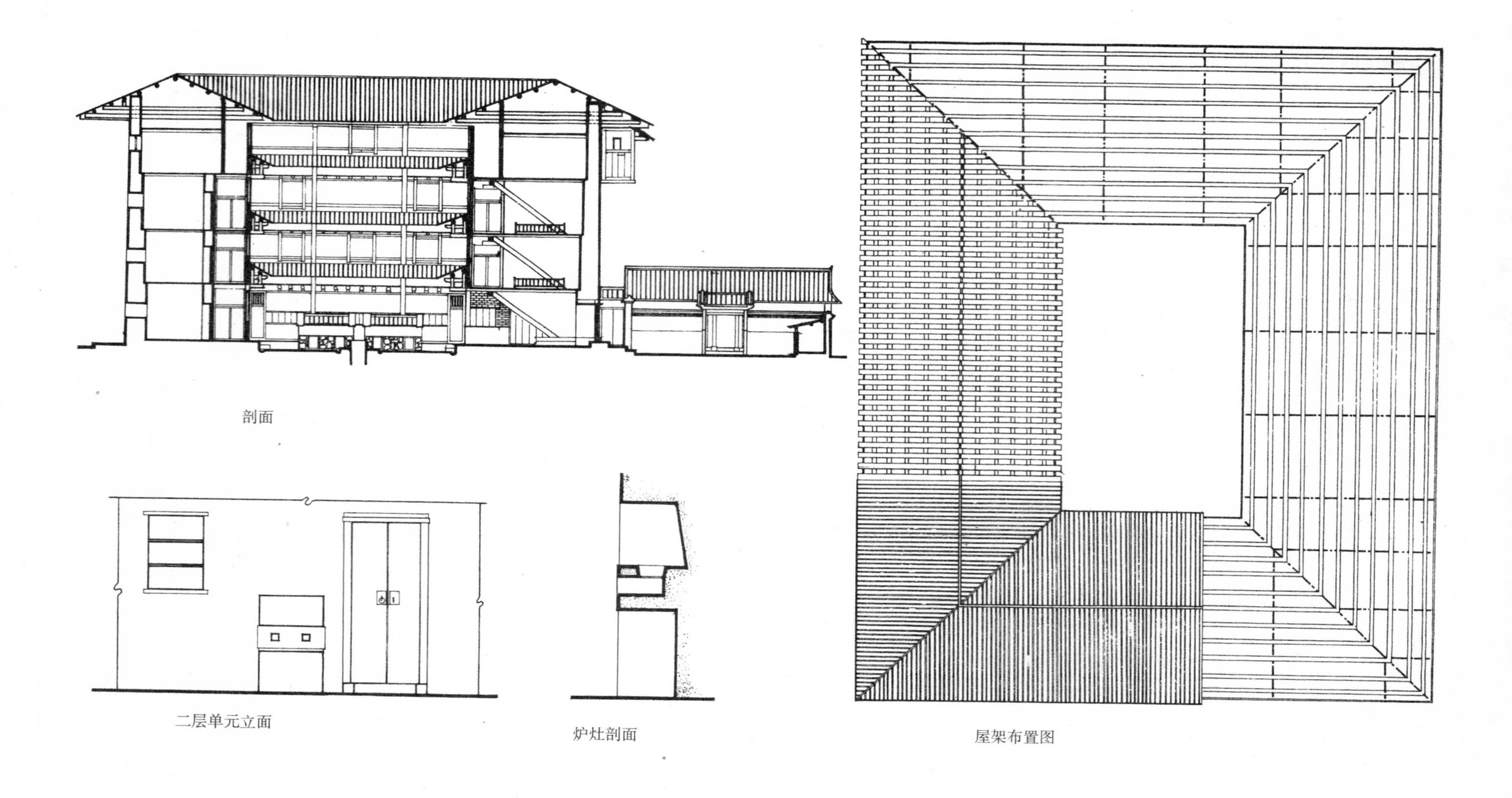
剖面

二层单元立面

炉灶剖面

屋架布置图

福建龙岩适中土楼测绘　回洲楼

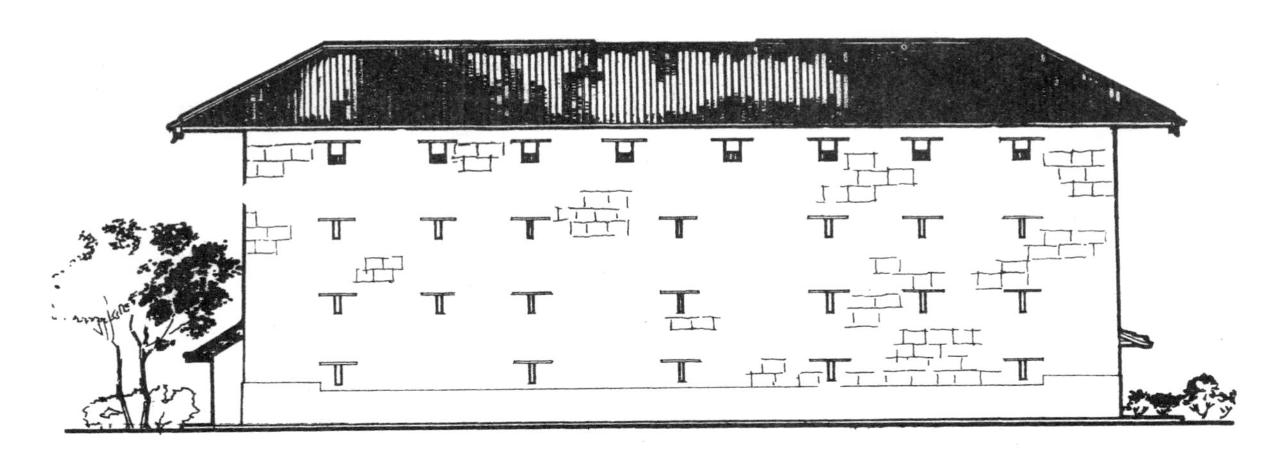

北立面

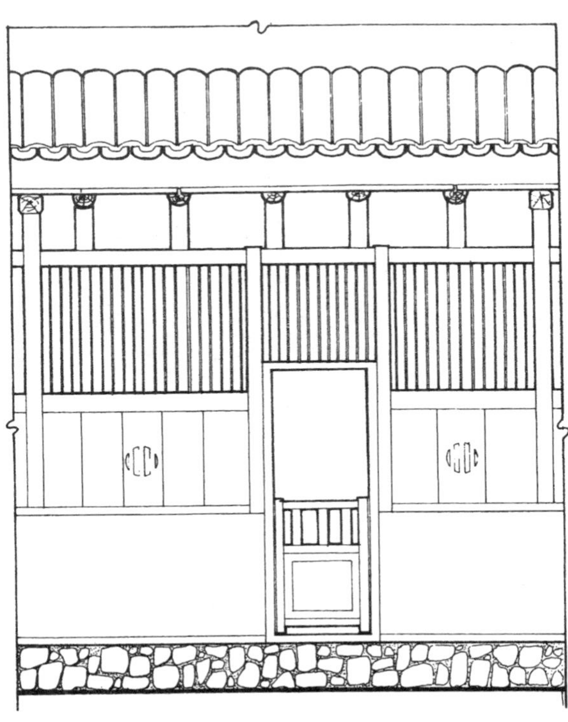

一层单元立面

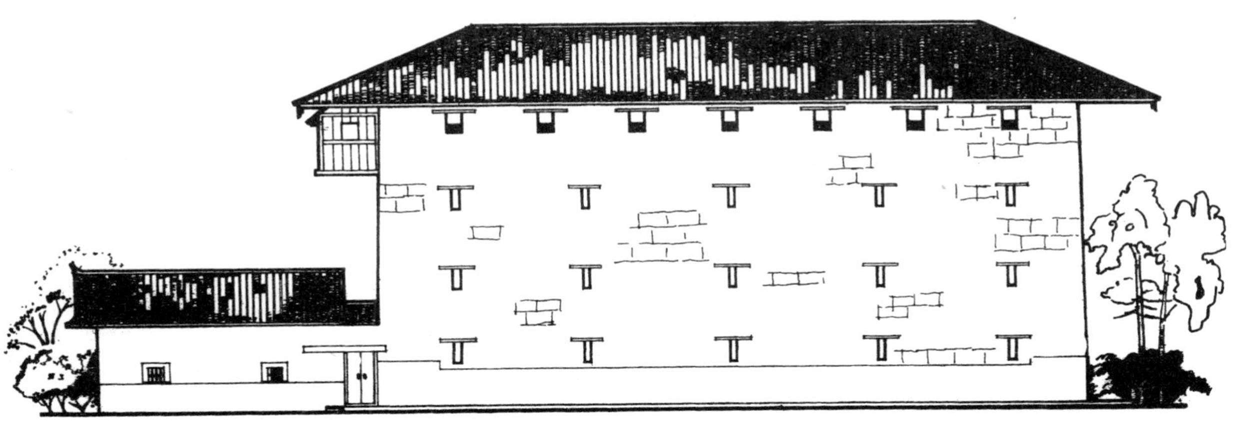

东立面

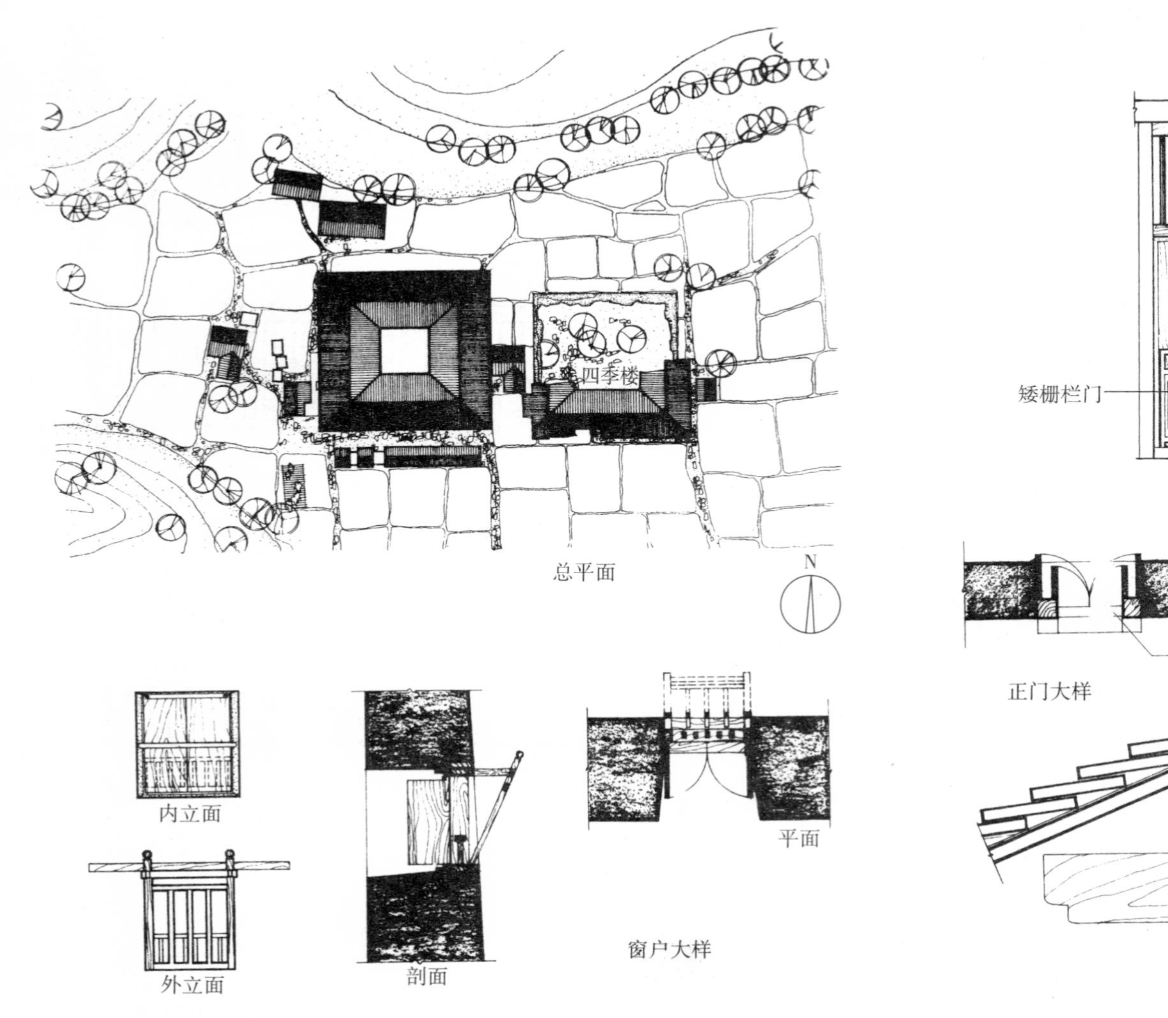

总平面

内立面

外立面

剖面

平面

窗户大样

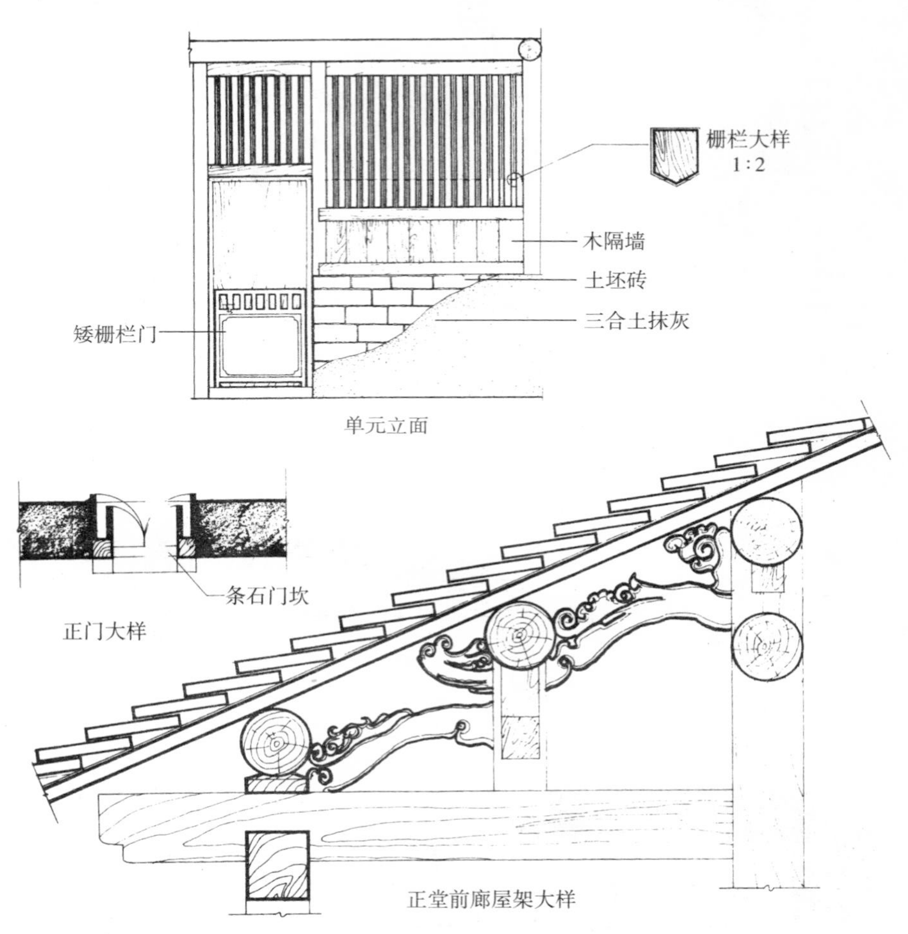

单元立面

正门大样

正堂前廊屋架大样

福建龙岩适中土楼测绘　西贯楼

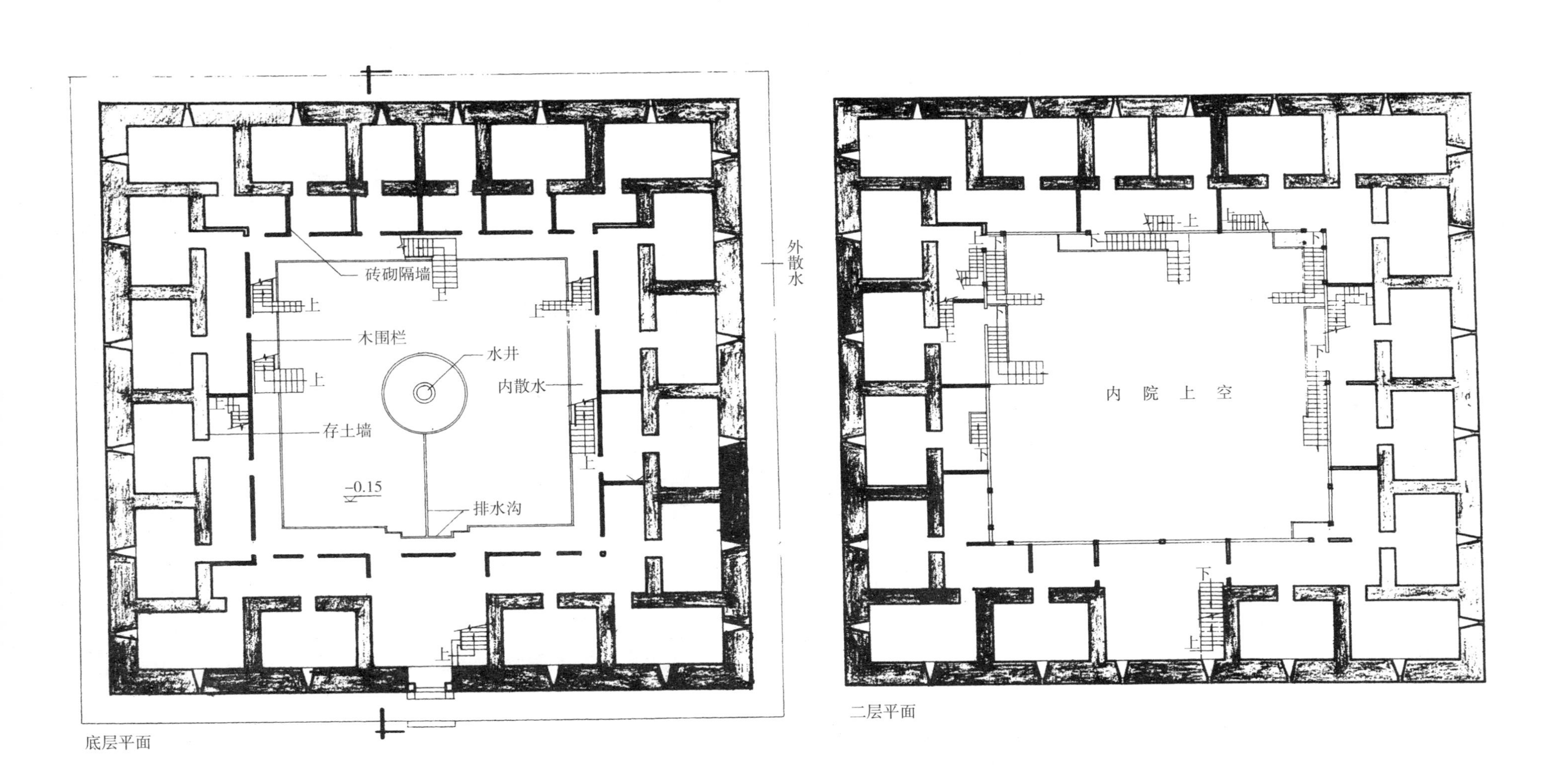

底层平面

二层平面

福建龙岩适中土楼测绘　西贯楼

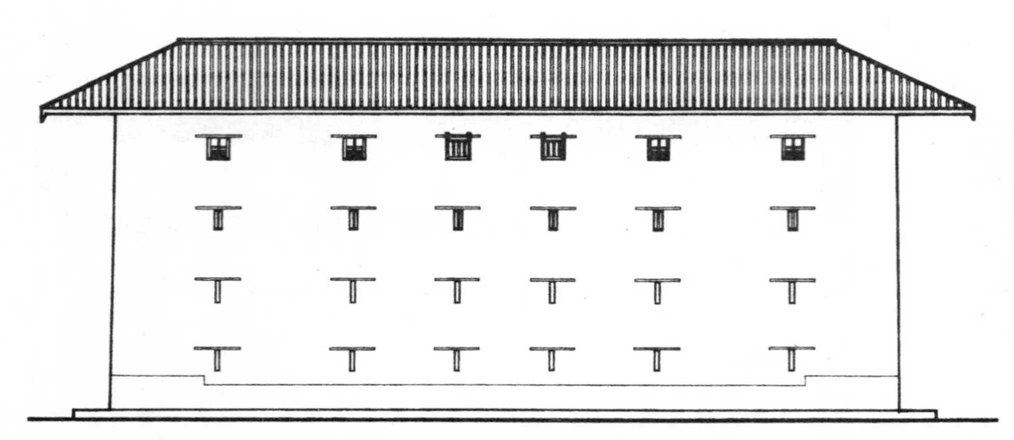

西北立面

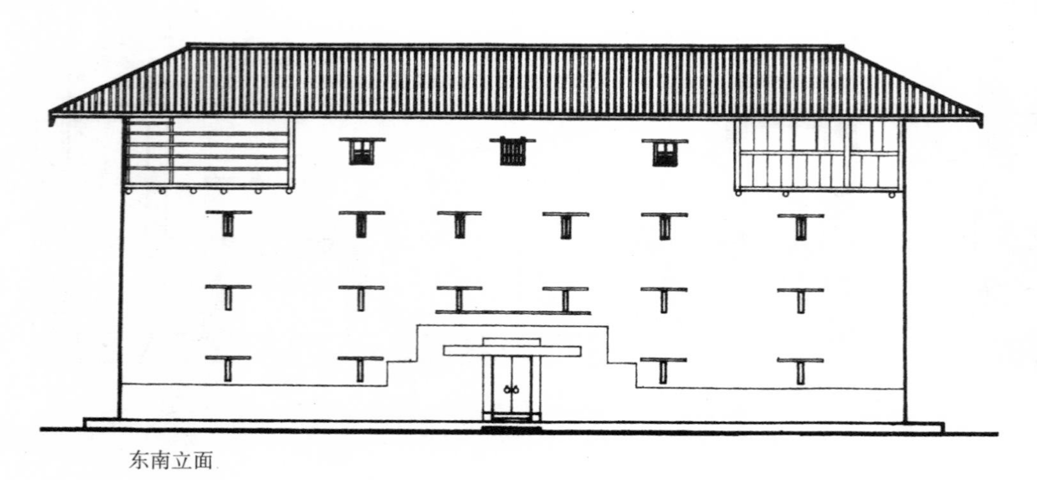

东南立面

内院上空

内挑檐

木隔墙

三层平面

福建龙岩适中土楼测绘　西贯楼

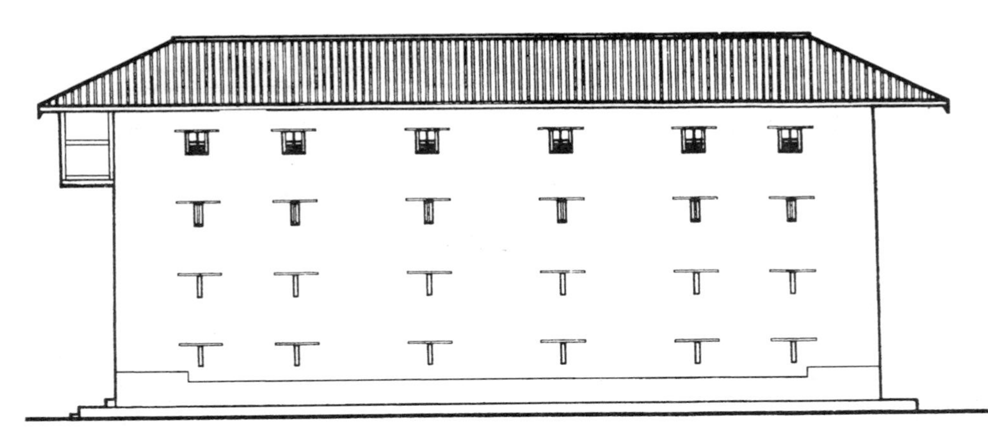
东北立面

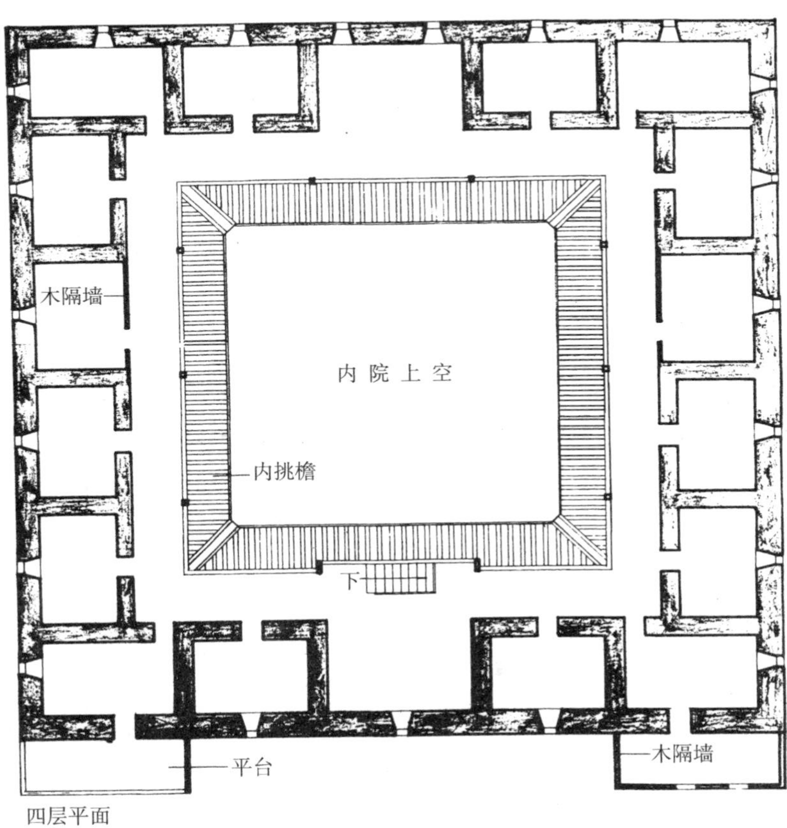

四层平面

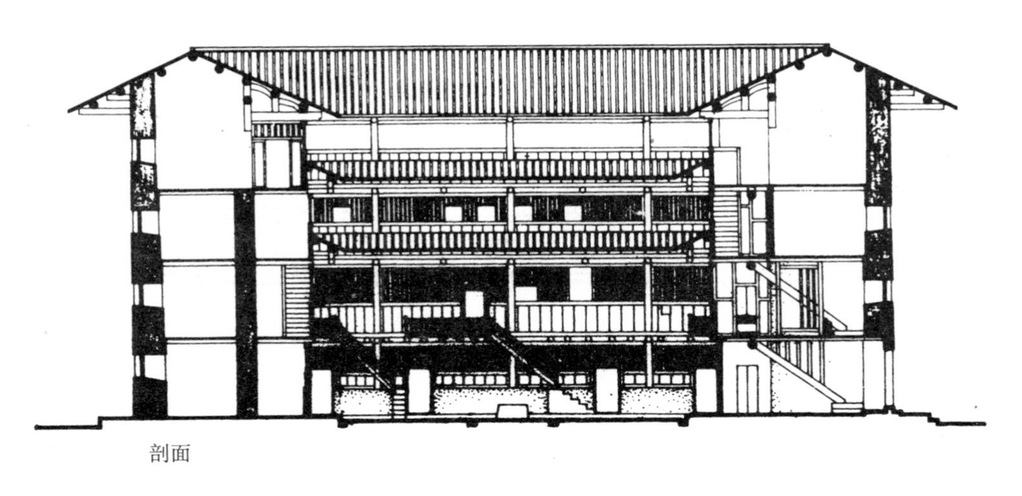
剖面

福建龙岩适中土楼测绘　西贯楼

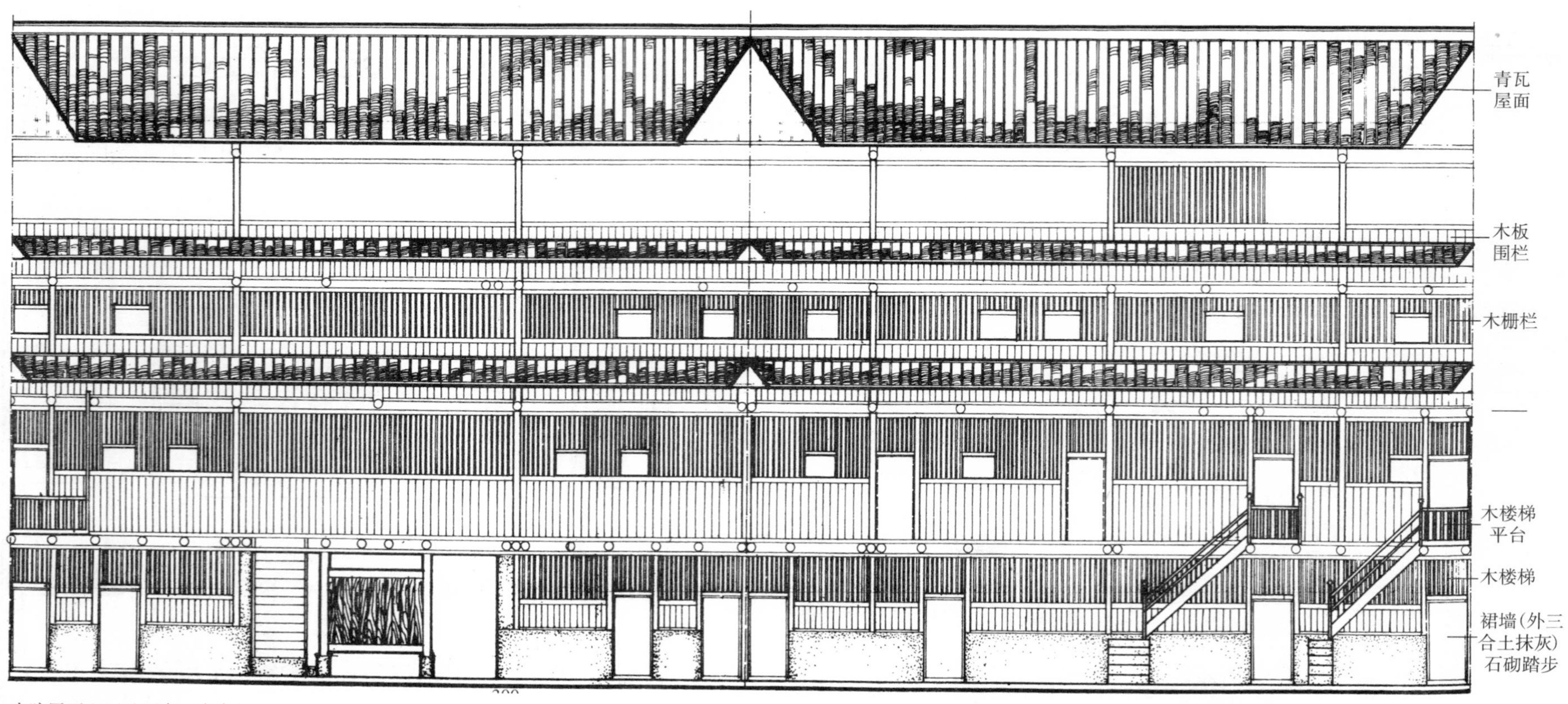

内院展开立面（西南、东南）

福建龙岩适中土楼测绘　西贯楼

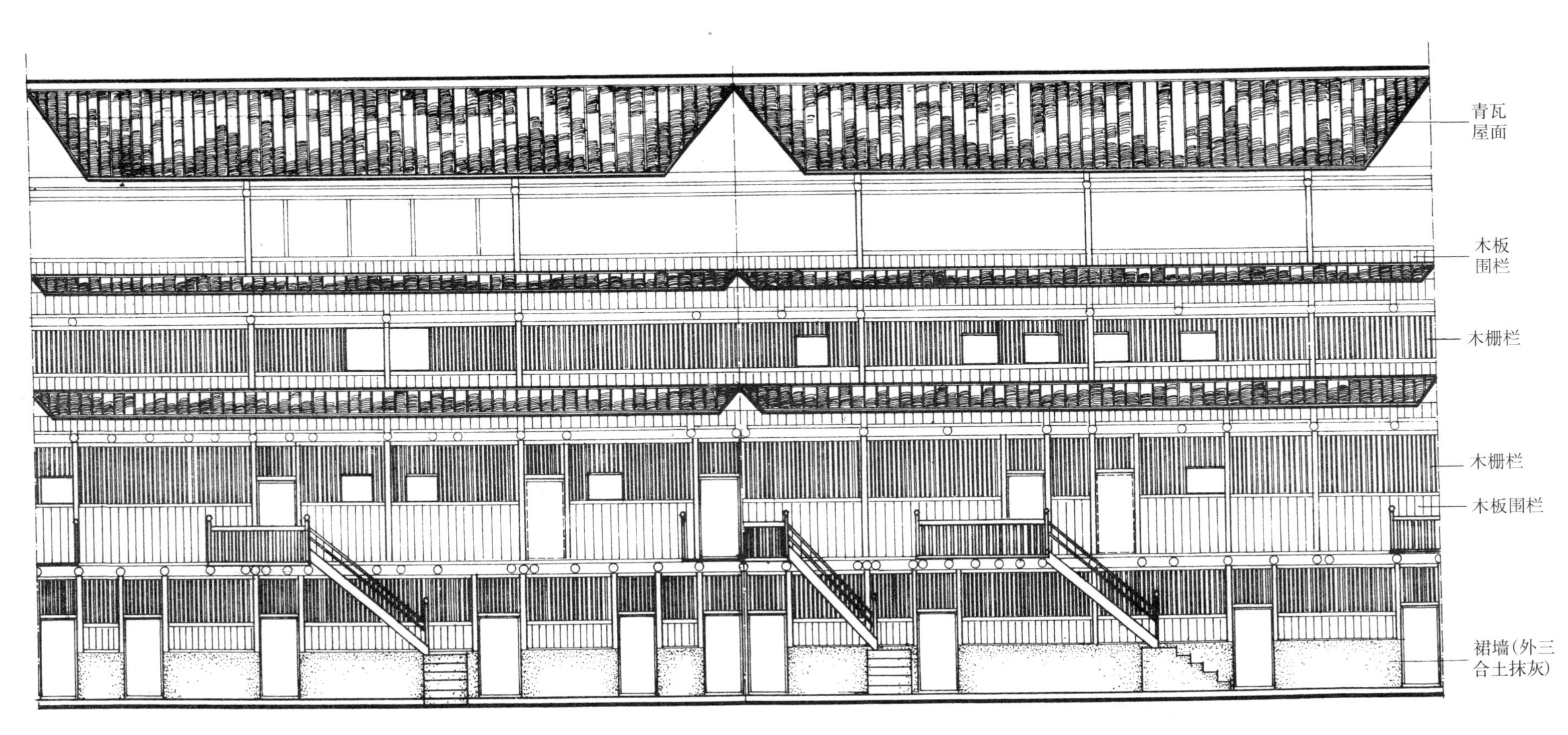
青瓦
屋面
木板
围栏
木栅栏
木栅栏
木板围栏
裙墙(外三
合土抹灰)

内院展开立面（西北、东北）

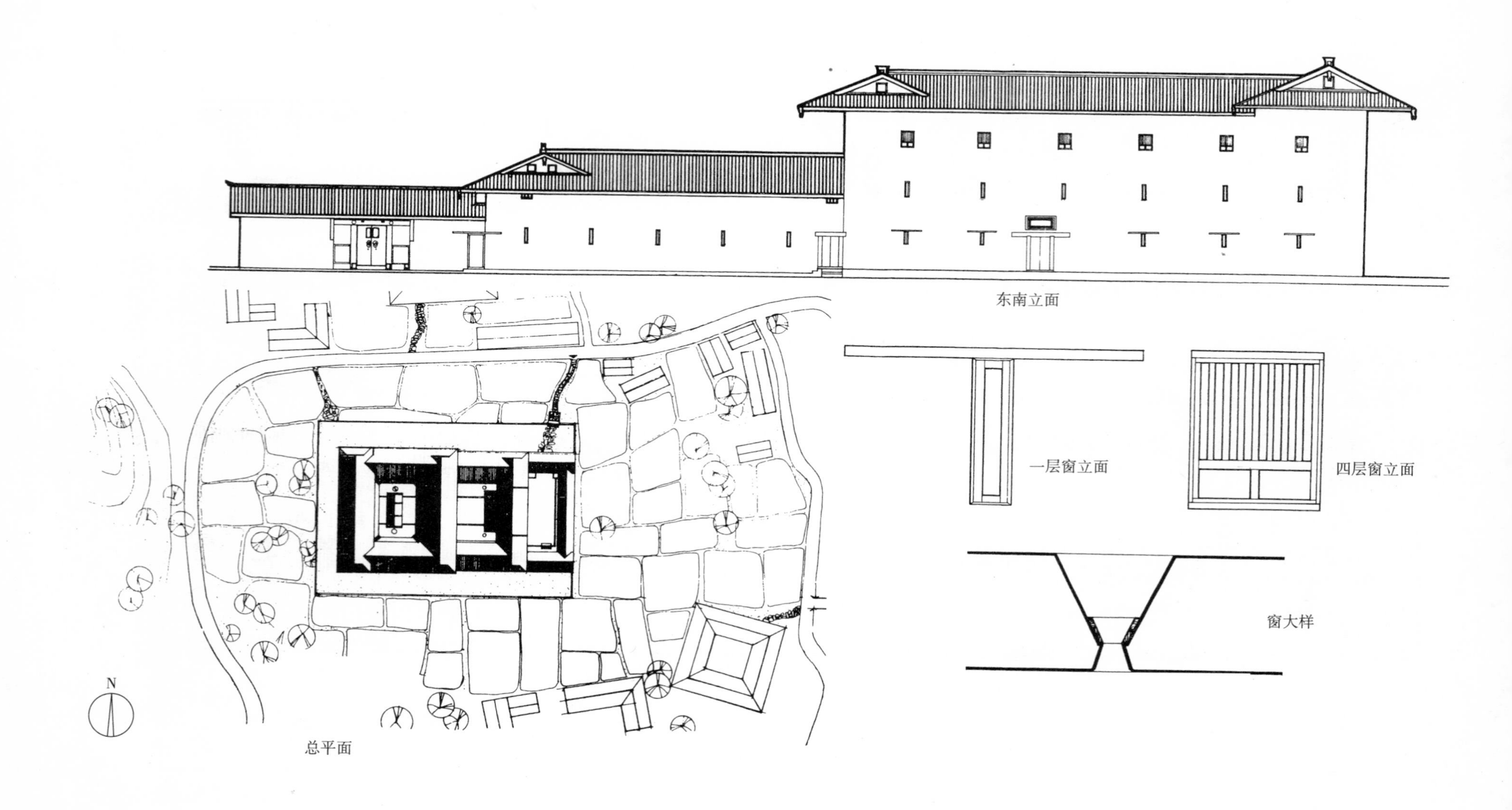

福建龙岩适中土楼测绘　三成楼

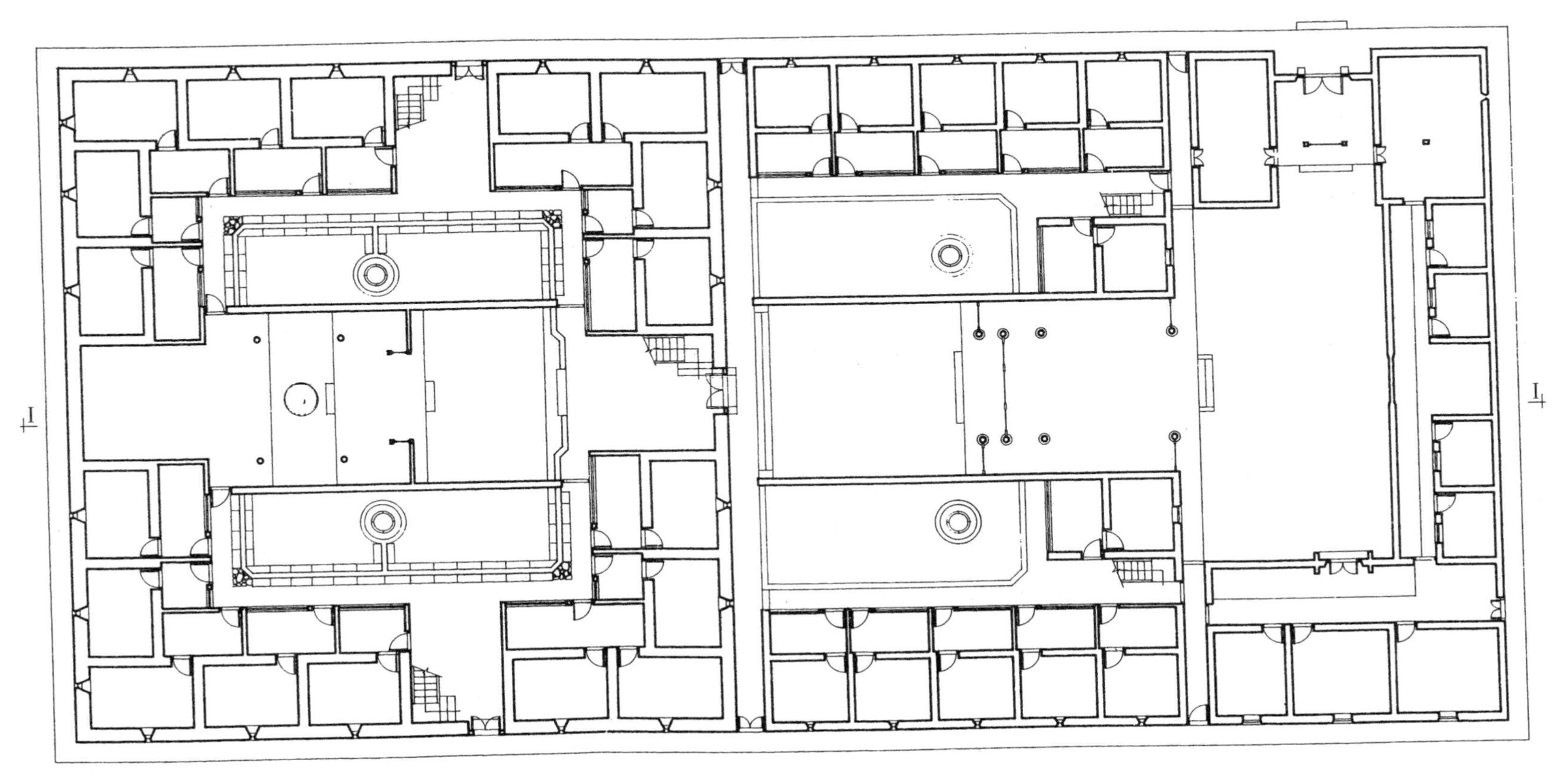

一层平面

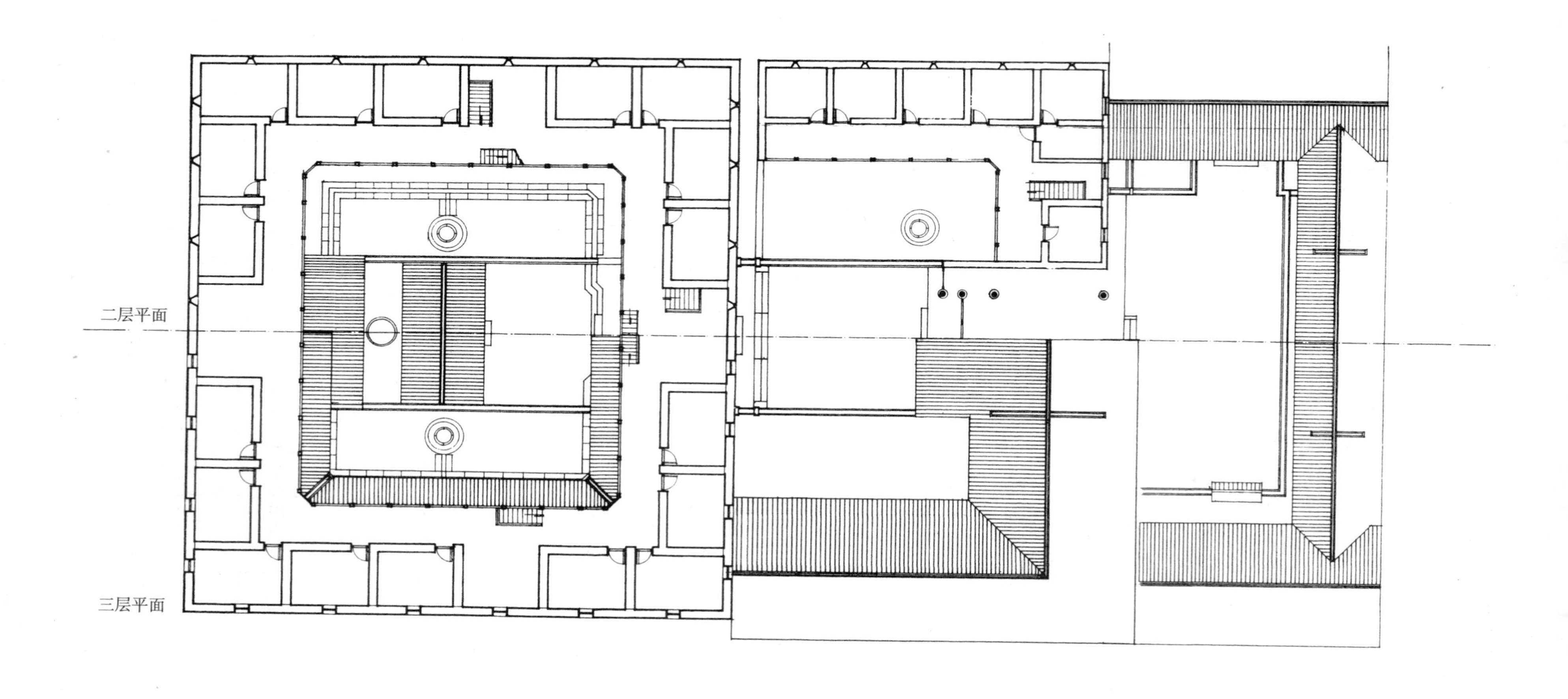

福建龙岩适中土楼测绘　三成楼

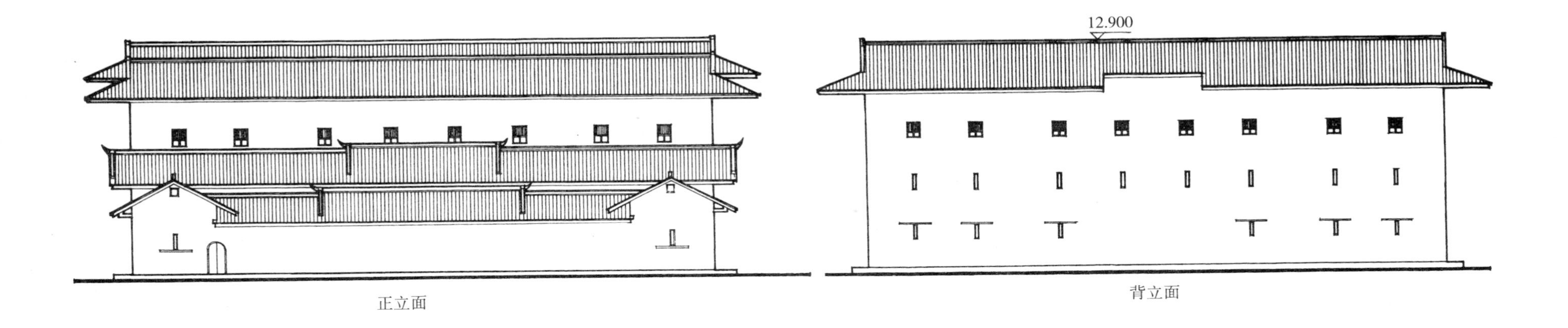

正立面　　背立面

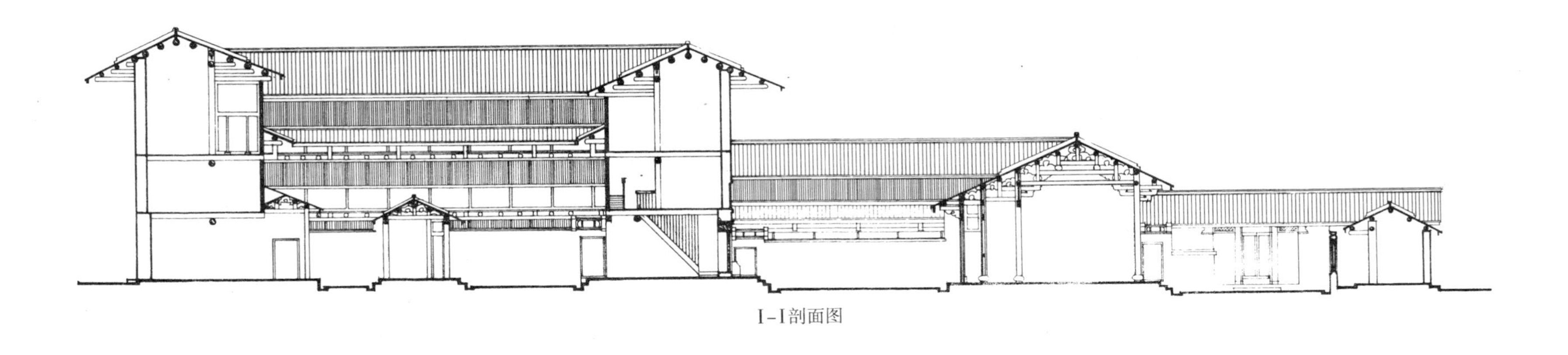

I-I剖面图

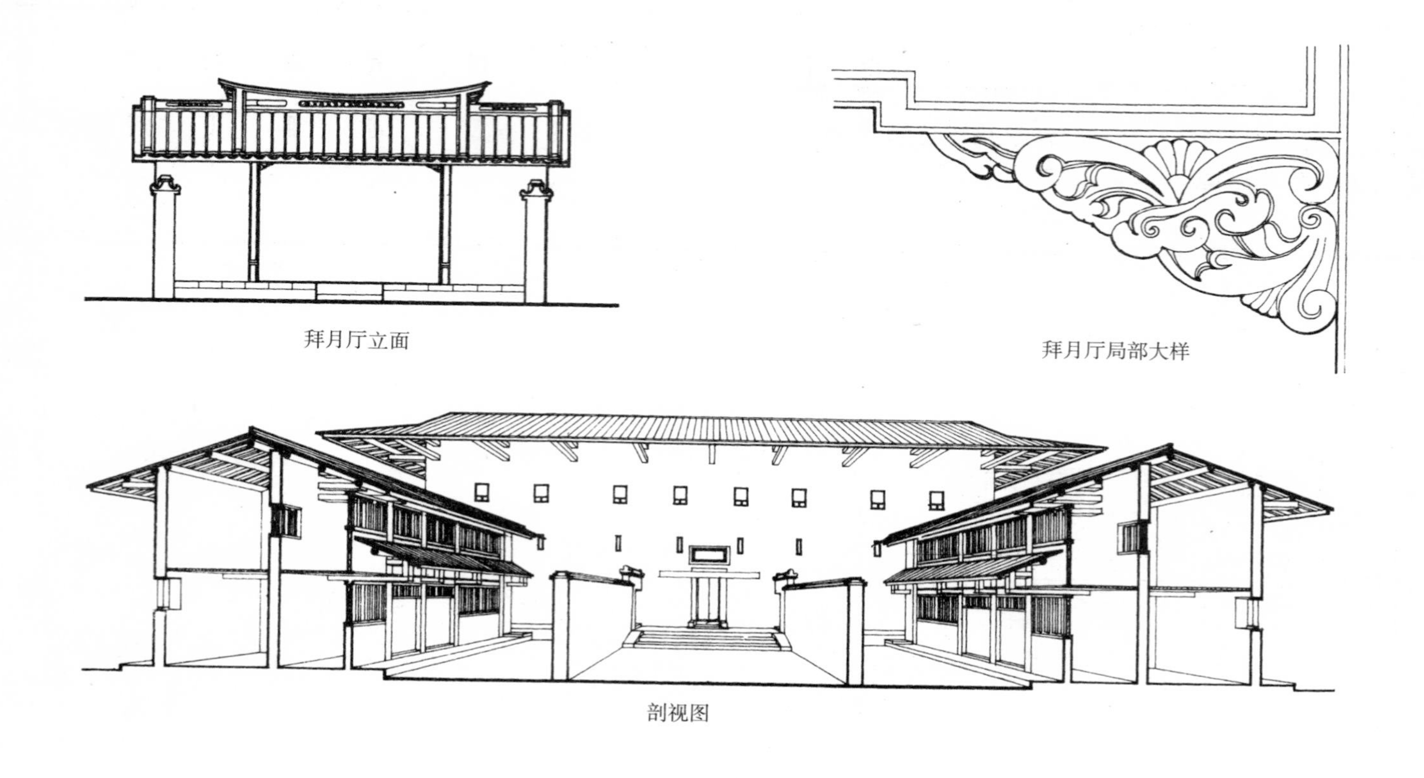

拜月厅立面

拜月厅局部大样

剖视图

福建龙岩适中土楼测绘　三成楼

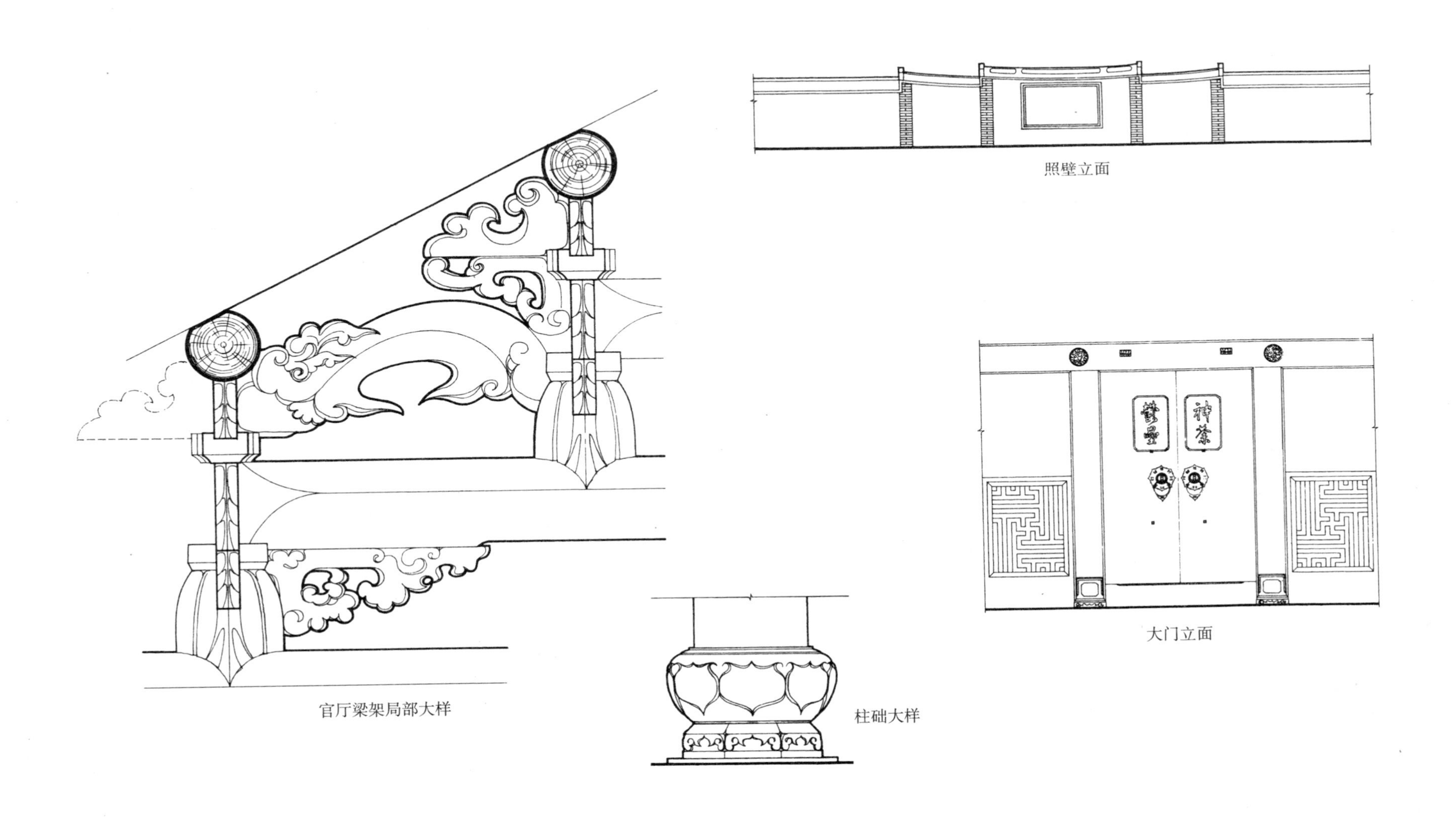

照壁立面

大门立面

官厅梁架局部大样

柱础大样

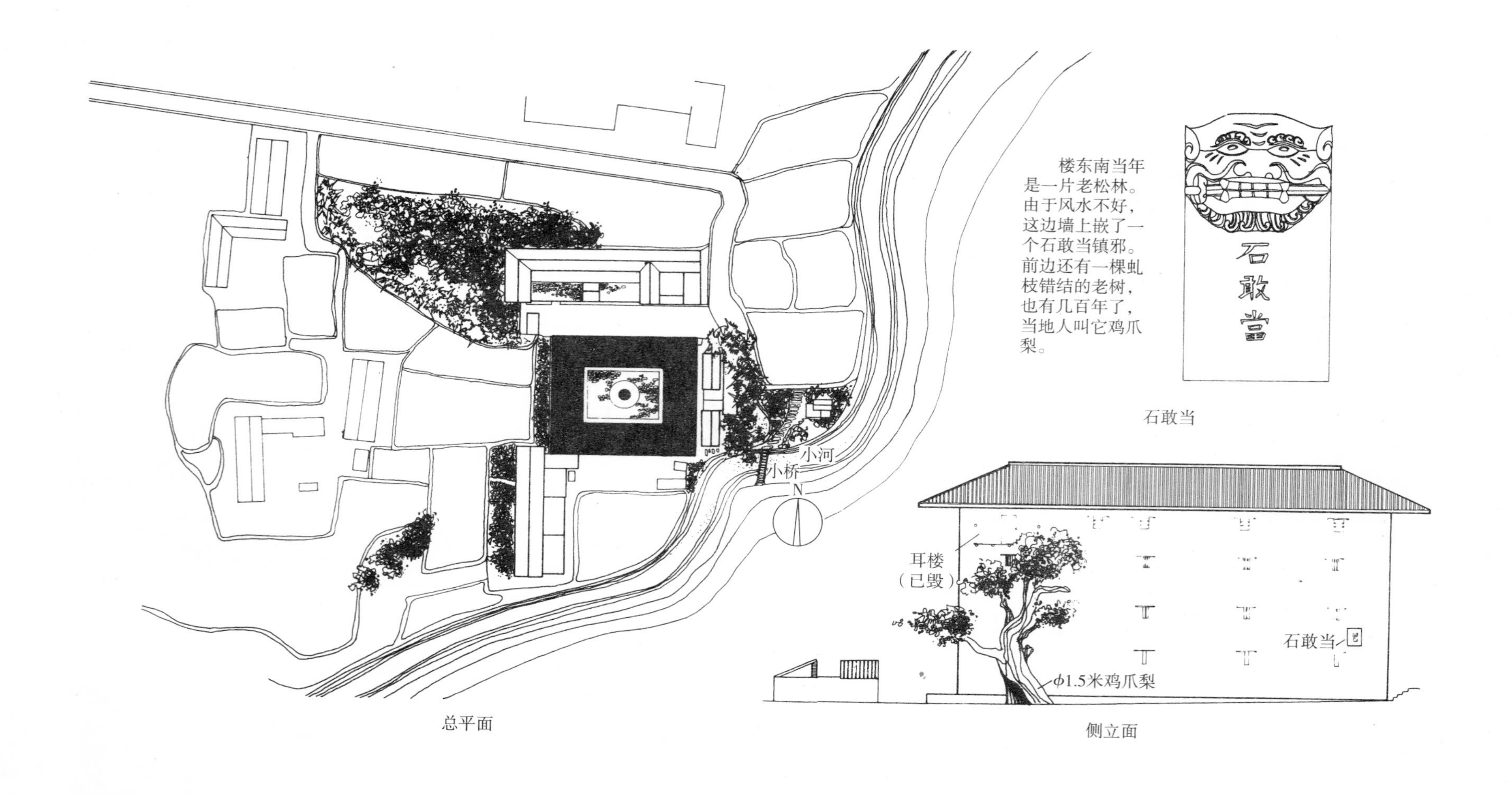

楼东南当年
是一片老松林。
由于风水不好，
这边墙上嵌了一
个石敢当镇邪。
前边还有一棵虬
枝错结的老树，
也有几百年了，
当地人叫它鸡爪
梨。
石
敢
当
小河
小桥
N
耳楼
（已毁）
石敢当
ϕ1.5米鸡爪梨

总平面

石敢当

侧立面

福建龙岩适中土楼测绘　松坑楼

松坑楼说明

在我国东南部的闽西地区，保存一种独具地方特色的客家方形土楼。我们实测的松坑楼就是龙岩适中镇的几百座土楼之一。松坑楼建于明末时期，距今约四百年历史。该楼选址与风水观相关，三面环抱松林，一面朝向山坡，出大门即有一沙坑。宅边，小溪流过，植有一棵四人合抱的古树。松坑楼现住十一户，内有一天井，楼高四层，墙为生土夯实，层层收分。窗户由下向上逐渐放大。楼内木装修精致，但现已破坏严重。建筑出入口只有一个，内庭无祖堂，走廊为方形，出挑2米。构造上外墙承重，内部木结构承重。

居住者为谢氏，虽已无亲缘关系，但融洽相处，体现了土楼特有的氛围。

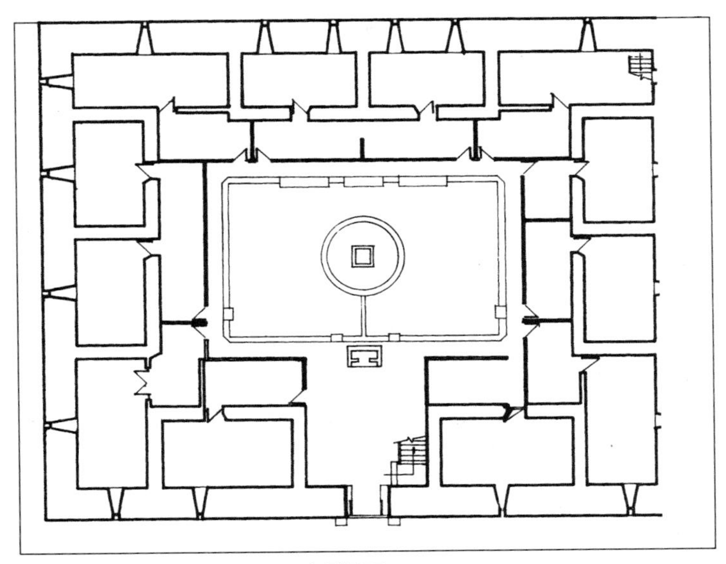

底层平面

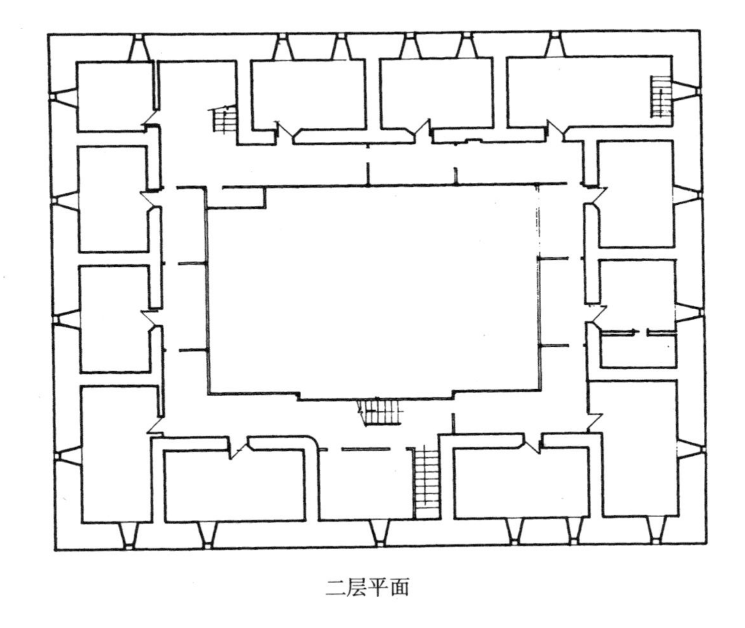

二层平面

福建龙岩适中土楼测绘　松坑楼

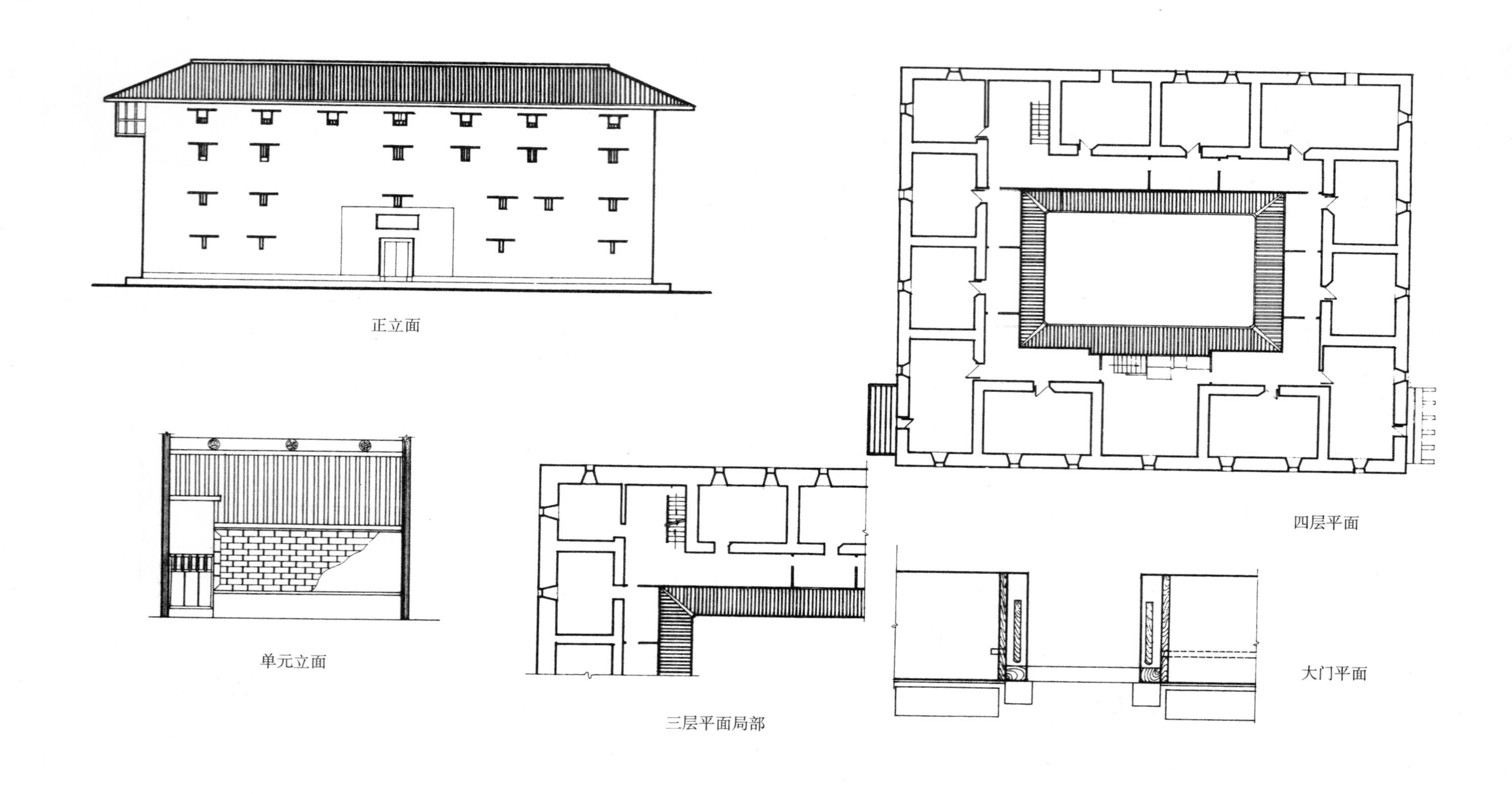

福建龙岩适中土楼测绘　松坑楼

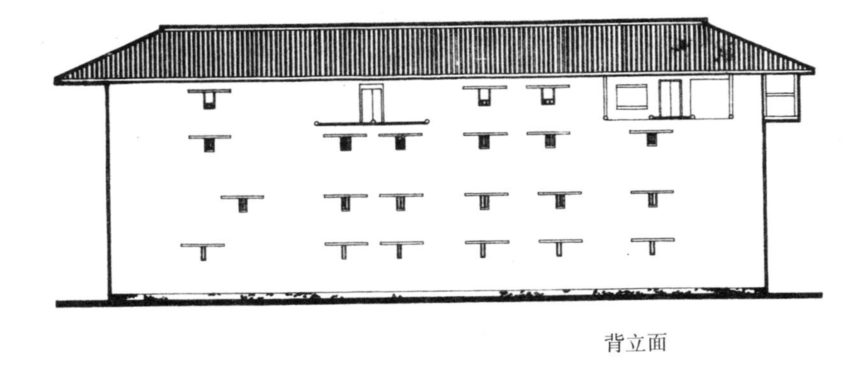

背立面

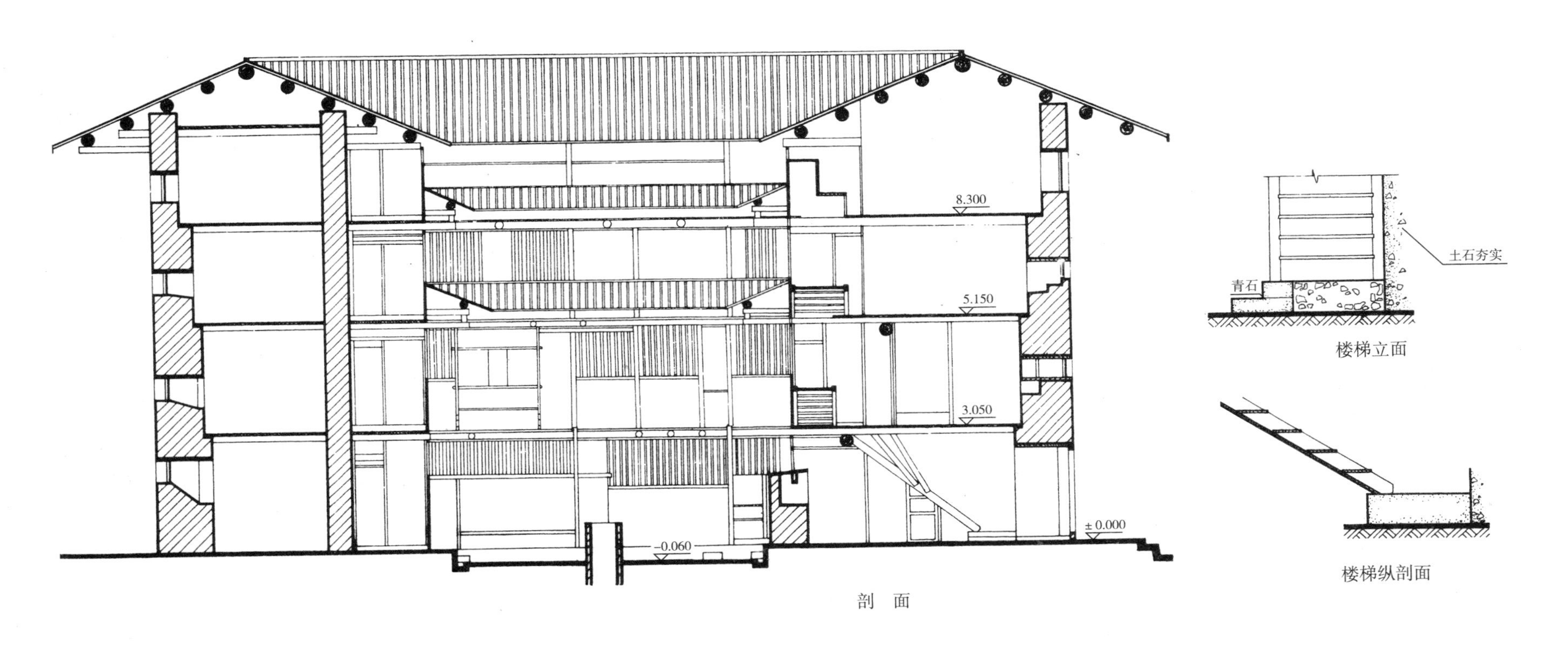

剖　面

土石夯实
青石

楼梯立面

楼梯纵剖面

福建龙岩适中土楼测绘　松坑楼

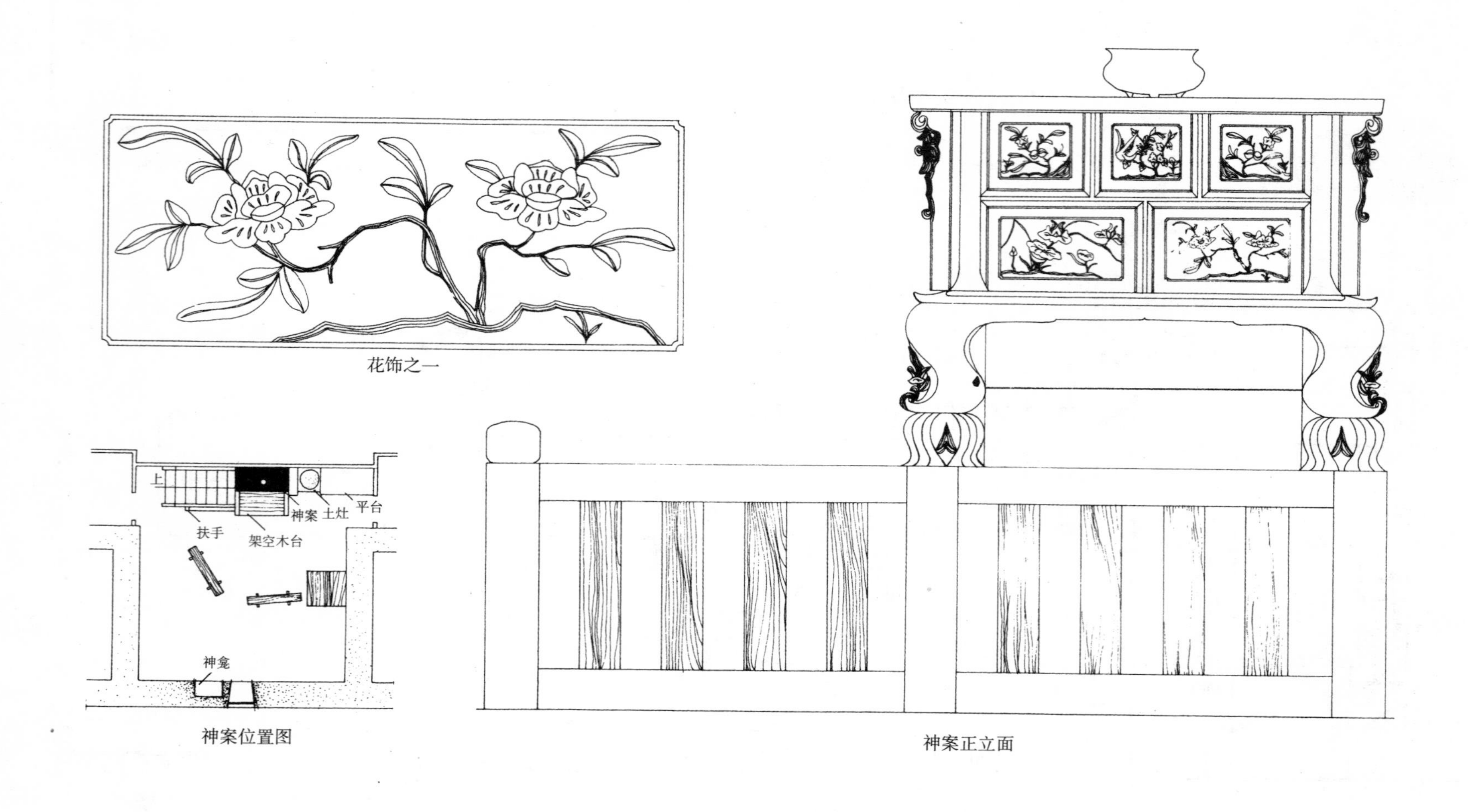

花饰之一

神案位置图

神案正立面

福建龙岩适中土楼测绘　松坑楼

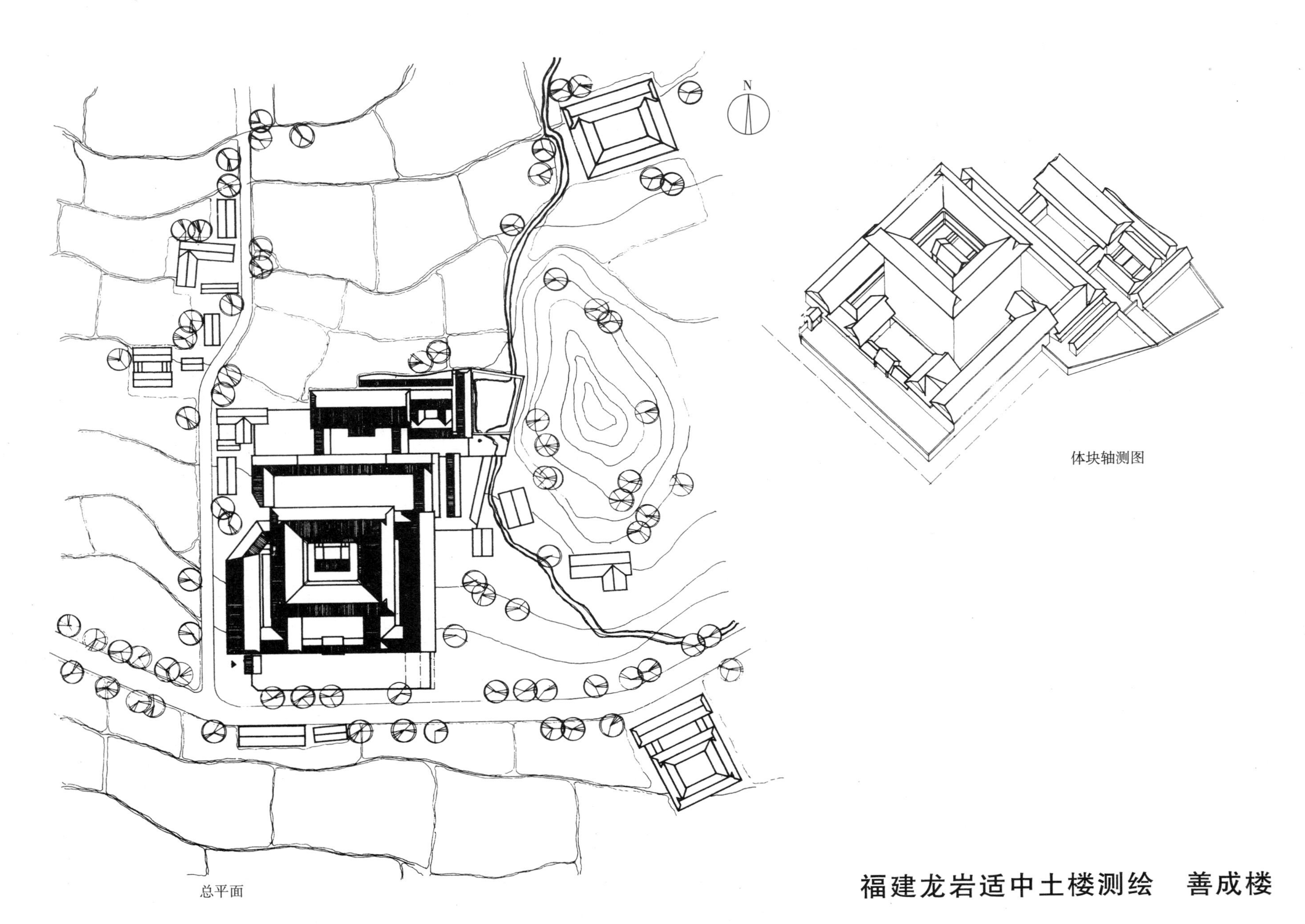

体块轴测图

总平面

福建龙岩适中土楼测绘　善成楼

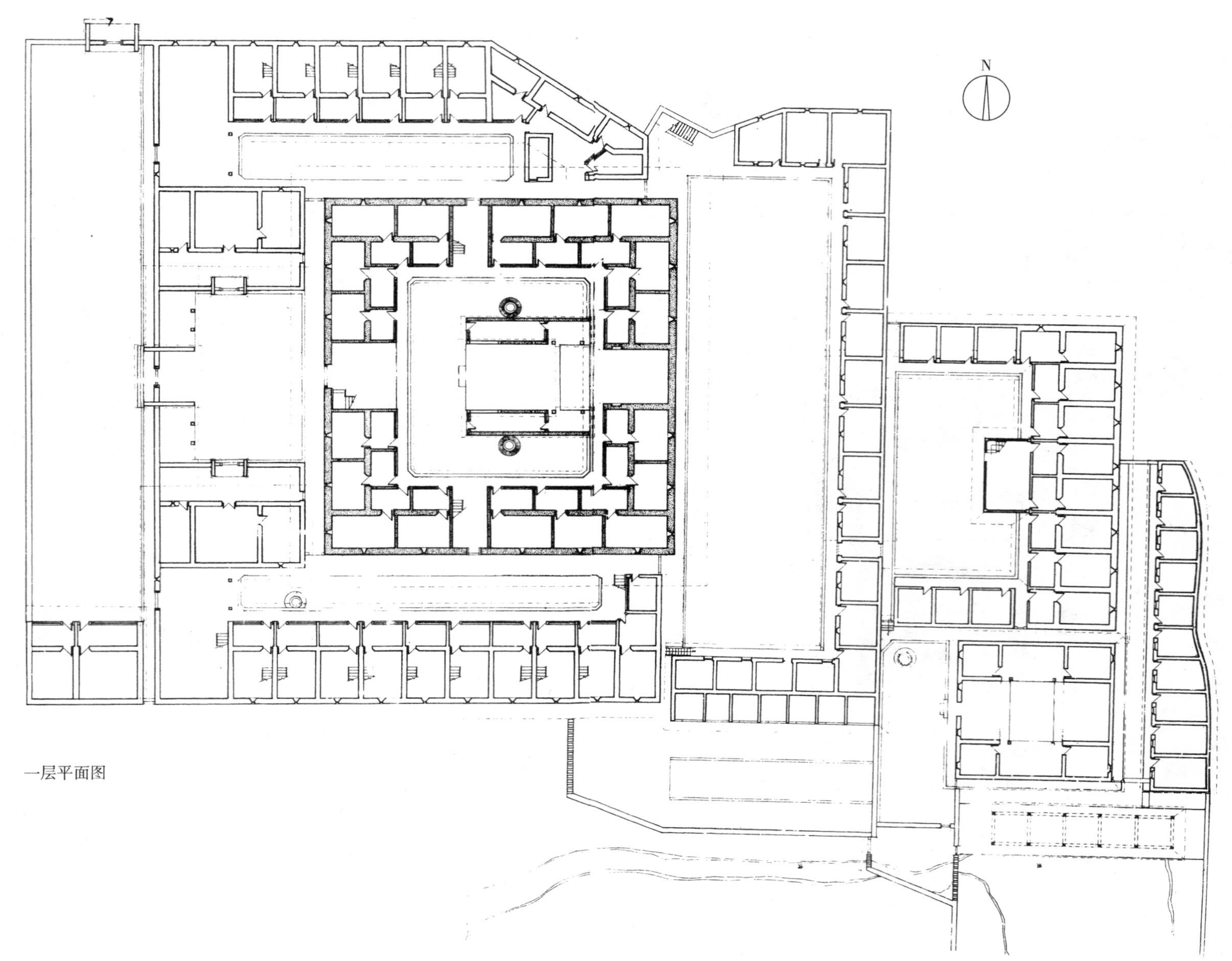

一层平面图

福建龙岩适中土楼测绘　善成楼

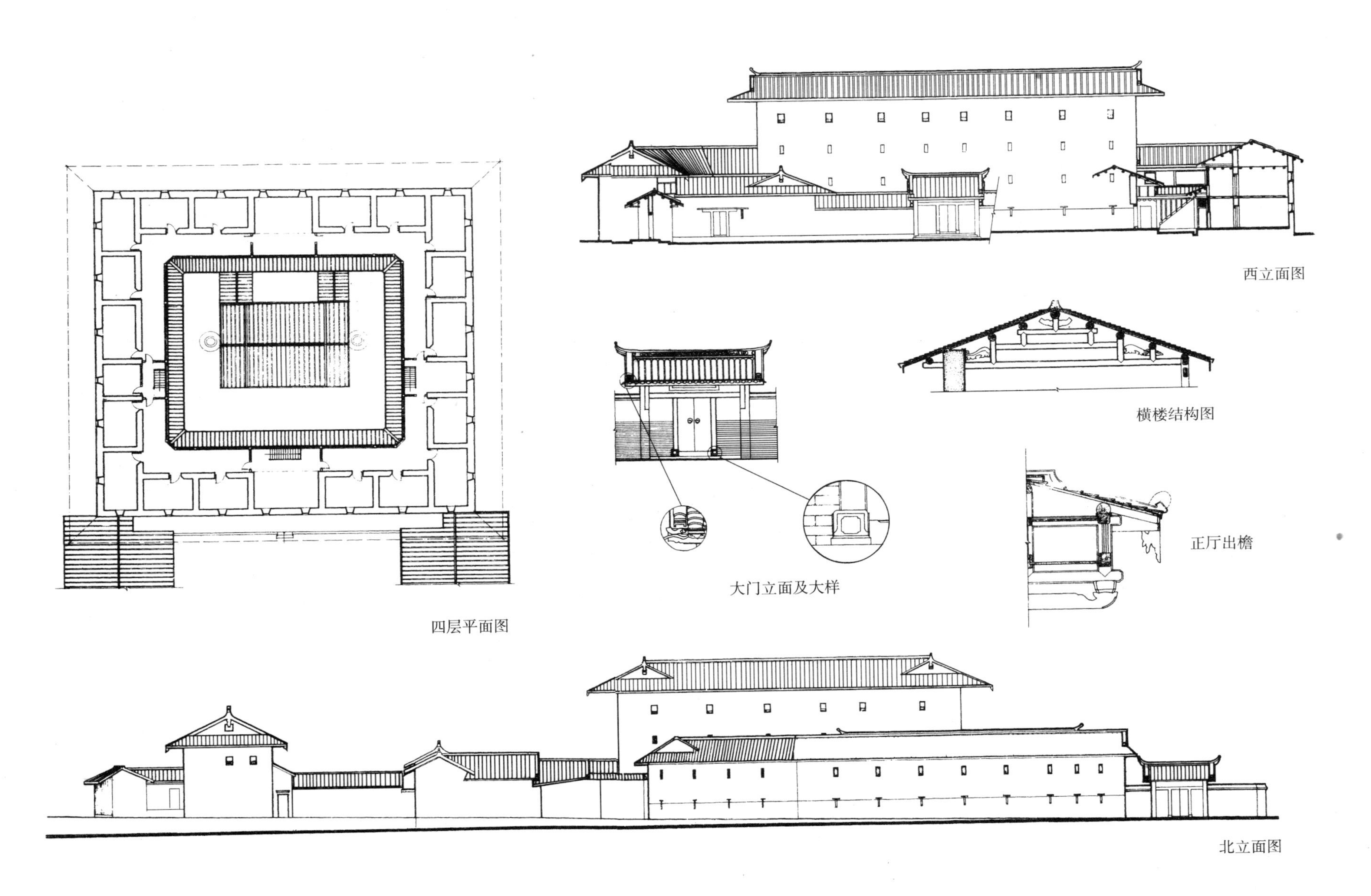

福建龙岩适中土楼测绘　善成楼

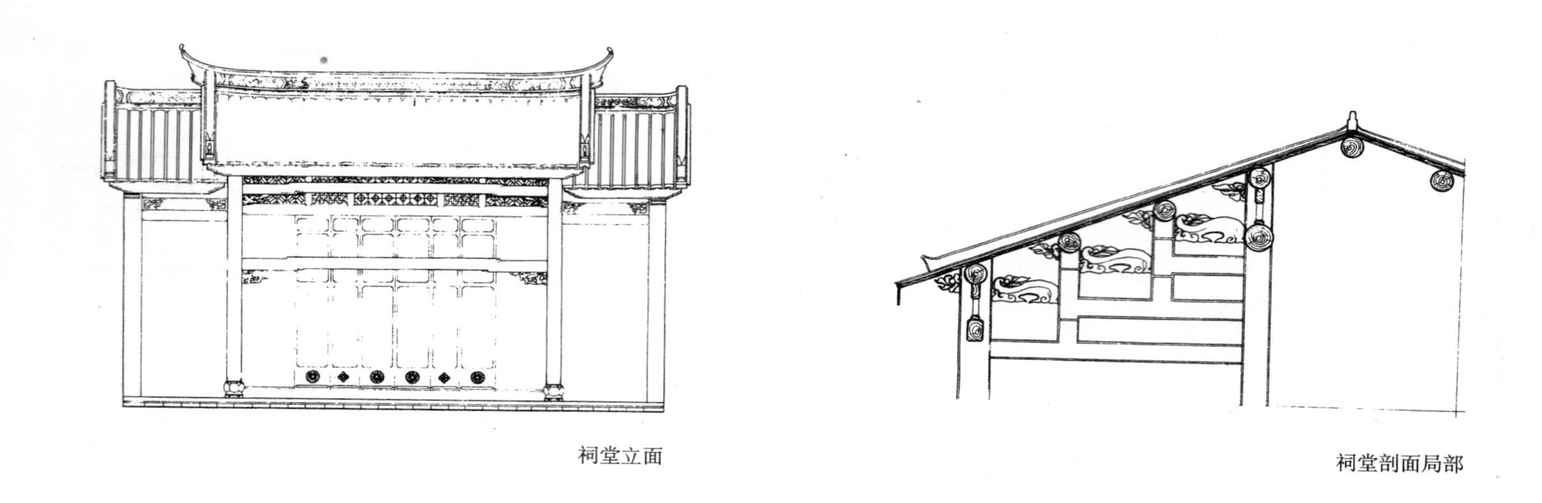

祠堂立面

祠堂剖面局部

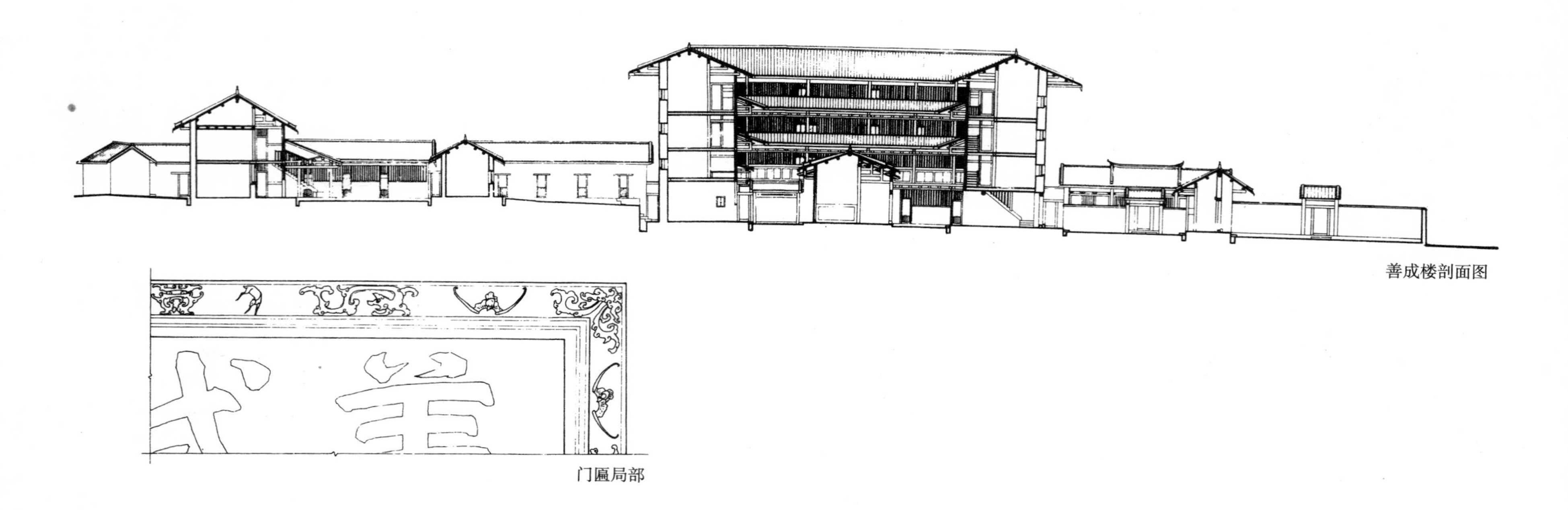

善成楼剖面图

门匾局部

福建龙岩适中土楼测绘　善成楼

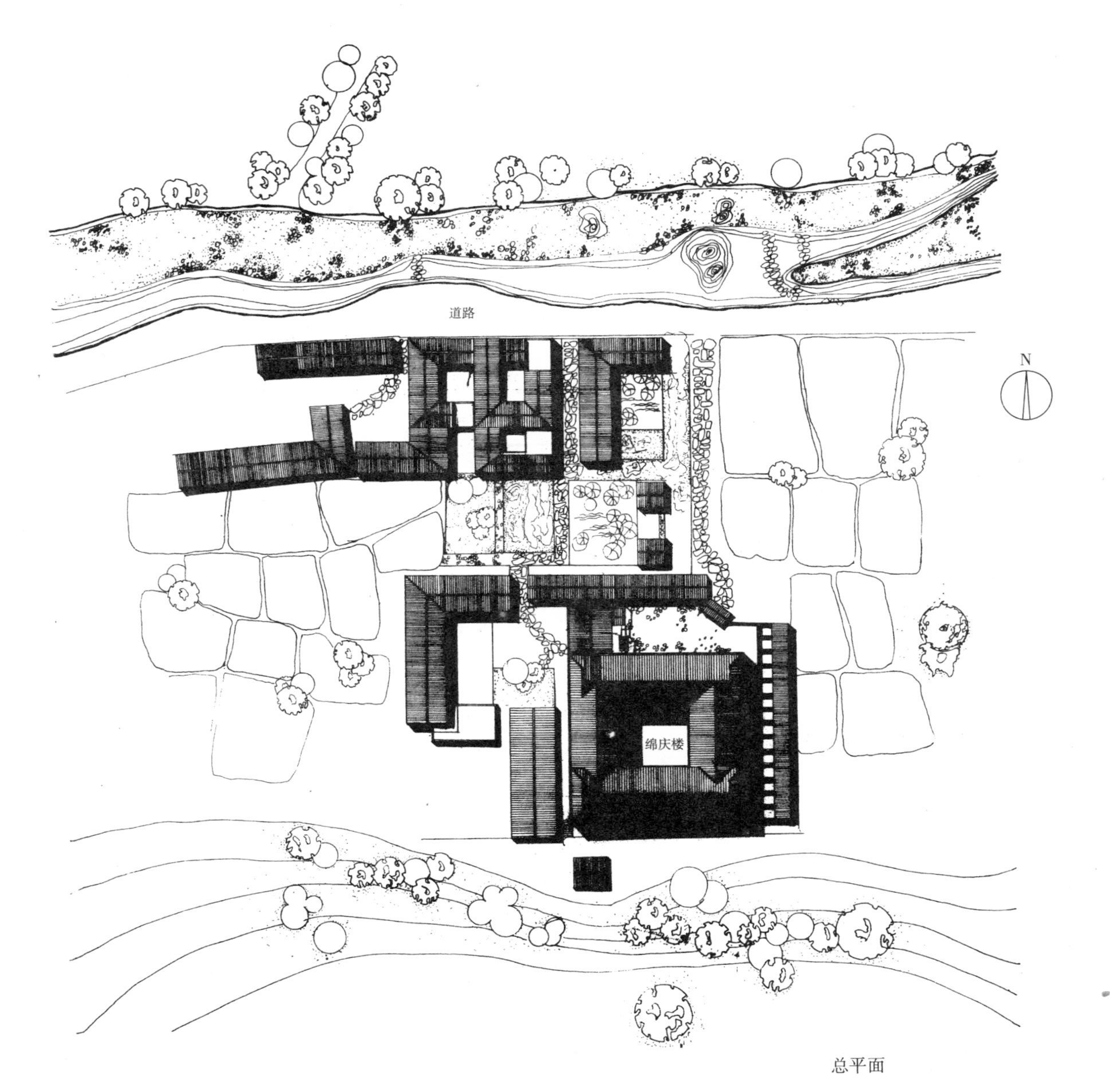

总平面

福建龙岩适中土楼测绘　绵庆楼

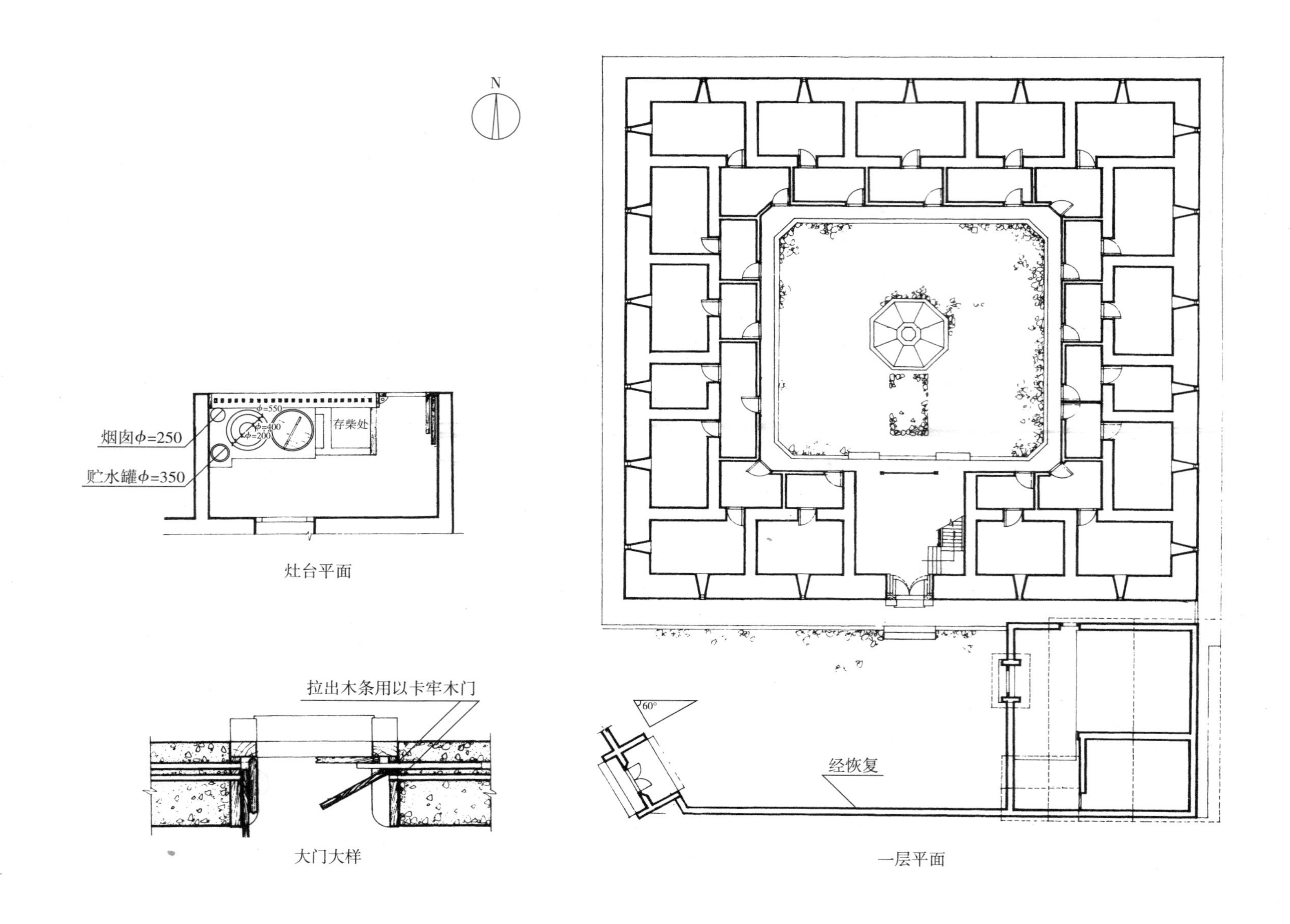

灶台平面

大门大样

一层平面

福建龙岩适中土楼测绘　绵庆楼

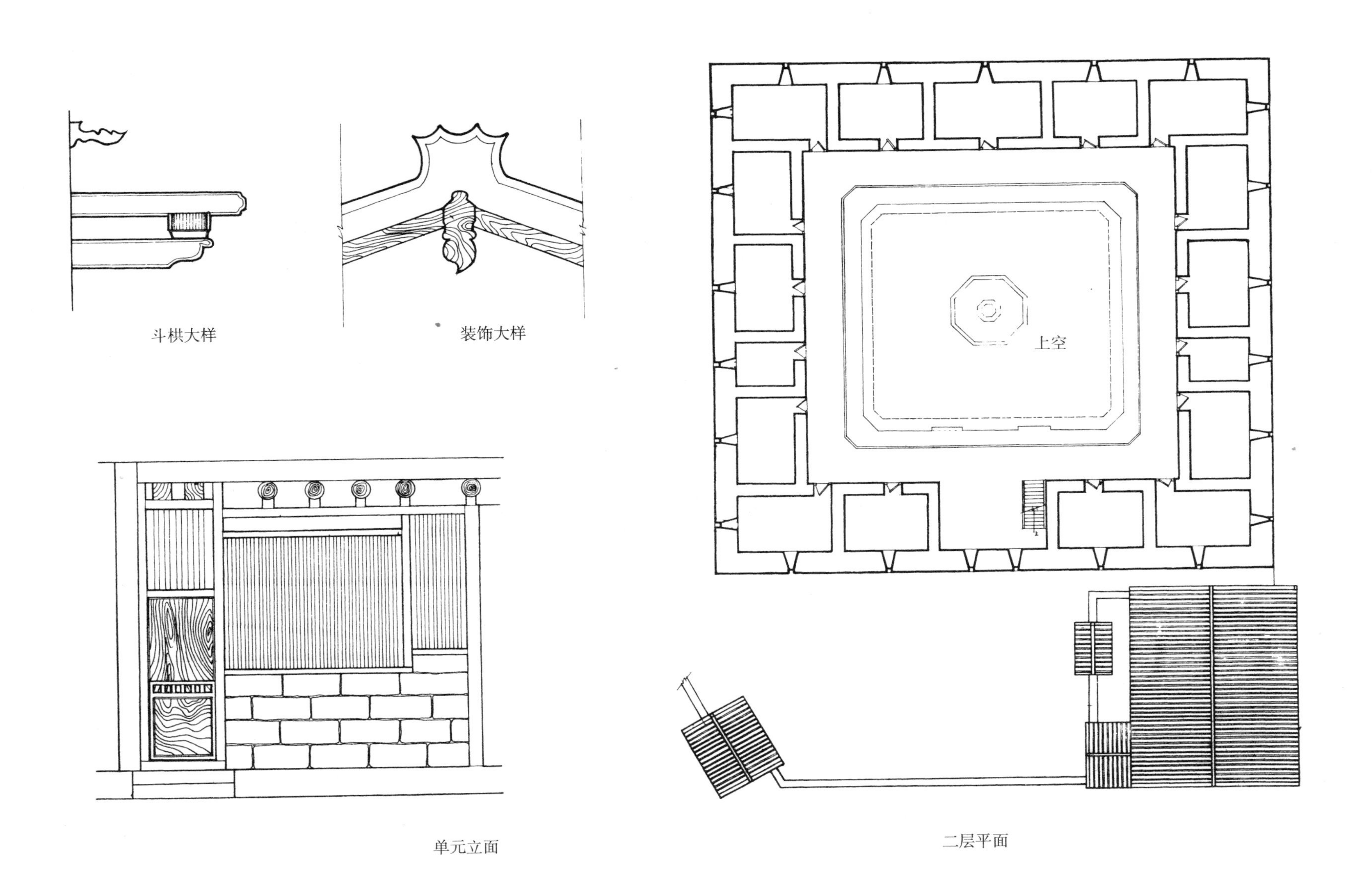

斗栱大样

装饰大样

单元立面

二层平面

福建龙岩适中土楼测绘　绵庆楼

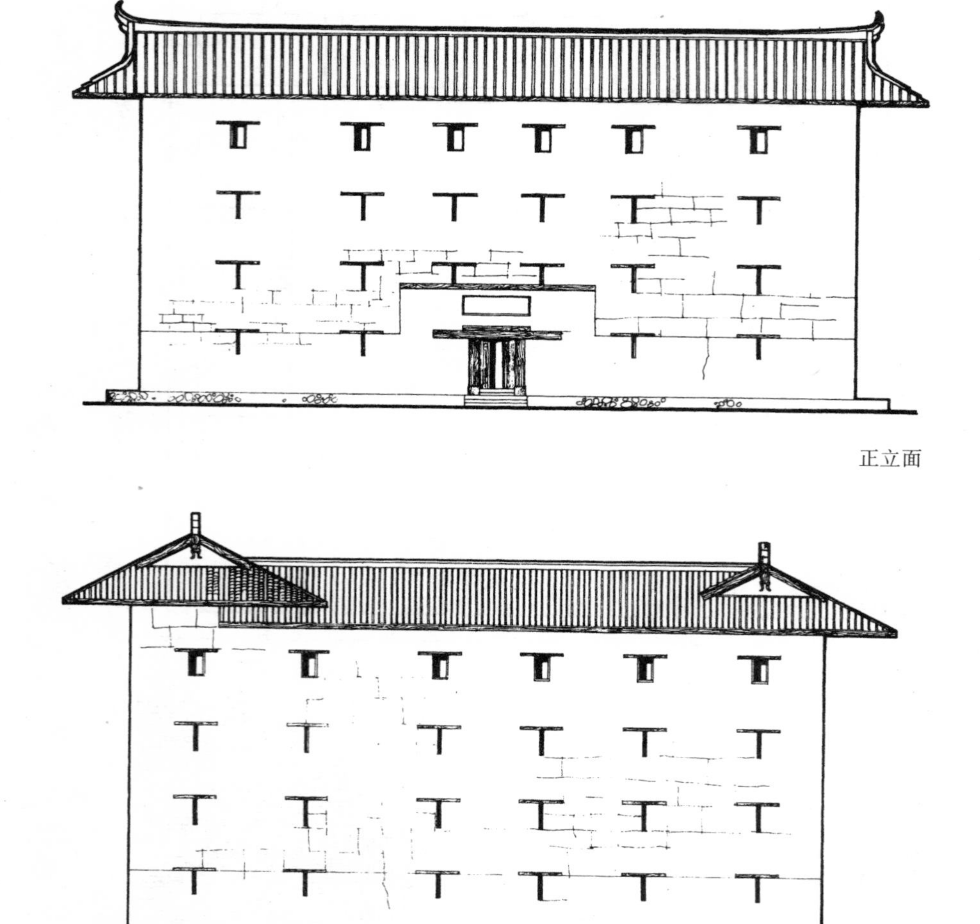

正立面

南侧立面

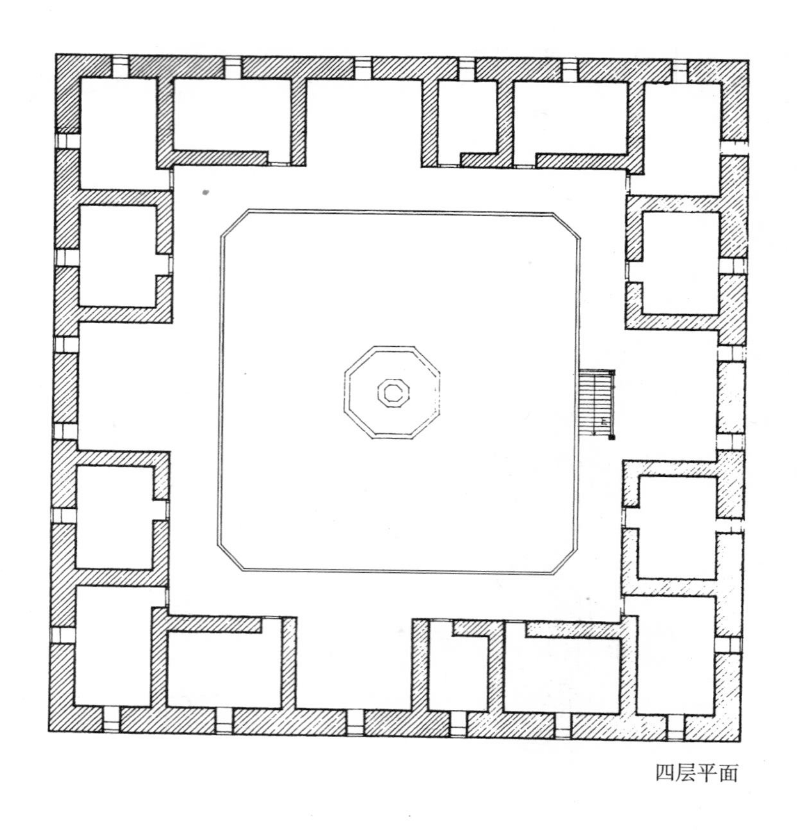

四层平面

福建龙岩适中土楼测绘　绵庆楼

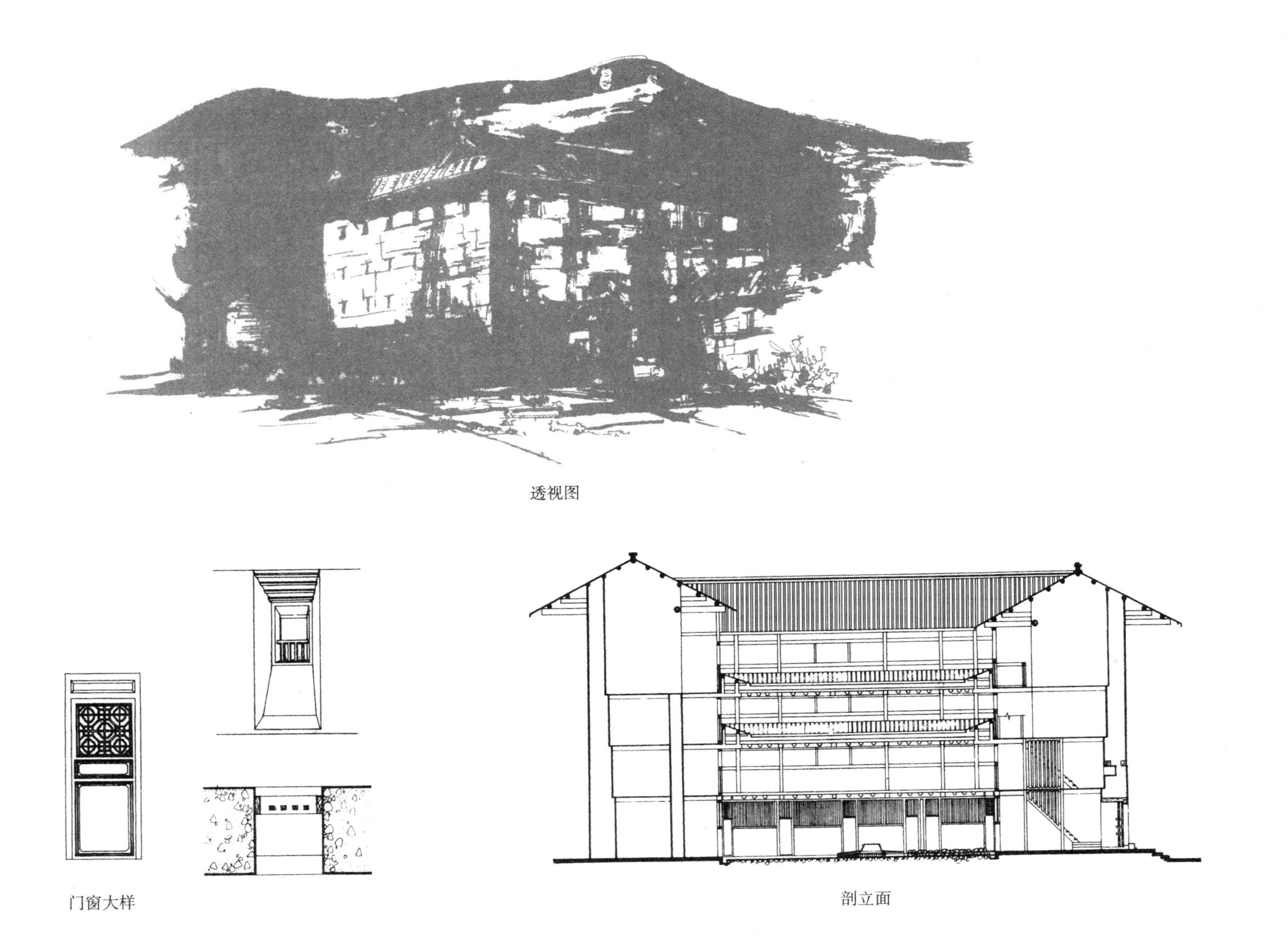

透视图

门窗大样

剖立面

福建龙岩适中土楼测绘　绵庆楼

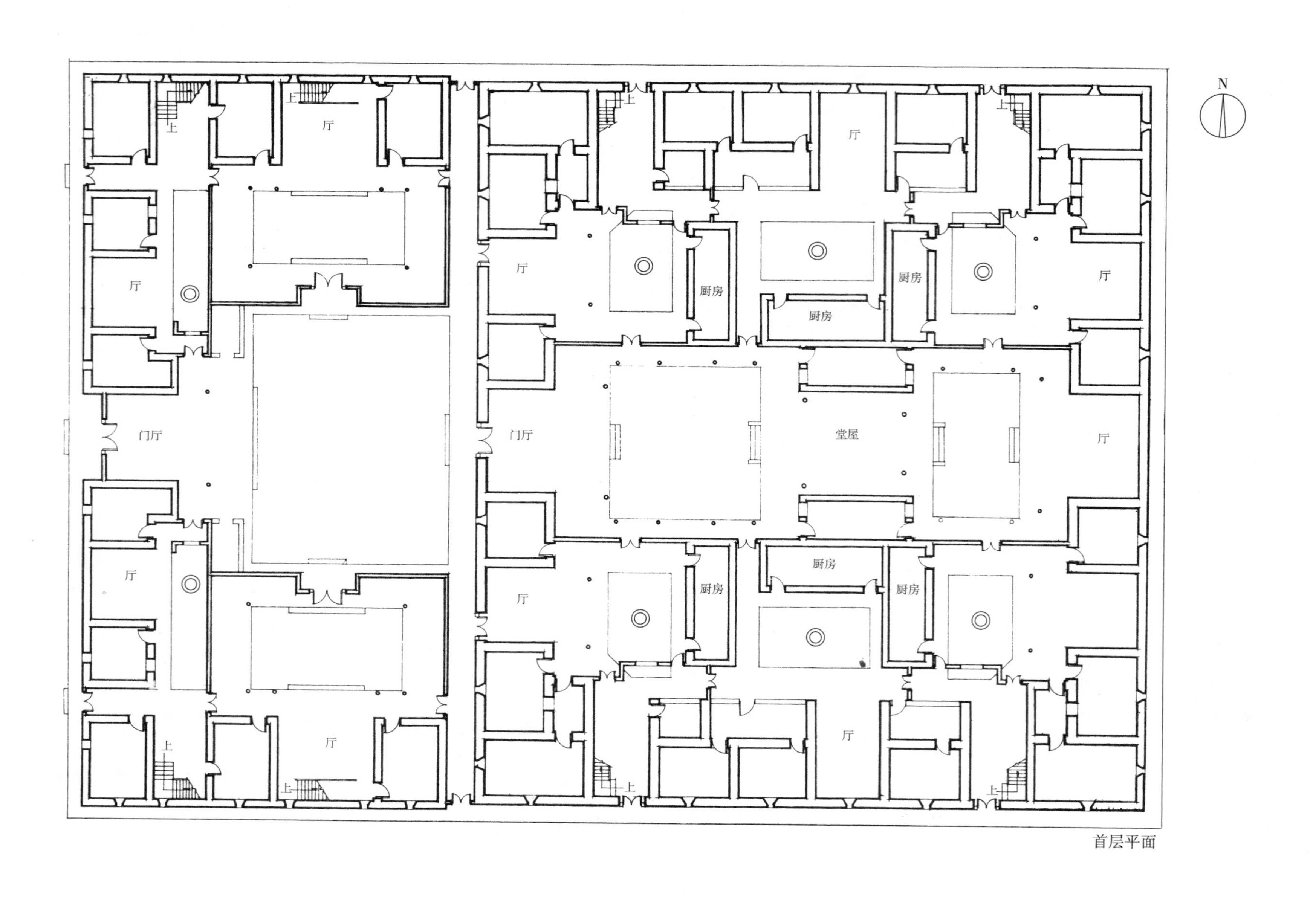

首层平面

福建龙岩适中土楼测绘　典常楼

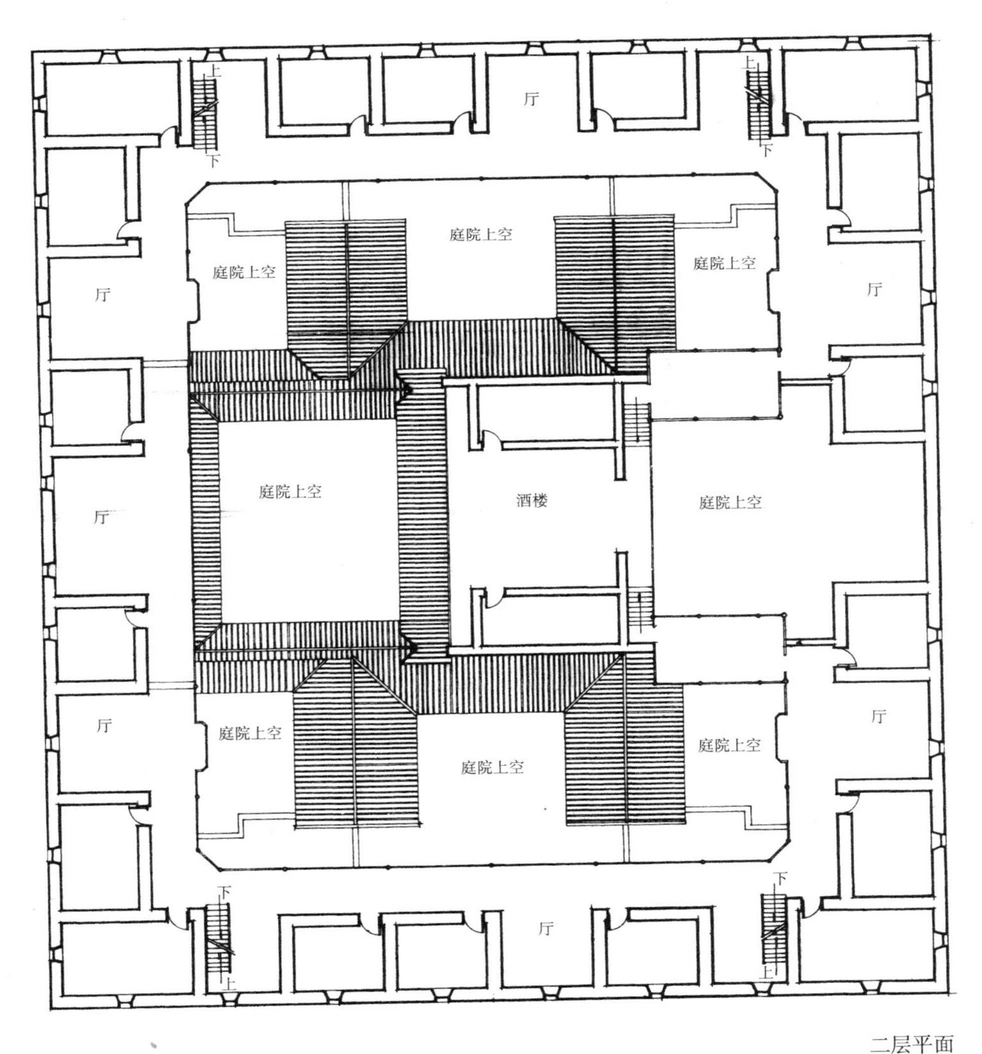

二层平面

测绘说明：

典常楼位于福建龙岩适中镇中心村，是一座典型的方型土楼，它保存比较完好，建筑内部构造丰富，平面设计以六个小院为中心布置房间，空间层次丰富而又不见繁琐。建筑内部采用中国传统木装修，华丽的斗栱，雕花的柱头以及层复一层的支楞窗，无不显示着此楼的雍容华贵。此楼实在是研究中国古建筑所不可多得的素材。现将此楼的特征一一列举。

名称：典常楼。

位置：适中镇中心村。

环境：背靠山陵而坐落于一开阔盆地之内。

建造年代：清朝中期，距今约三百多年。

朝向：南稍偏东。

居住者姓氏：谢姓家族。

户数：十二户。

人口：共九十几口人。

类型：方型土楼。

层数：主楼四层，前厢房一层和两层。

出入口：三个。

楼梯：四角共四部。

面积：长50余米，宽42米的主体建筑物，总共占地14亩。

总共具有六个天井，四口水井。

建筑内部房间：一祖堂，44个厅堂和100多个居室。

檐口出挑：外墙出挑1.8米，里面檐口出挑1米左右。

建筑特征：厚土墙，轻巧木结构。底层小窗，上层大窗。外包厝内院式。

构造特征：土墙承重，梁柱架空，木隔栅分隔空间，木楼板，木天花。屋顶椽檩式结构，以及多种斗栱。

施工特征：模板夯土，然后挑出木构平台，架设圆杉木隔栅。将它插入楼板，然后架椽木，盖屋瓦，最后完成建筑物。

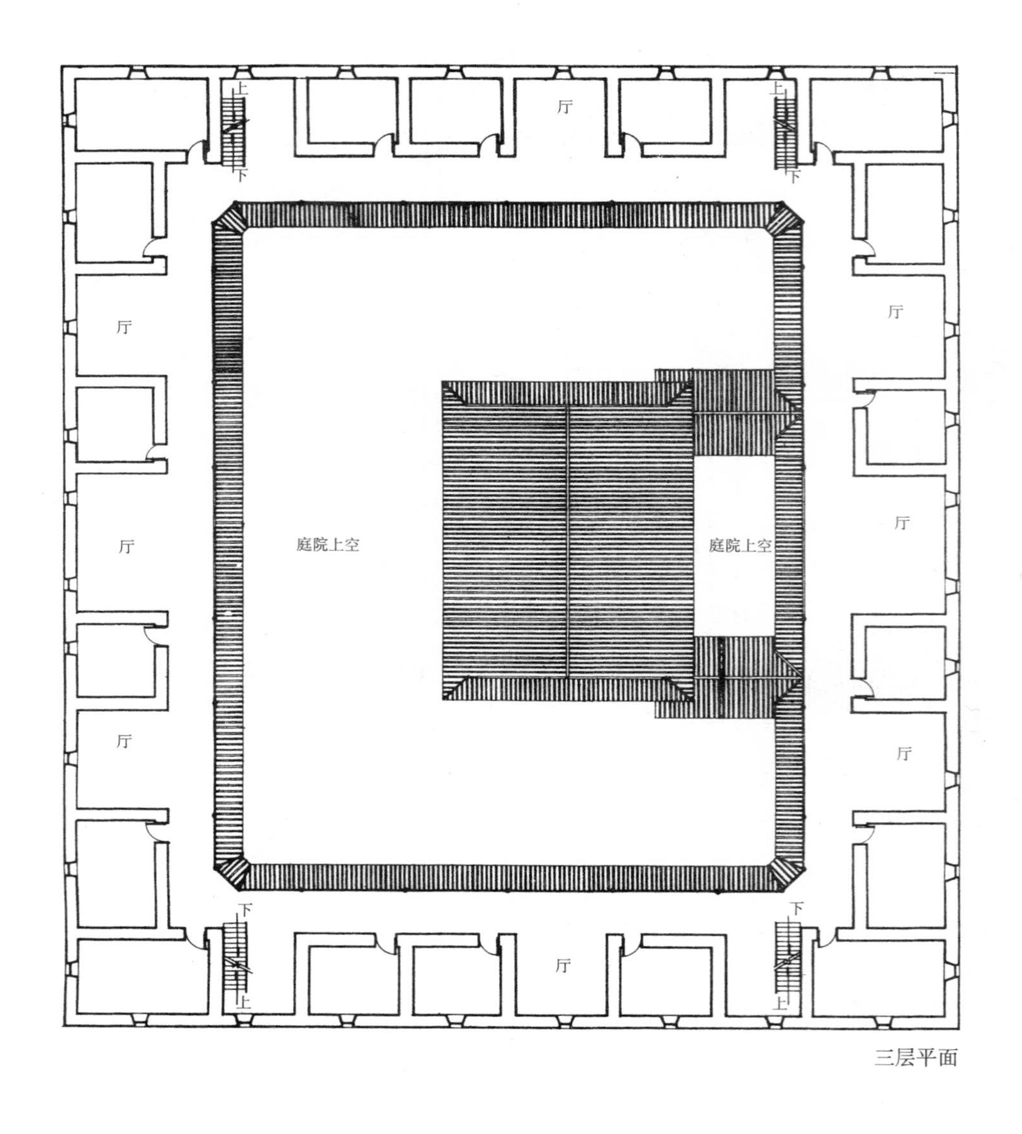

三层平面

福建龙岩适中土楼测绘　典常楼

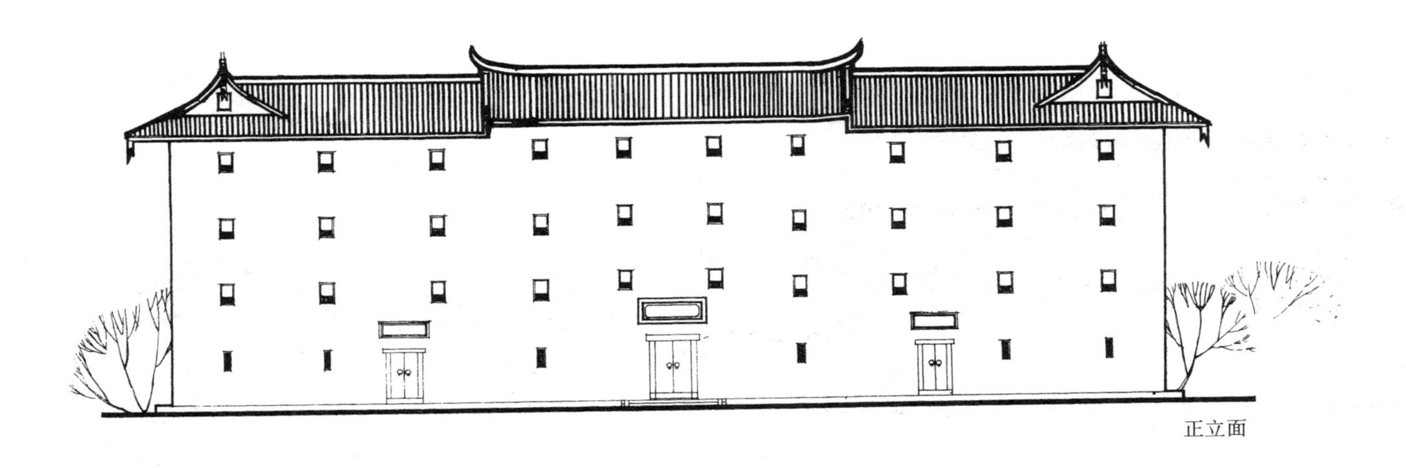

正立面

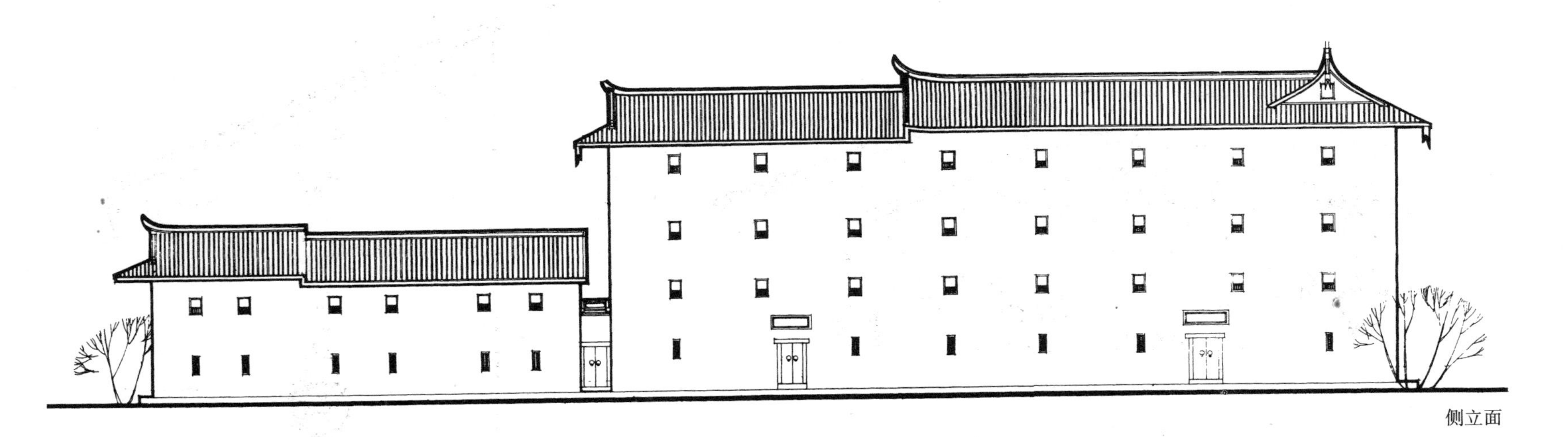

侧立面

福建龙岩适中土楼测绘　典常楼

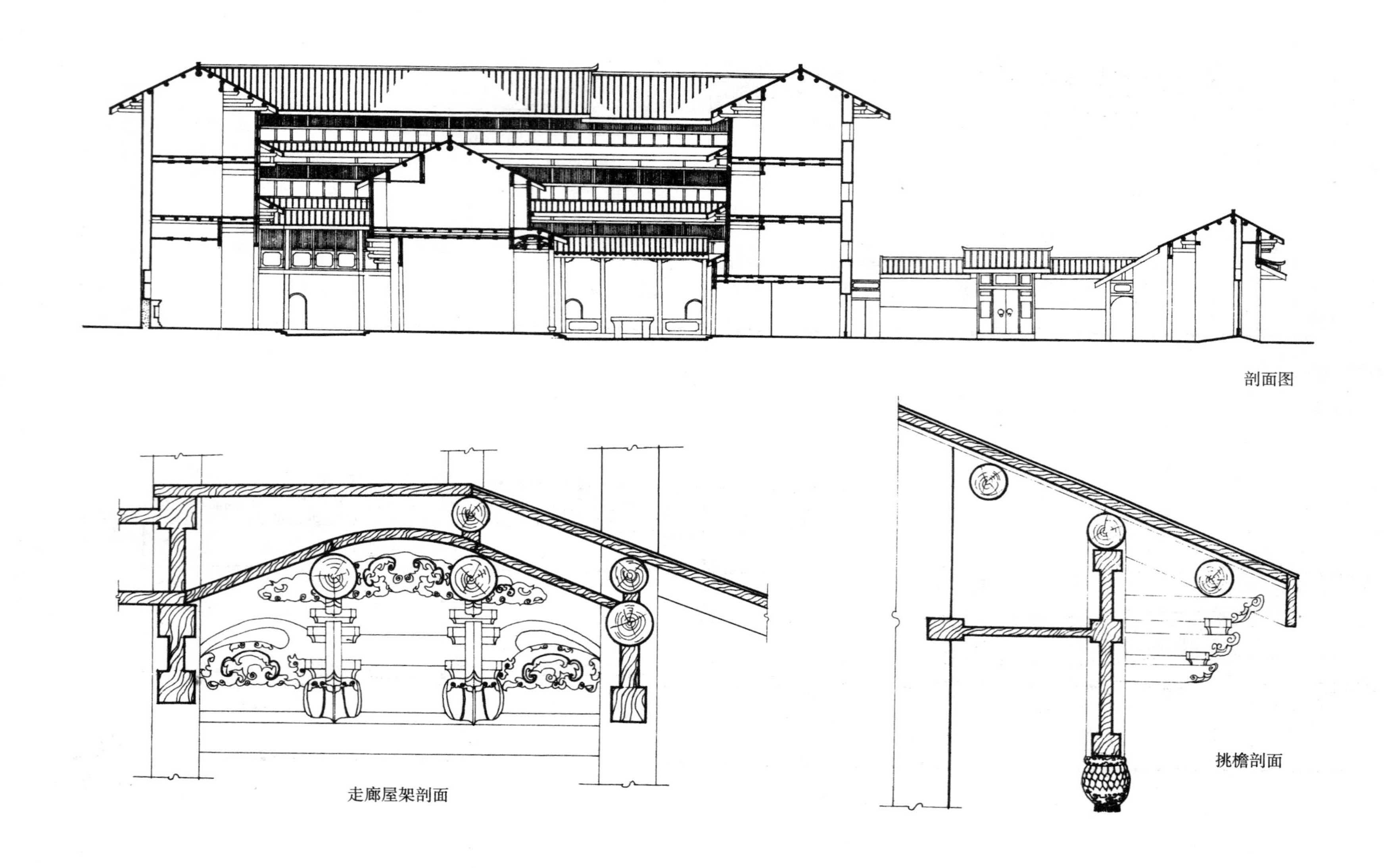

福建龙岩适中土楼测绘　典常楼

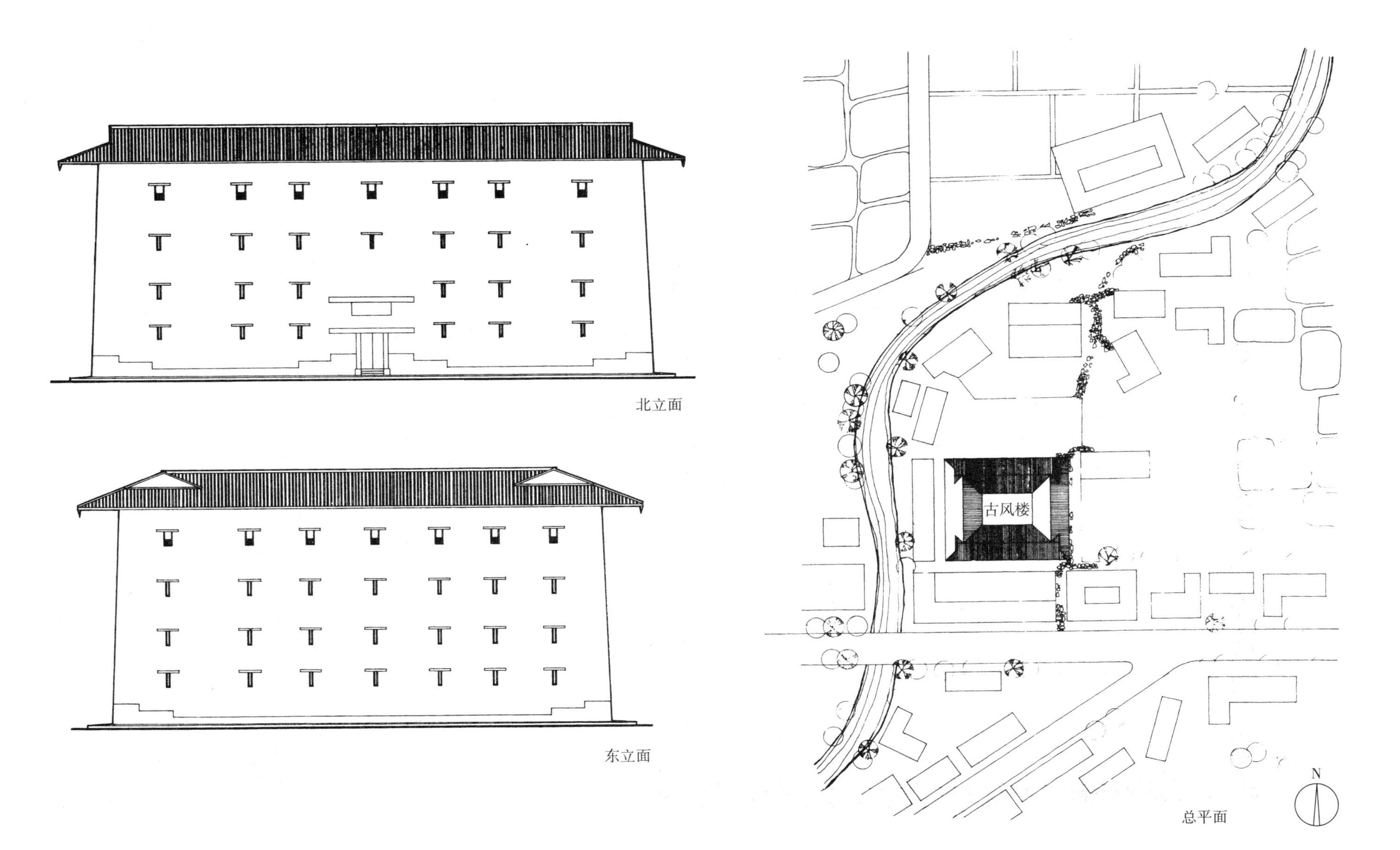

北立面

东立面

总平面

福建龙岩适中土楼测绘　古风楼

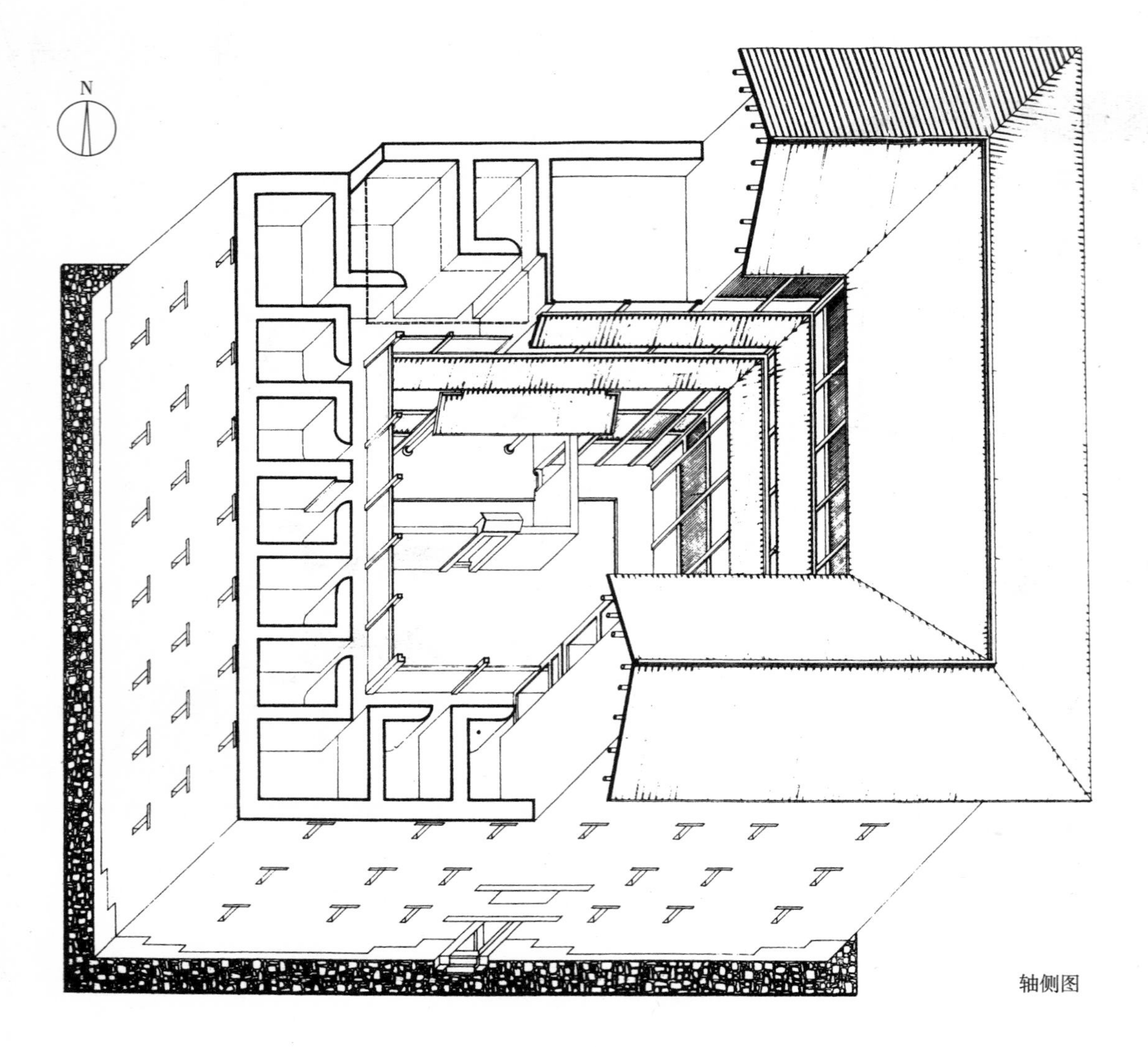

轴侧图

说明：

福建龙岩适中地处三面环山，一方开敞之地，人杰地灵，充满生气，为风水之说中龙穴。

古风楼位于适中镇中心村，全楼现有住户十五、十六户，人口逾百人，是整个适中镇建造历史最悠久的土楼。其祖为唐广济王陈元光。由河南光州固始县迁于此而定居，于宋建炎二年（即1128）建造古风楼。古风楼延革北方四合院形式而建，整幢土楼呈中轴对称为抵御外亲侵略及躲避当地先居者而建的生土外墙厚（达130–150厘米）且开窗小，造成对外封闭感觉，而内部围合成一天井，内设祖堂，是大家庭冠婚表丧之所，为公共活动空间。外墙及分隔墙为生土夯实结构，内部回马廊则为木结构。

古风楼经多年风雨侵蚀，饱经沧桑，已有风化，不少地方已被住家进行重新整修、去除，现今看到的古风楼已非当日全貌，但仍有巨大研究价值。而家中所贴一付对联则更有寓意。

楼以古名遵古训法古程要念先人古意

家惟隆智振隆基丕隆业庶彰后裔隆风

福建龙岩适中土楼测绘　古风楼

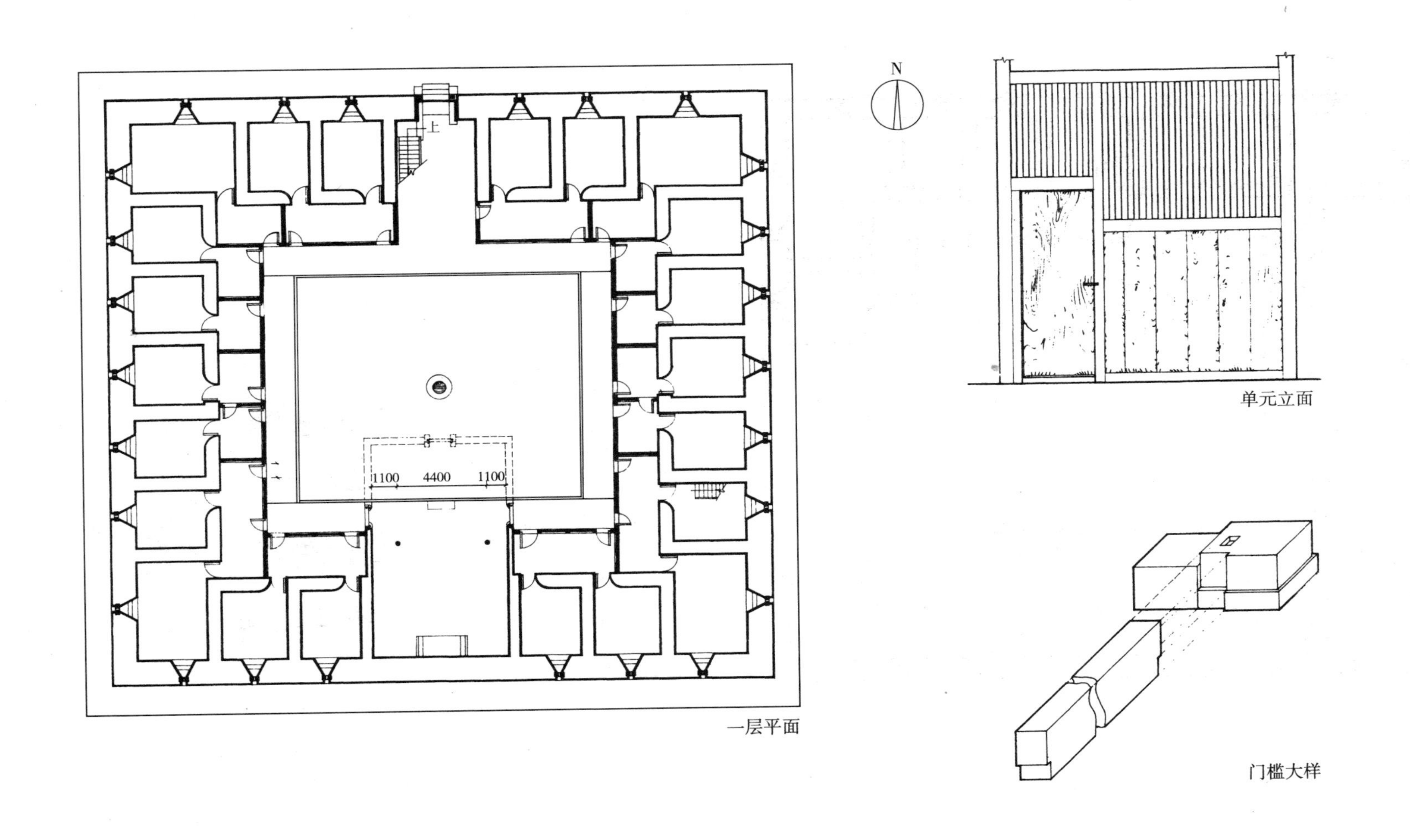

一层平面

单元立面

门槛大样

福建龙岩适中土楼测绘　古风楼

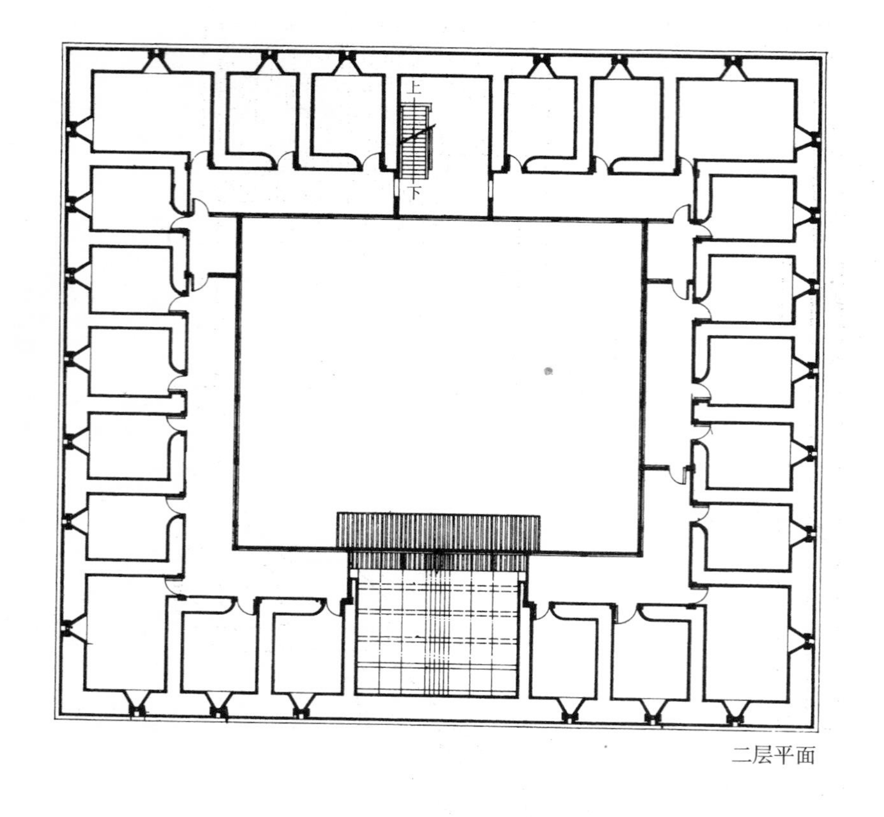

二层平面

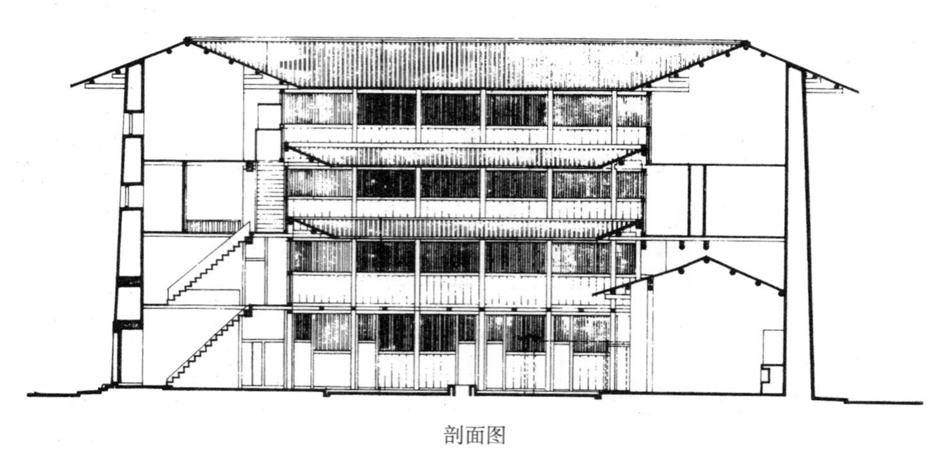

剖面图

福建龙岩适中土楼测绘　古风楼

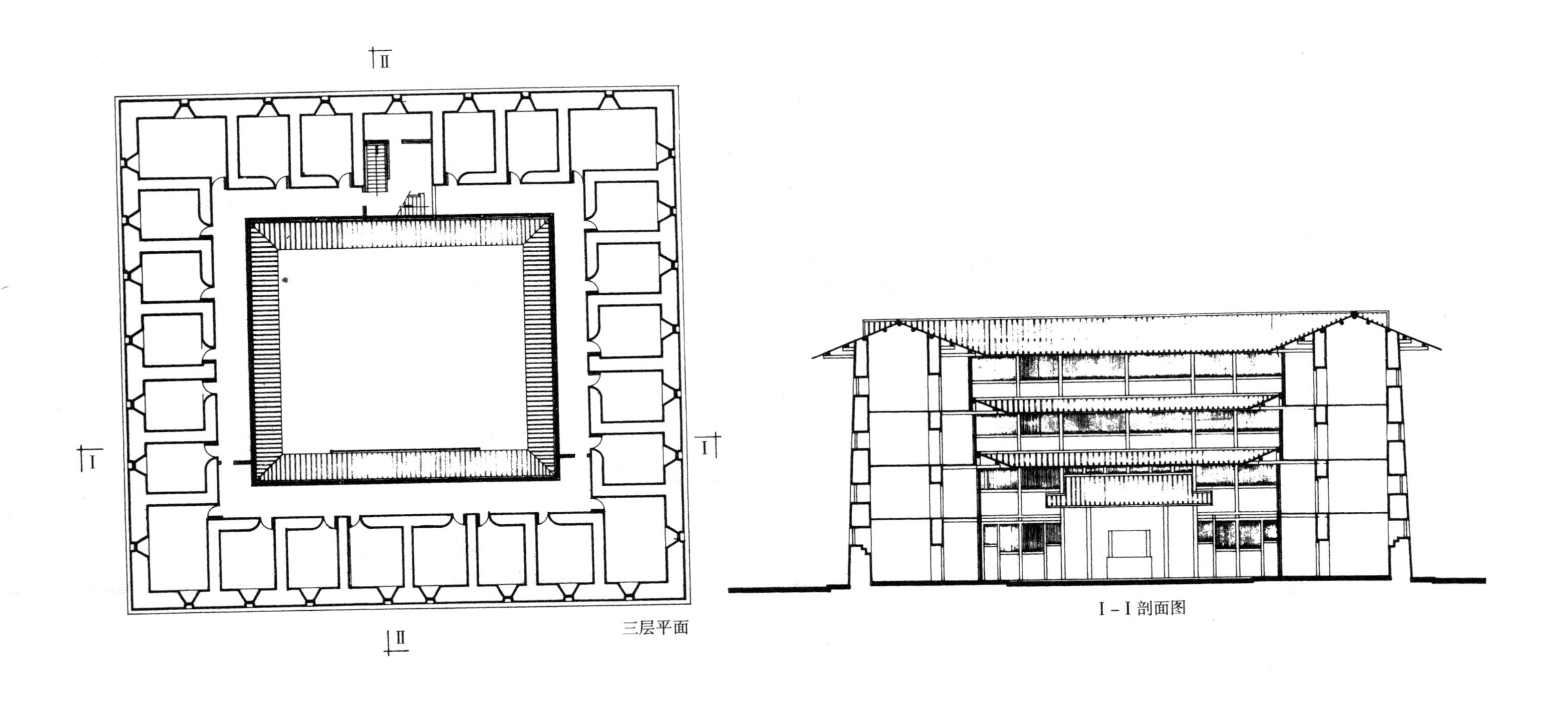

福建龙岩适中土楼测绘　古风楼

说明：

关于土楼的传说,在民间留下来很多，祖辈们艰苦卓绝的创业活动和超凡的智慧，常令人感概不已，叹为观止。

大约两三百年以前，“和致楼”的十五世先祖从湖南迁来，为了寻到一块安家栖身的场所，他们费尽了周折。迄今，流传着一个美丽的传说，就是关于十五世祖的六兄弟，是如何选定这块风水宝地的。据说他们从黑夜的山上跑下，也不知历经多少坎坷棘荆，翻越了几座山头，在第一声鸡鸣响的时候，才到达了适中镇的这个地方。从此，“和致楼”就坐落在这块依明山、傍秀水的好地方了。

谢家六兄弟，起初并无功名，这一点可以从和致楼的形制上得到确认。楼的大门偏离中轴线一定的距离；本来此楼三进院落、四进厅、东西对称，俨然是高度的皇宫式样。据说原来的柱子都是大红漆，气派恢宏。由于土楼名气太大，为官府人查寻，于是连夜将红柱漆黑，才免遭难。严格的封建等级观念也深深影响到了这偏僻山区的土楼。

清朝中叶，土匪横行，土楼的传说于是更富传奇色彩。面对劫掠成性的悍匪，人们除加厚土墙，一层开小窗外，和致楼还有个特殊构造即第三大厅有双层屋顶，中有一米多的空隙，瓦片上铺以木板，土匪来时，全土楼二三百人可以全部爬入其中避难，在下面的土匪浑然不觉。据说有一次一小孩在上面忍不住啼哭，母亲为了全楼人的安全，死死按住他的嘴巴，人们安然无恙，小孩却活活窒息而死。现在的夹层已破坏，但一些残迹仍隐约可见。

当年太平军攻打土楼时，墙坚不可摧，他们使用火烧开大门。为对付火攻，以后建房时，门上便装有流水装置，一待火攻，门上便会有一股水流出，浇灭火焰，保护了土楼。这些装置，至今仍保存完好。

大约1924年，一场大火烧掉了和致楼相当大的一部分，包括东西两厢的二十几套房间，断壁残垣至今屹立在侧，成为古老家族的见证和象征，楼内现在还住着见过这场大火的九十高龄的老人。据他讲，既使经历了一场大火，和致楼依然是当地最负盛名的土楼，解放前它曾修整一新，如今破落的状况是年久失修而导致的，的确，测绘过程中，我们不无惋惜地看到很多破坏土楼的营造活动痕迹，以及对一些木雕，石雕和彩画的破坏，和致楼经历了几百年风雨留到今天，很难设想再过几十年这座适中镇最大的土楼会变成什么样子？

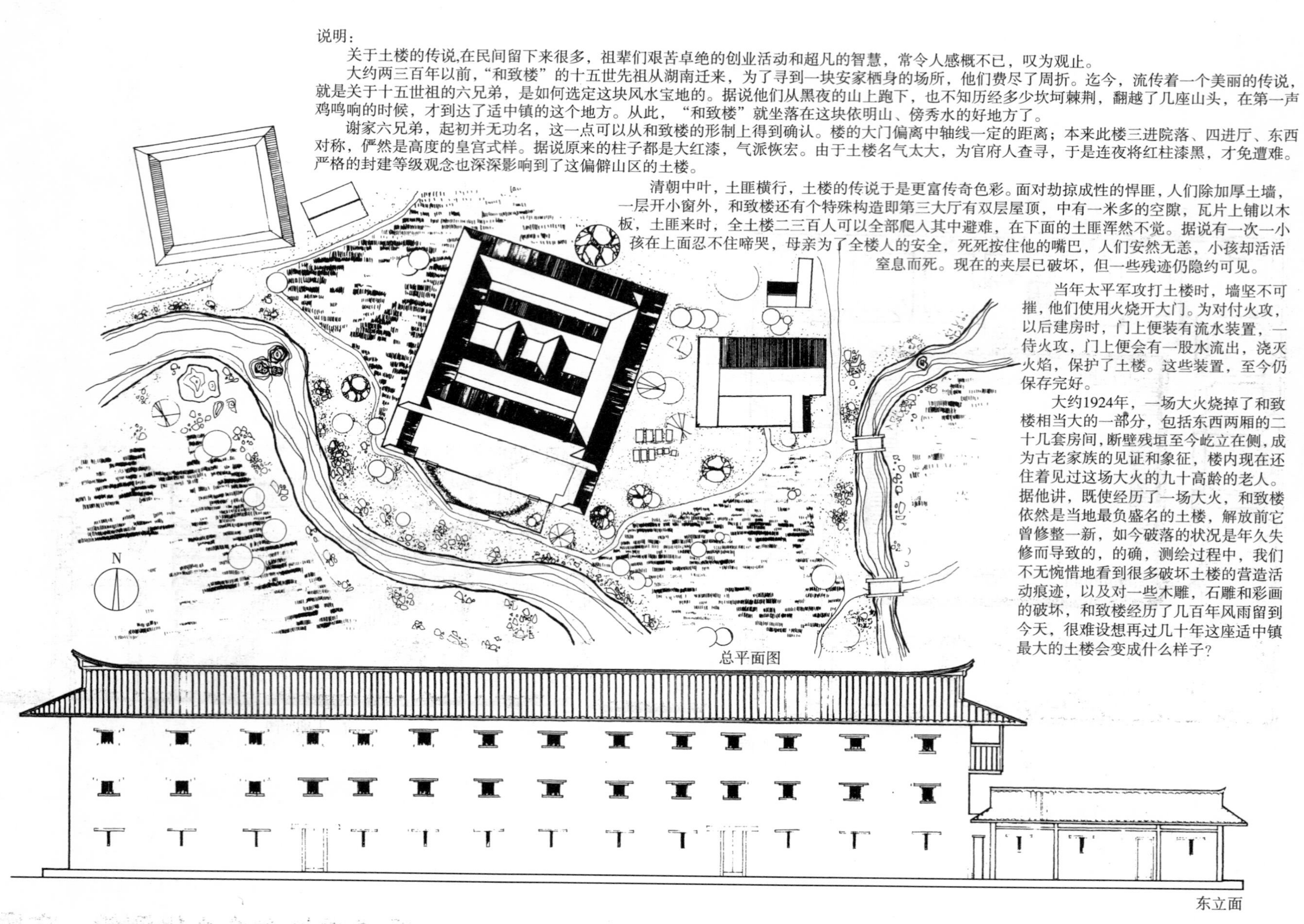

总平面图

东立面

福建龙岩适中土楼测绘　和致楼

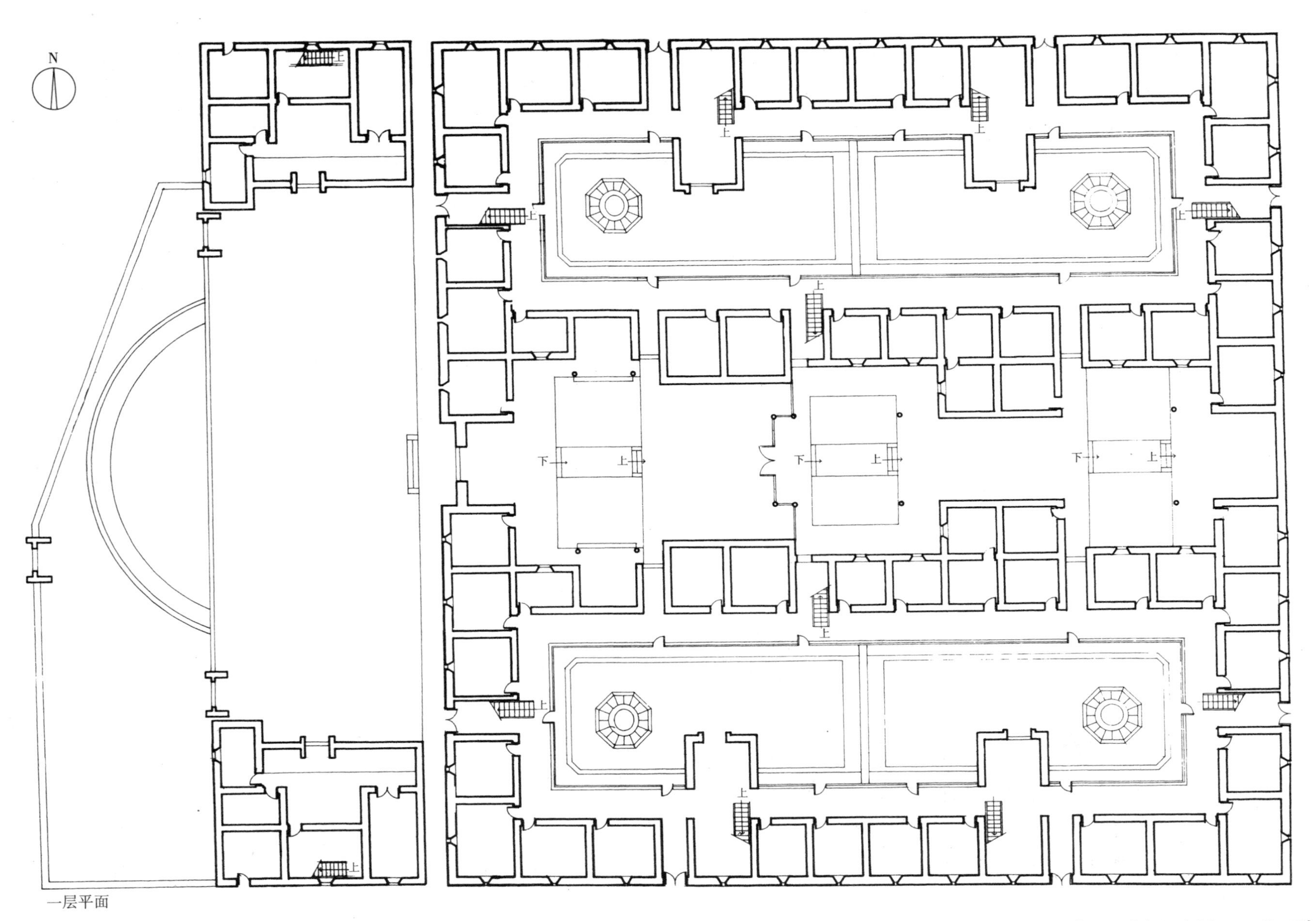

一层平面

福建龙岩适中土楼测绘　和致楼

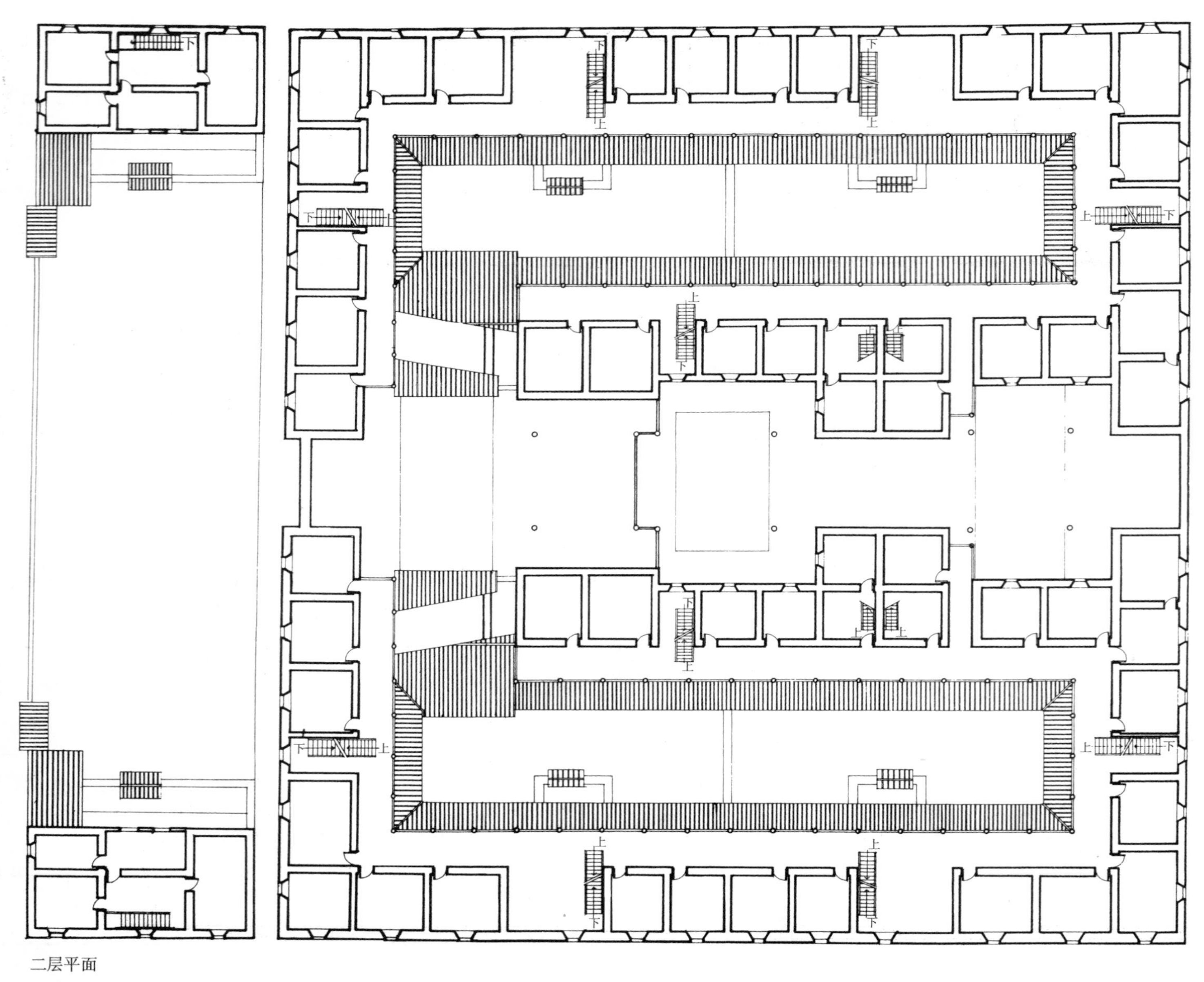

二层平面

福建龙岩适中土楼测绘　和致楼

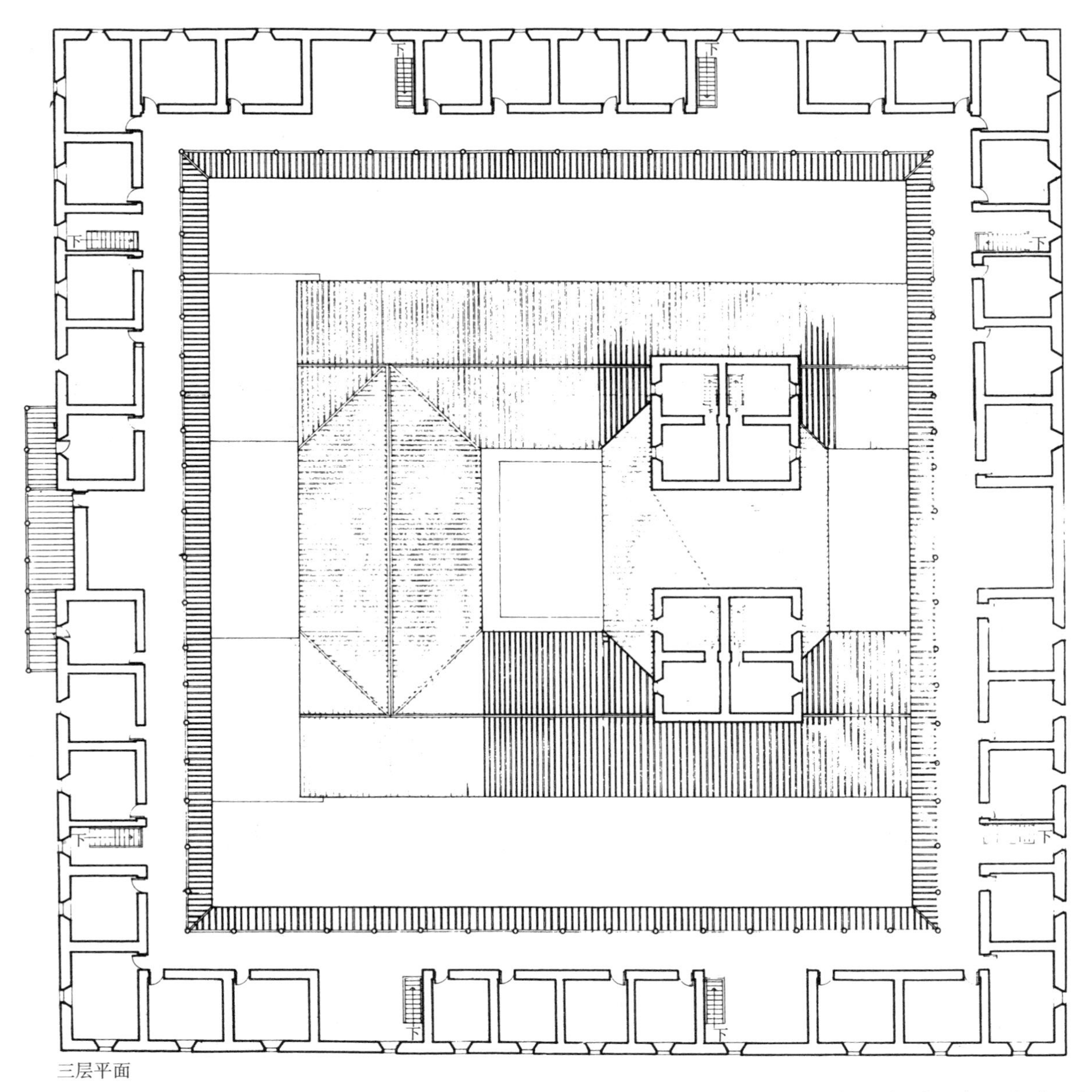

三层平面

福建龙岩适中土楼测绘　和致楼

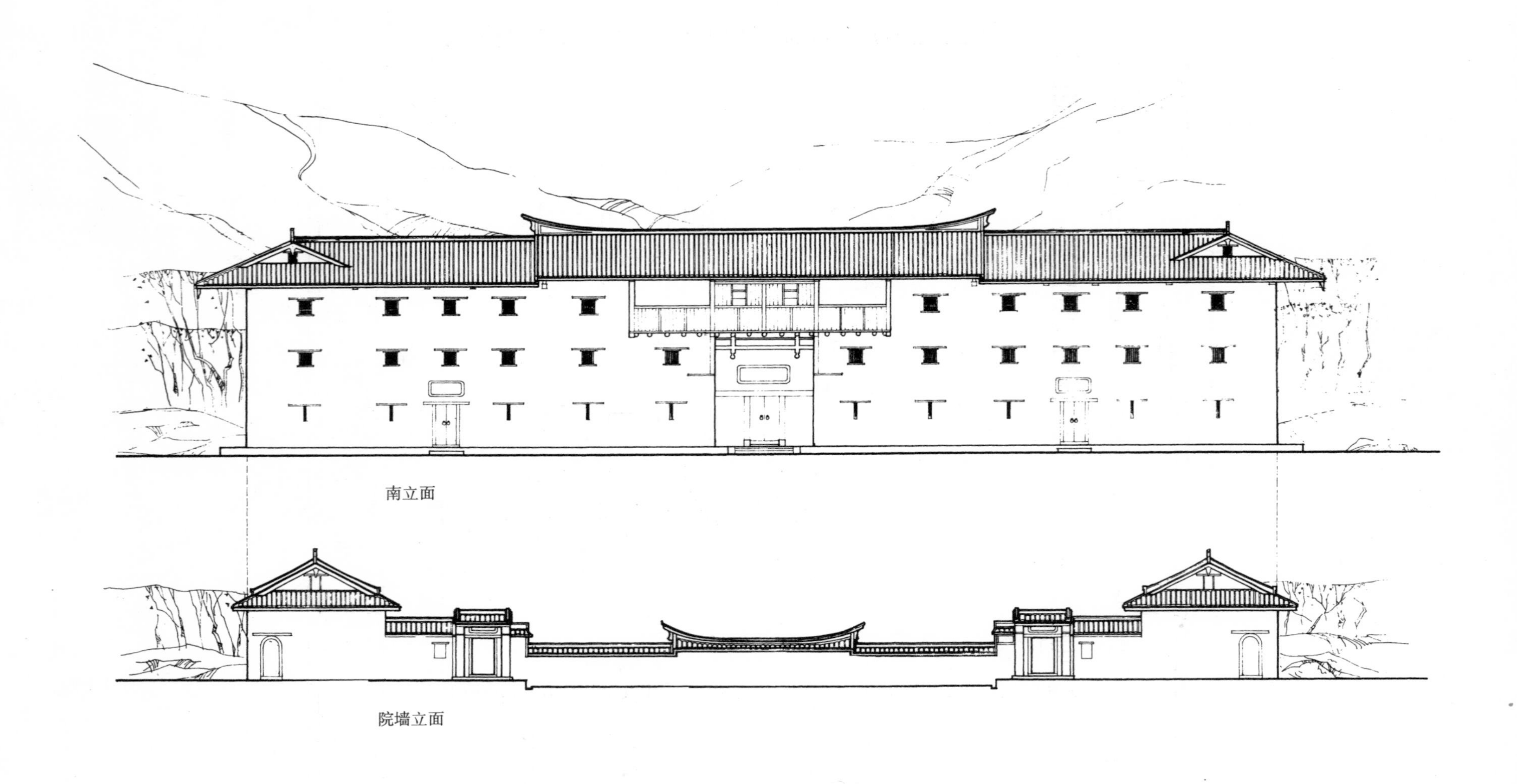

福建龙岩适中土楼测绘　和致楼

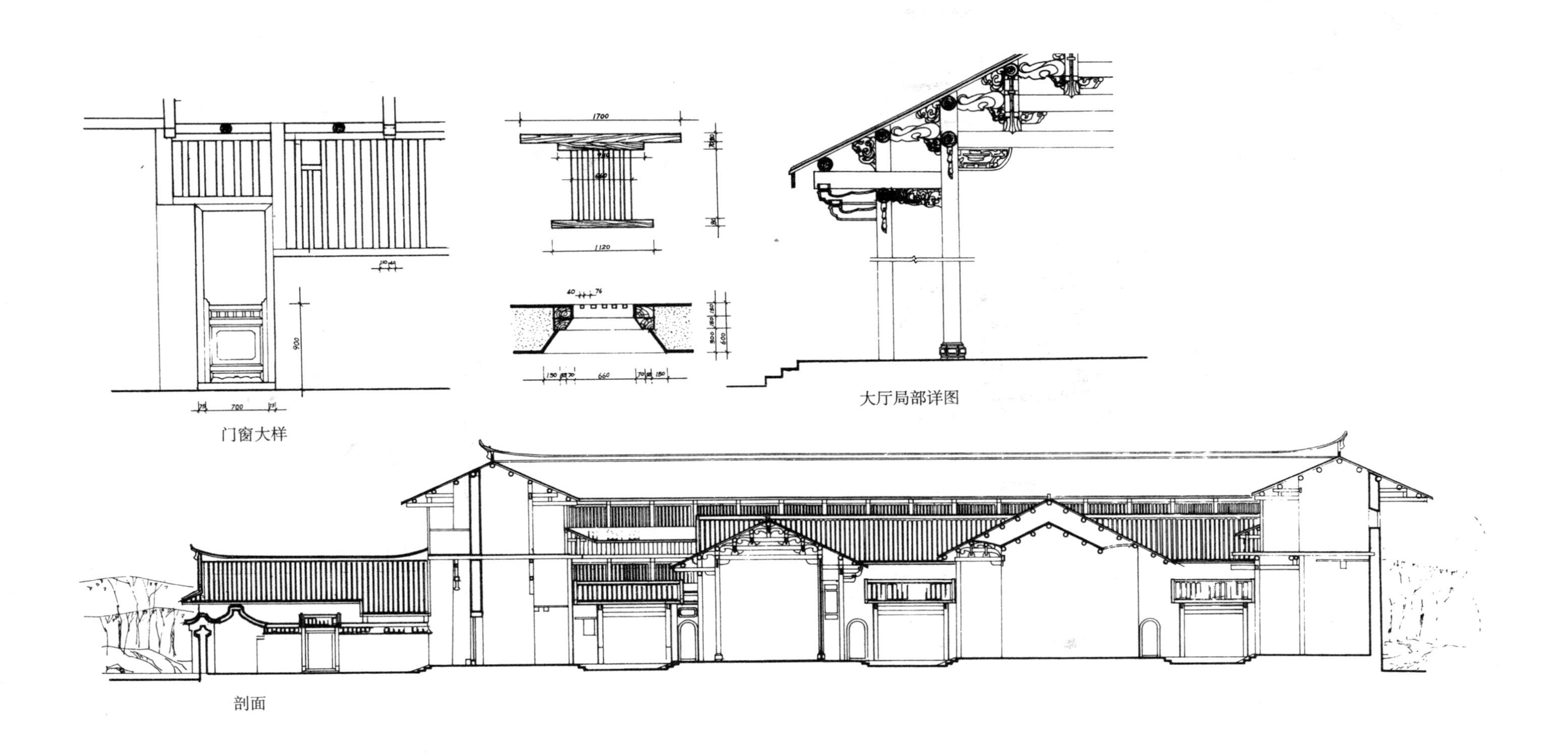

门窗大样

大厅局部详图

剖面

福建龙岩适中土楼测绘　和致楼

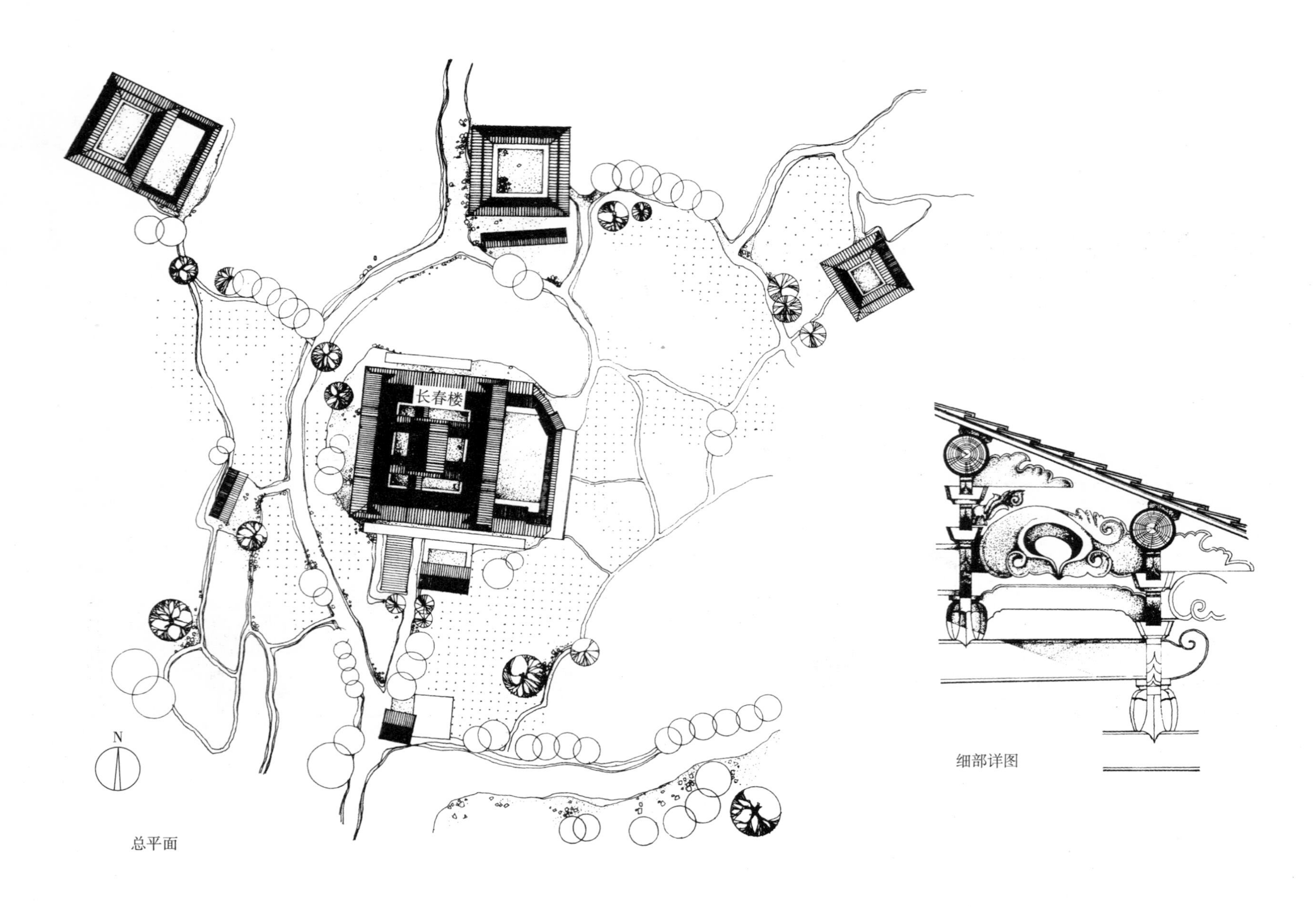

总平面

细部详图

福建龙岩适中土楼测绘　长春楼

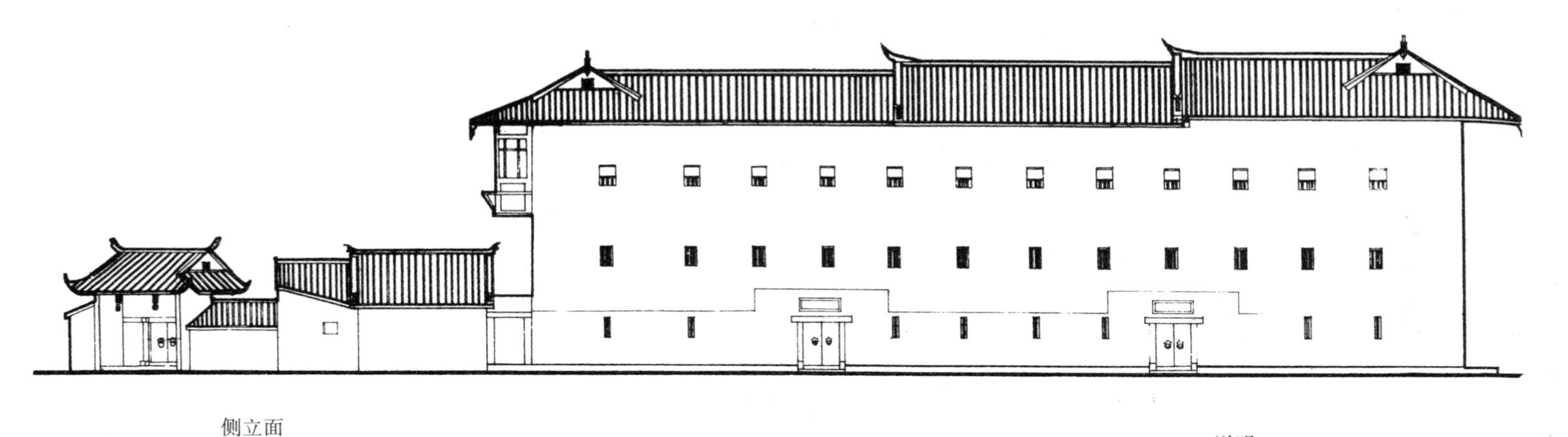

侧立面

背立面

说明：

·长春楼原名和春楼，建于三百多年前的清朝中期。祖上为官宦人家，并经营一颇富盛名、字号为“长春”的店铺，因而此楼又称长春。是一座典型的方型客家土楼，并按照等级观念，采用悬山，屋脊起翘。

·此楼后依群山，旁傍一小河，南偏东25°,院门朝向正东方，前面地势开阔，远远对应群山。处处体现中国古老的风水观念。

·布局严谨，对称，楼中天井为公共活动部分，中堂是进行重要祭祀活动的地方。周围建筑，前面三层。后面四层，但整个建筑的高度相差无几，原因在于前面三层的高度，第三层相当于两层，因此使整个建筑显得气势非凡，

·现在这幢土楼中居住的是谢家第二十三代传人，虽经三百多年的风风雨雨，但建筑基本保存完整，只是由于人口的增加，部分房间改变了原来的用途，一些厅堂也被封闭作了其他用场。

·此楼现住谢姓人家12户，每户人口7-8人，共居住百余人，虽许多东西如旧，但土楼原来代表的一种生活习俗与气氛已在某种程度上或多或少地减弱了，新的时代使它具有了新的特征 。

福建龙岩适中土楼测绘　长春楼

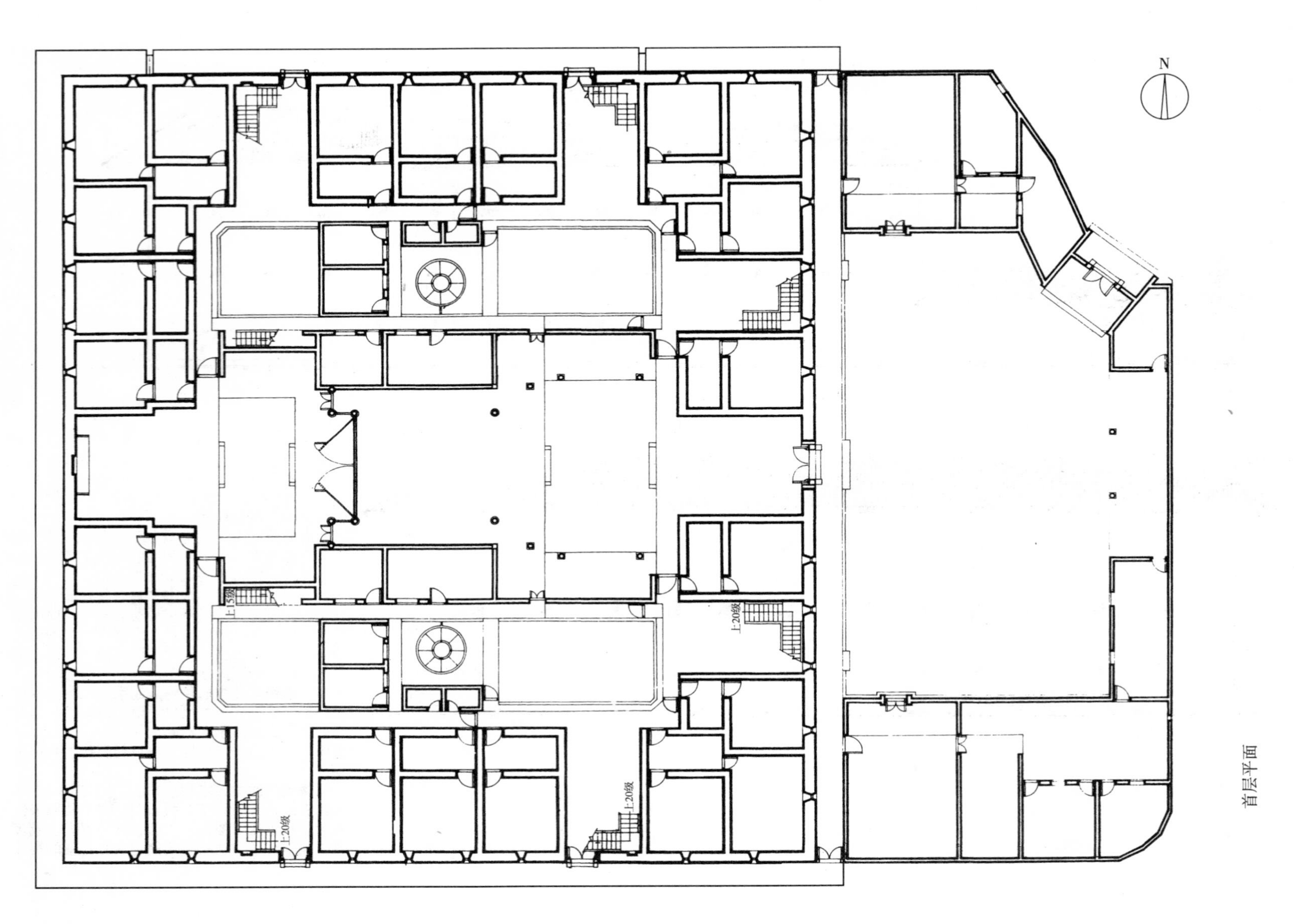

福建龙岩适中土楼测绘　长春楼

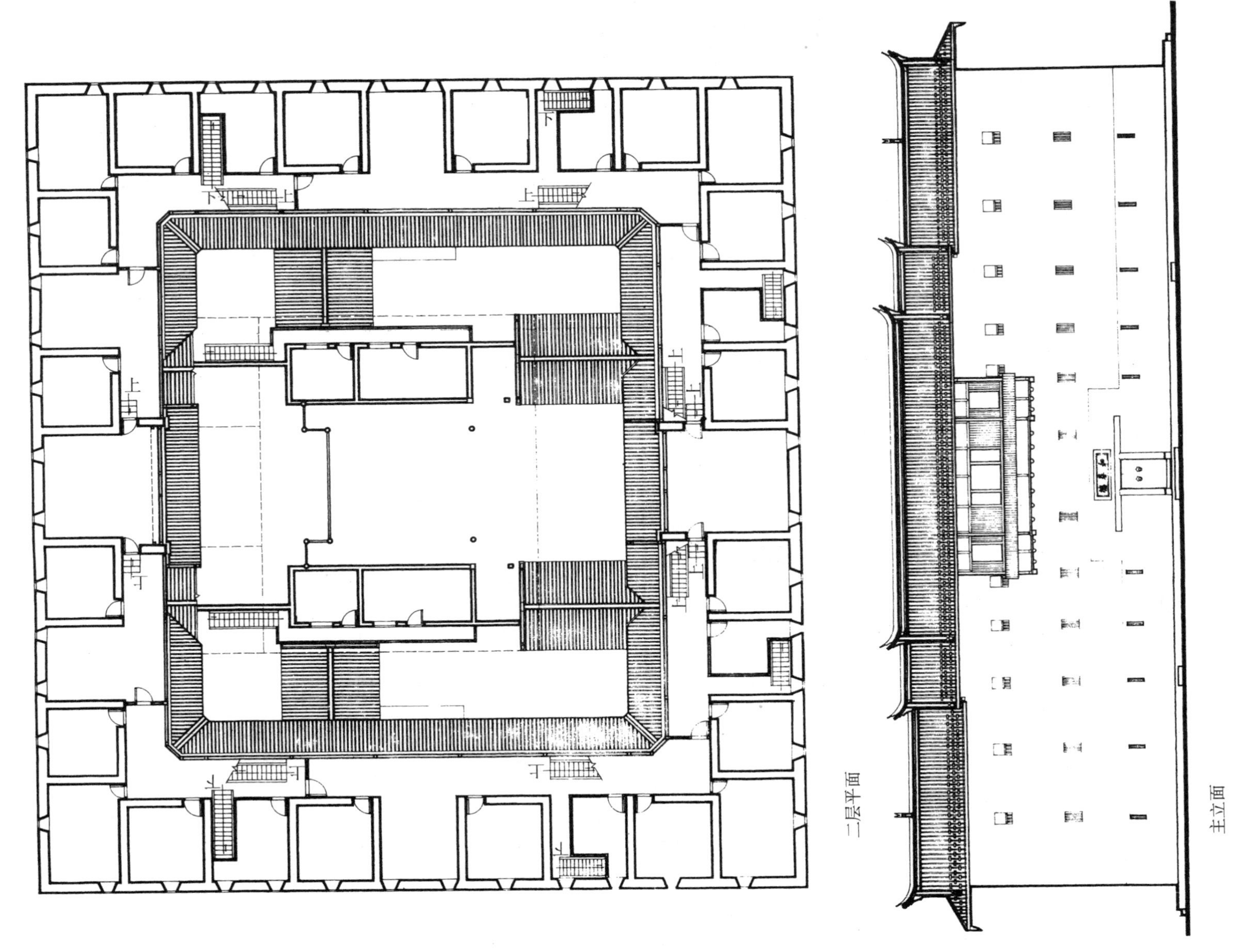

福建龙岩适中土楼测绘　长春楼

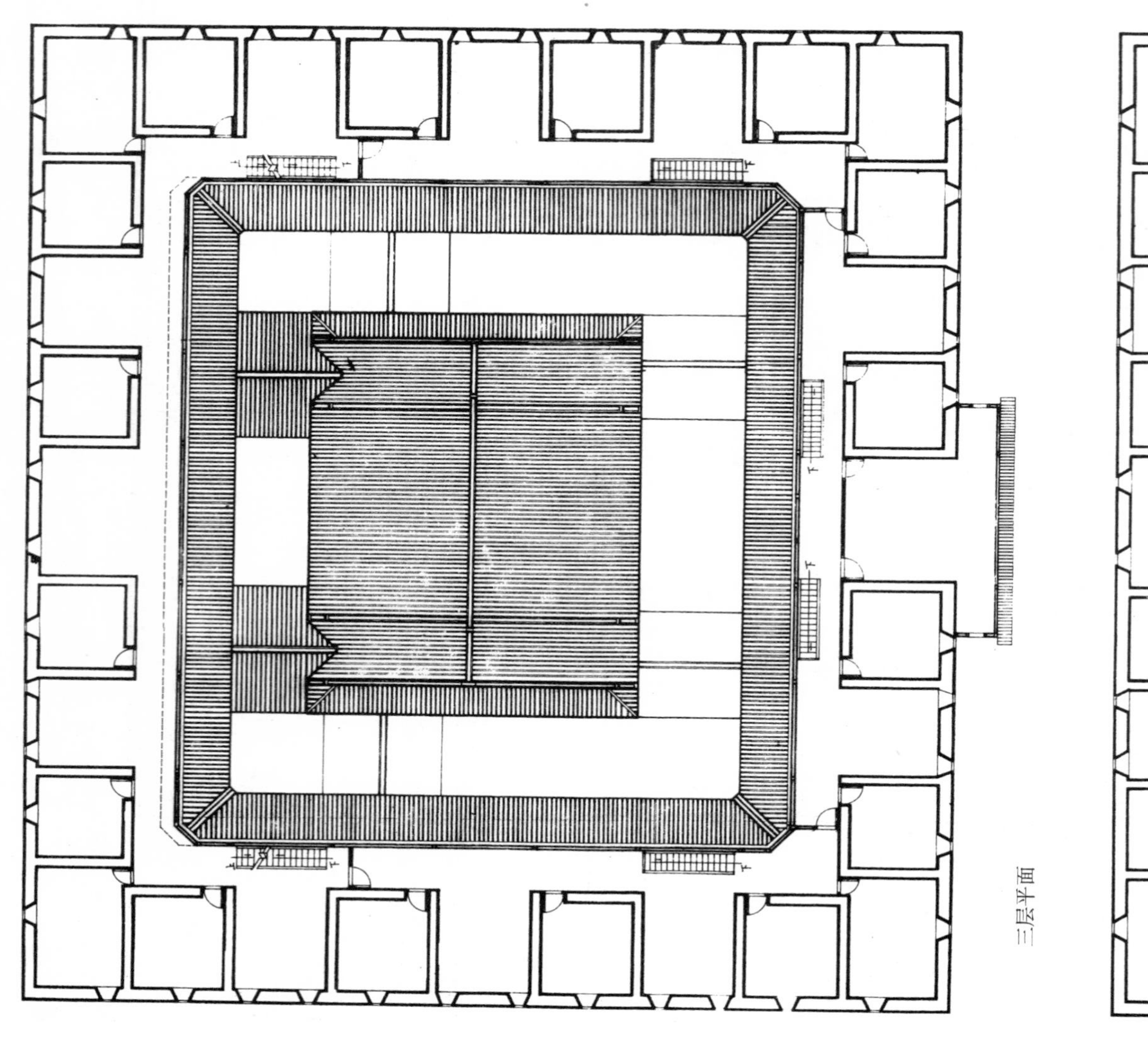

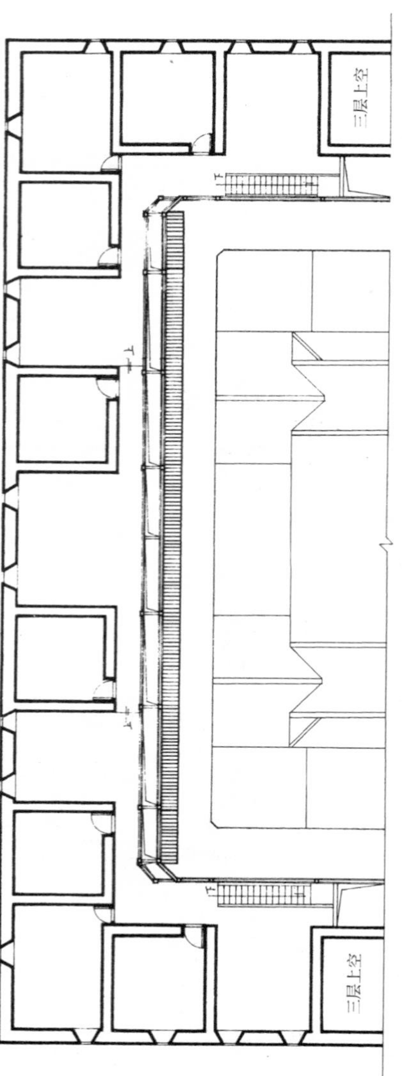

福建龙岩适中土楼测绘　长春楼

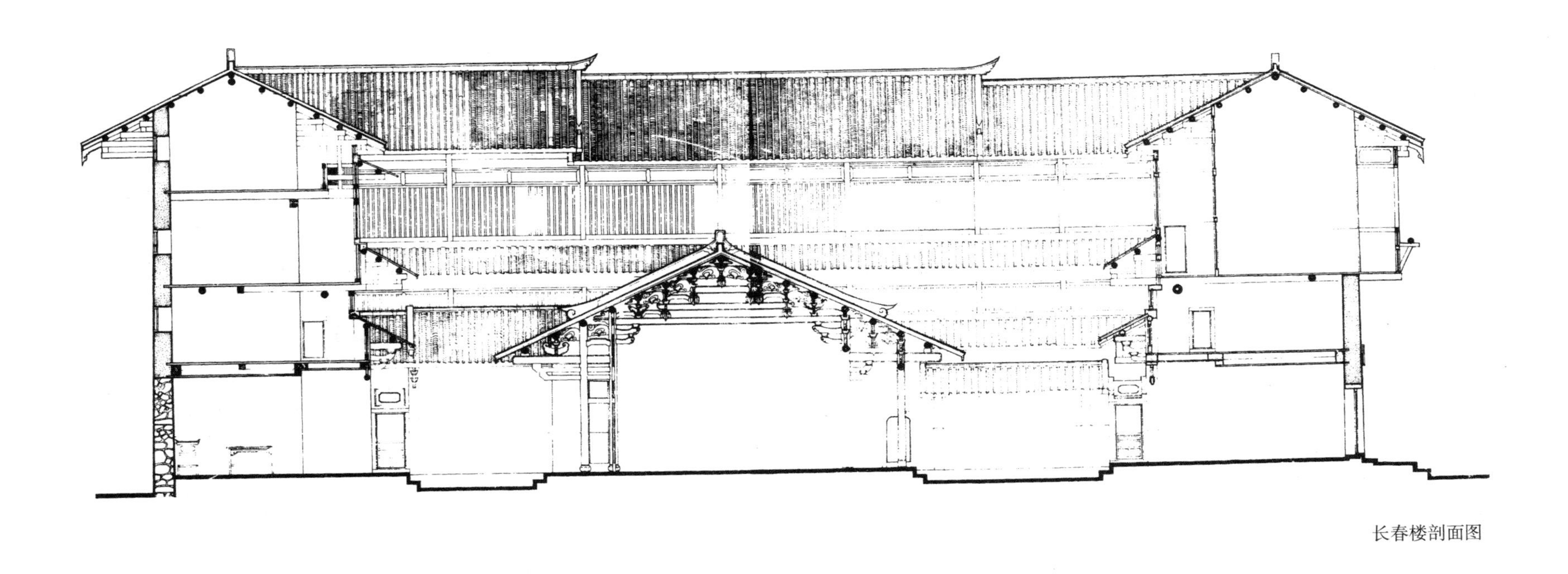

长春楼剖面图

说明：

在我国东南福建龙岩适中，历代以有众多的科举文人而有文化之乡的美称。往往，中举的人家大兴土木，给方土楼的屋脊加上高高的飞檐，以显耀自己的门第，我们实测的东成楼的建造，便出于上述的原因。

东成楼位于龙岩适中镇中心村，建于清末，房主为谢氏人家，至今已养育了十代人。作为传统的建筑形式，方土楼有其优越性。三合土夯土地基从地底延续到地上四米，墙体厚实，每开间开狭窗，每户分隔亦用土墙，因而冬暖夏凉，是令人惊奇的节能建筑。层数为四层，一层起居，厨房，二、三层卧室，四层贮藏，内部有天井，回廊供人们交往。作为住宅，功能分区明确，加上有公共与独用楼梯之别。因而在大家庭中留有恰如其分的私密性。

土楼内有水井，楼外有后院，在称作“厝”的地方养家畜、贮粮食。厝形如一葫芦瓢；之所以有这个形状，完全是根据风水而定。“后有峰，前要通，水绕宅”是选址原则。外墙便随了绕宅之水而弯曲。楼内更有祖宗祭堂，足不出户，便可完成生命的一切活动。这种形式充分体现了中国农村生活的精髓：以自给自足的自然经济为主的农村经济与孔孟遗风的完美结合。

如今，这种建筑因为经济的发展，改革开放、新材料、新技术的运用而被其他形式的建筑所取代。而作为劳动人民的智慧结晶、世界上独一无二的住宅形式，它有极高的研究价值，是我国建筑宝库中灿烂的一奇。

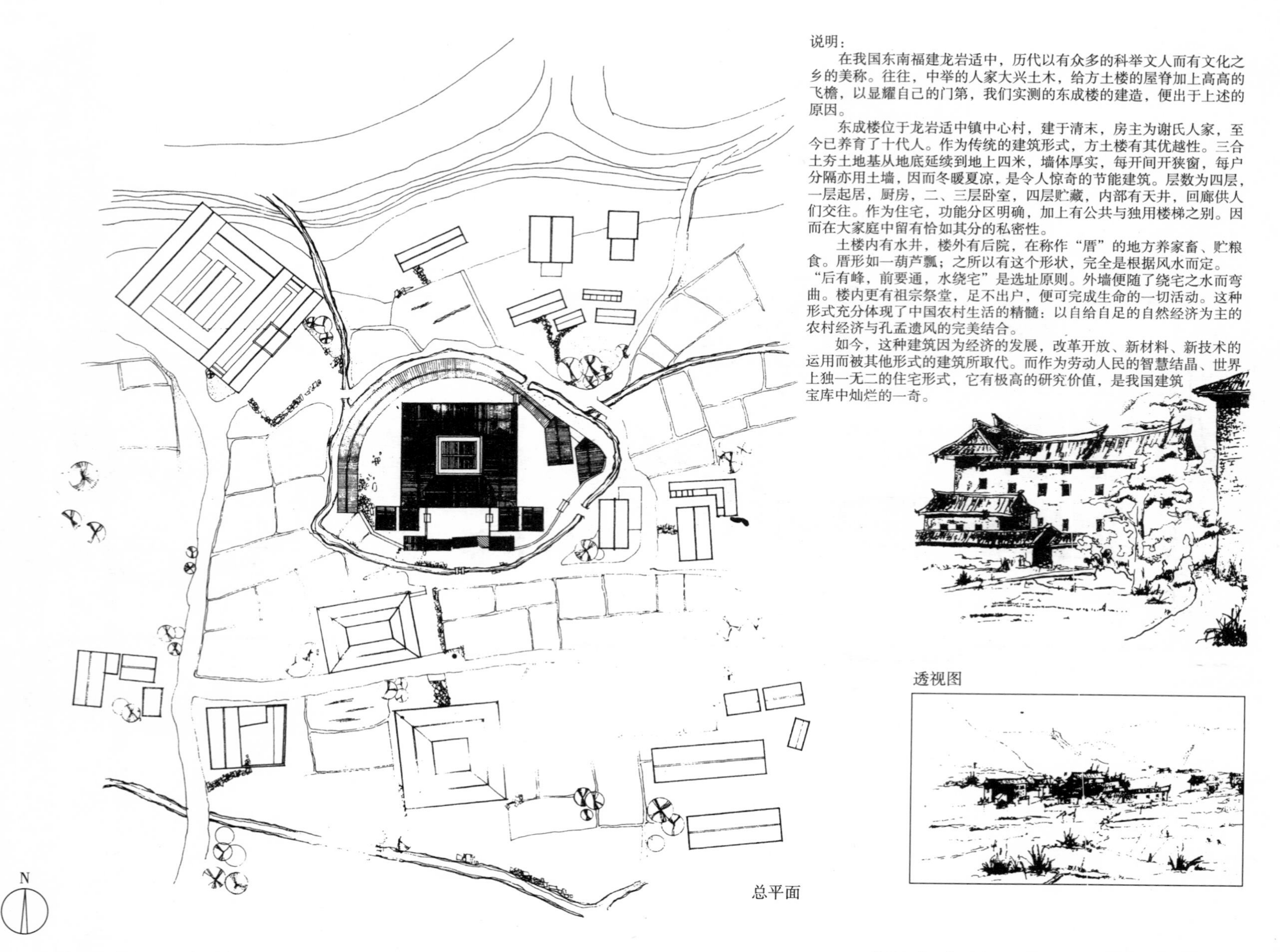

透视图

总平面

福建龙岩适中土楼测绘　东成楼

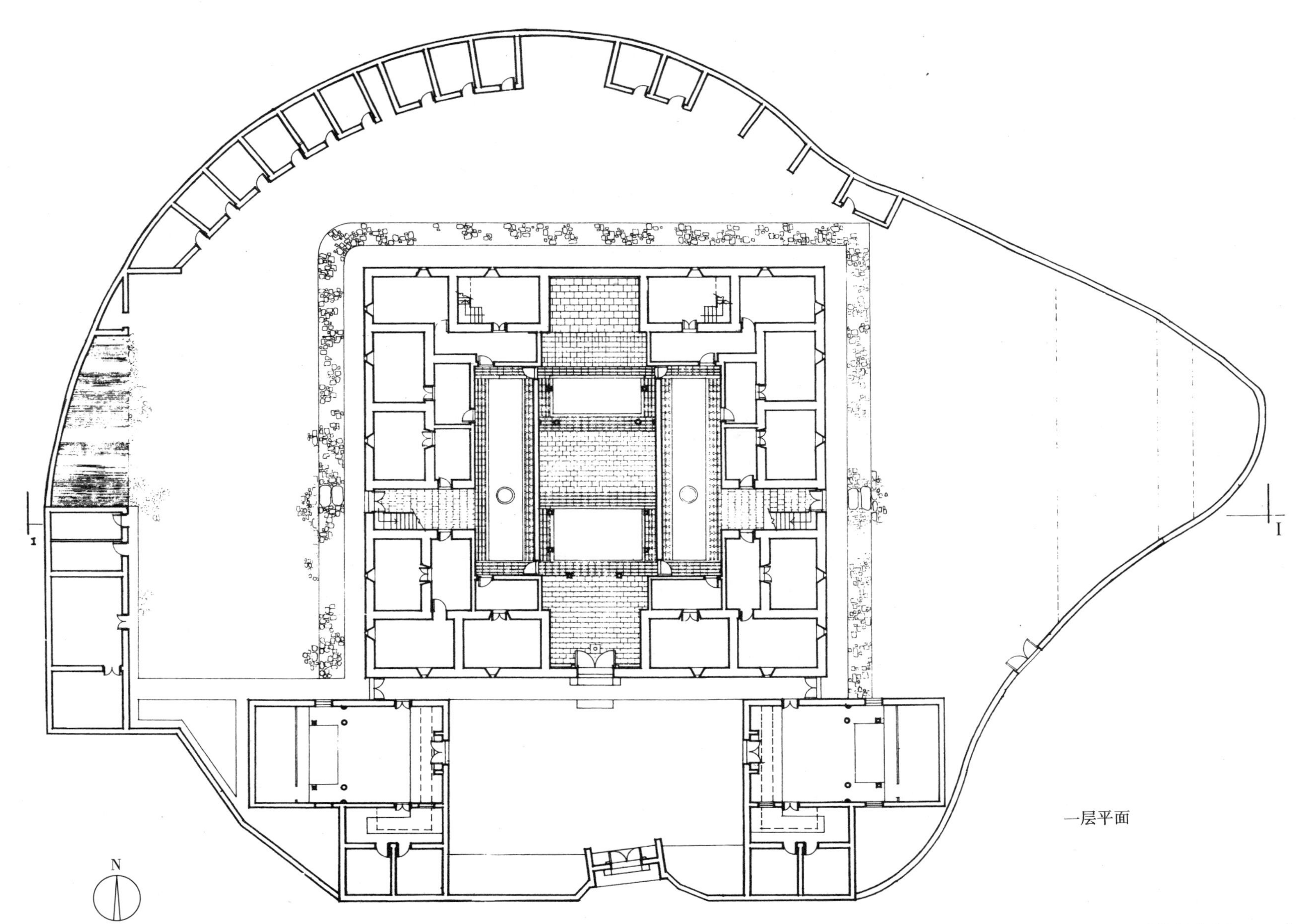

福建龙岩适中土楼测绘　东成楼

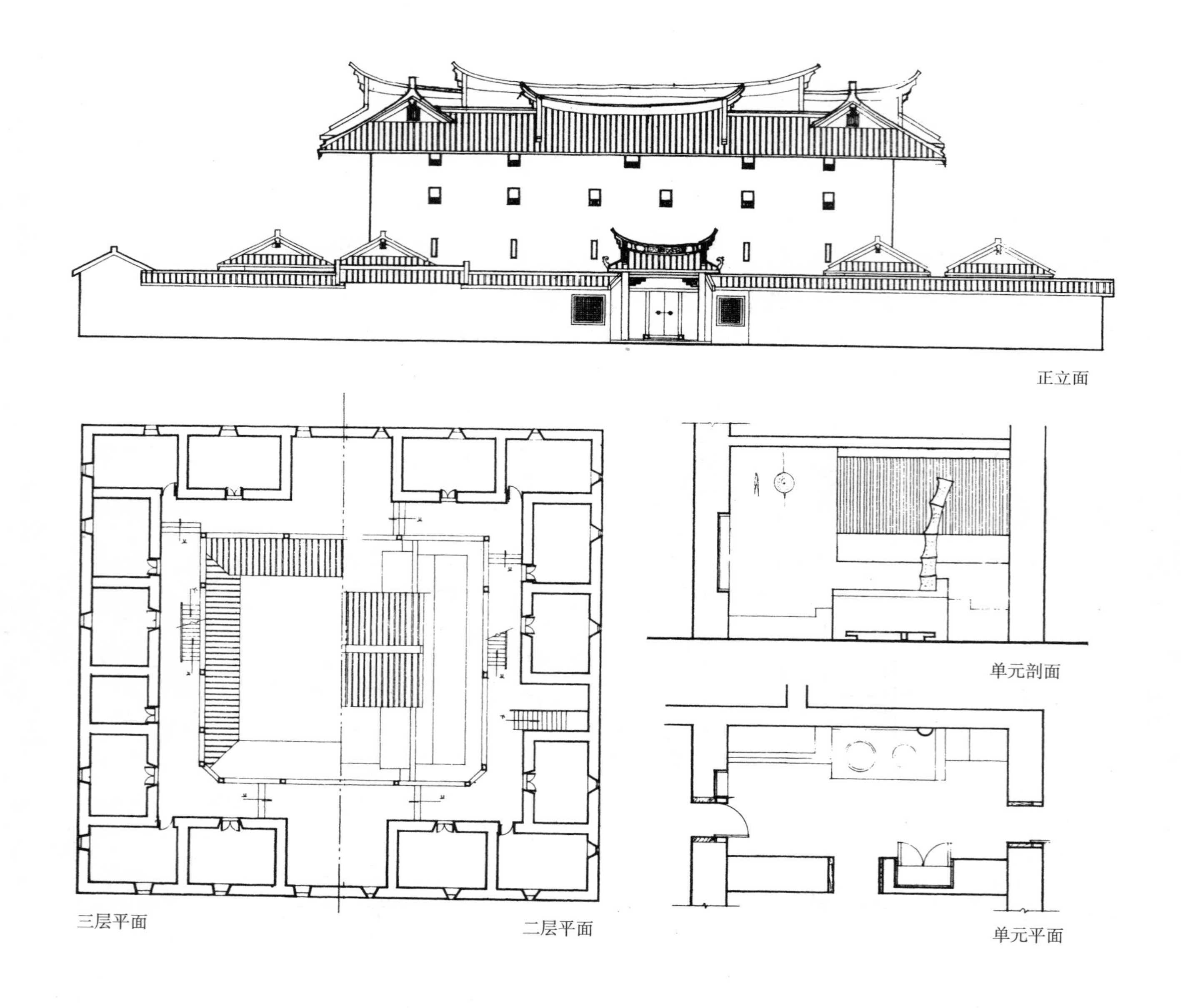

福建龙岩适中土楼测绘　东成楼

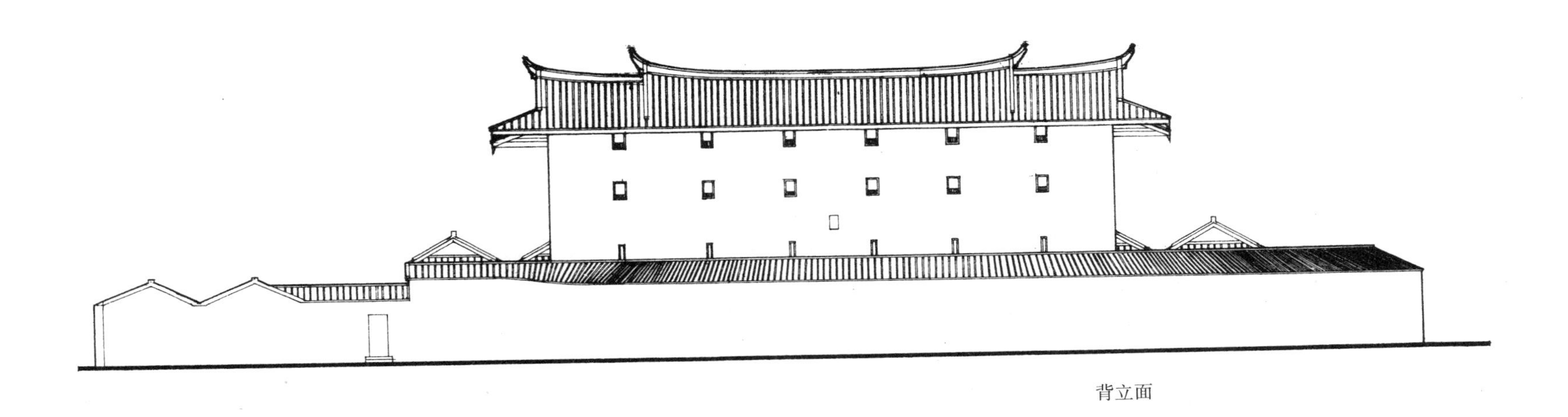

背立面

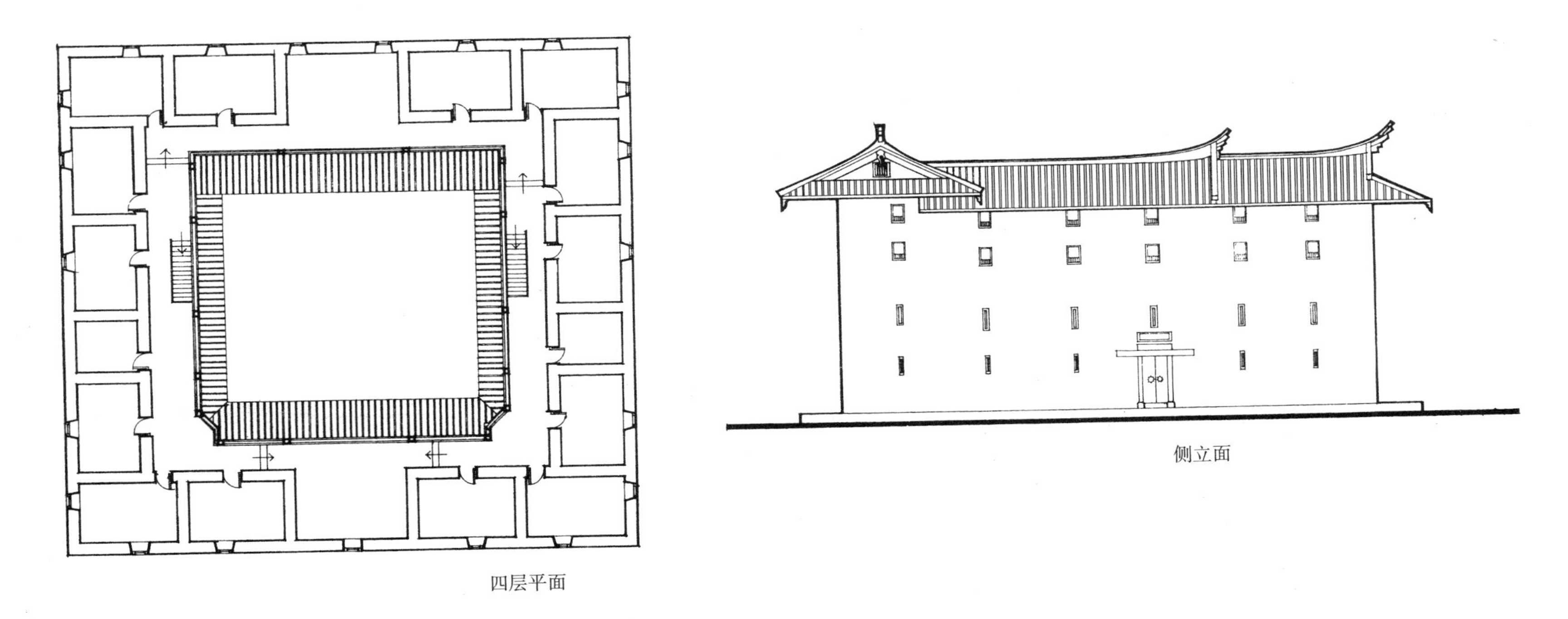

四层平面

侧立面

福建龙岩适中土楼测绘　东成楼

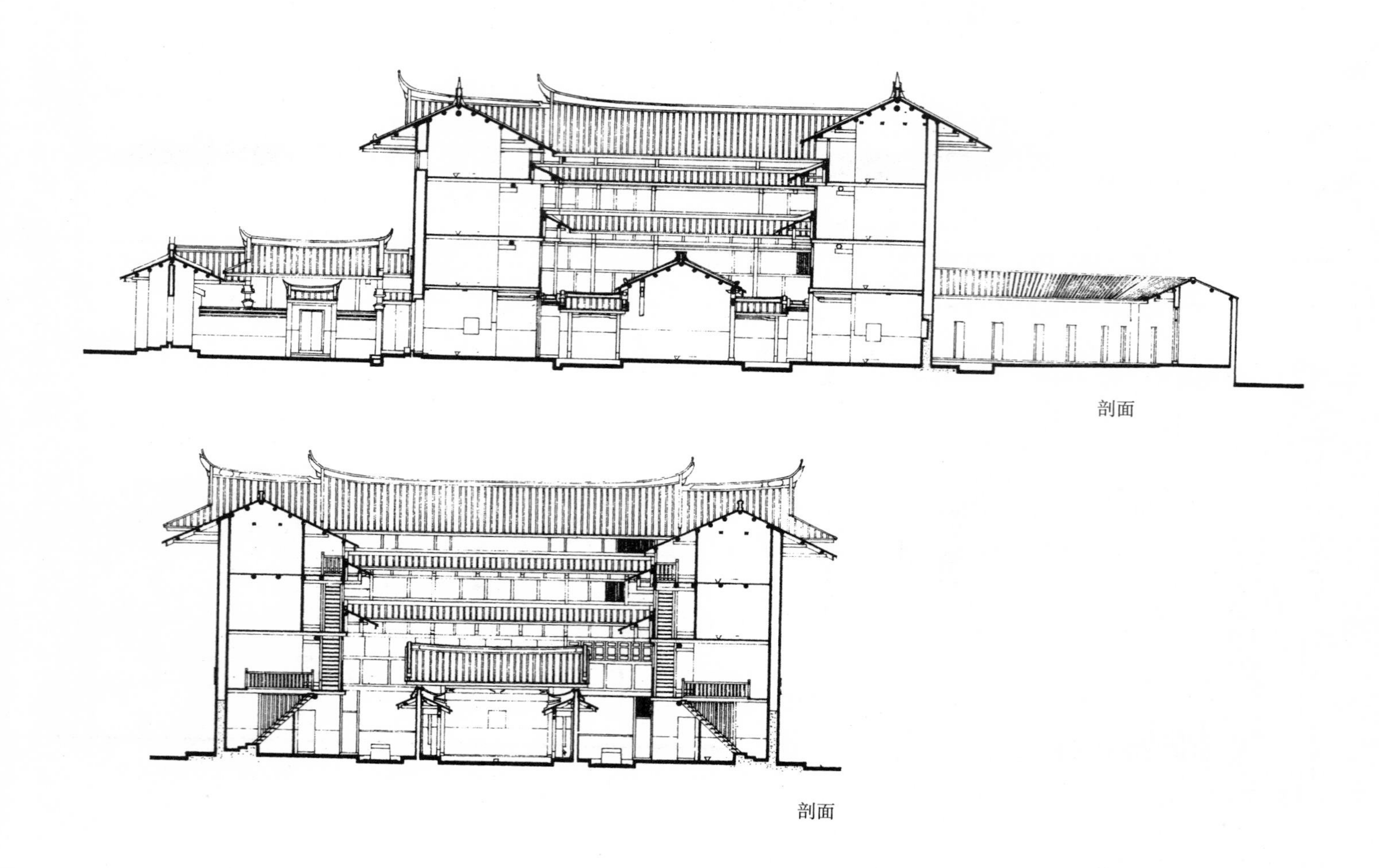

剖面

剖面

福建龙岩适中土楼测绘　东成楼

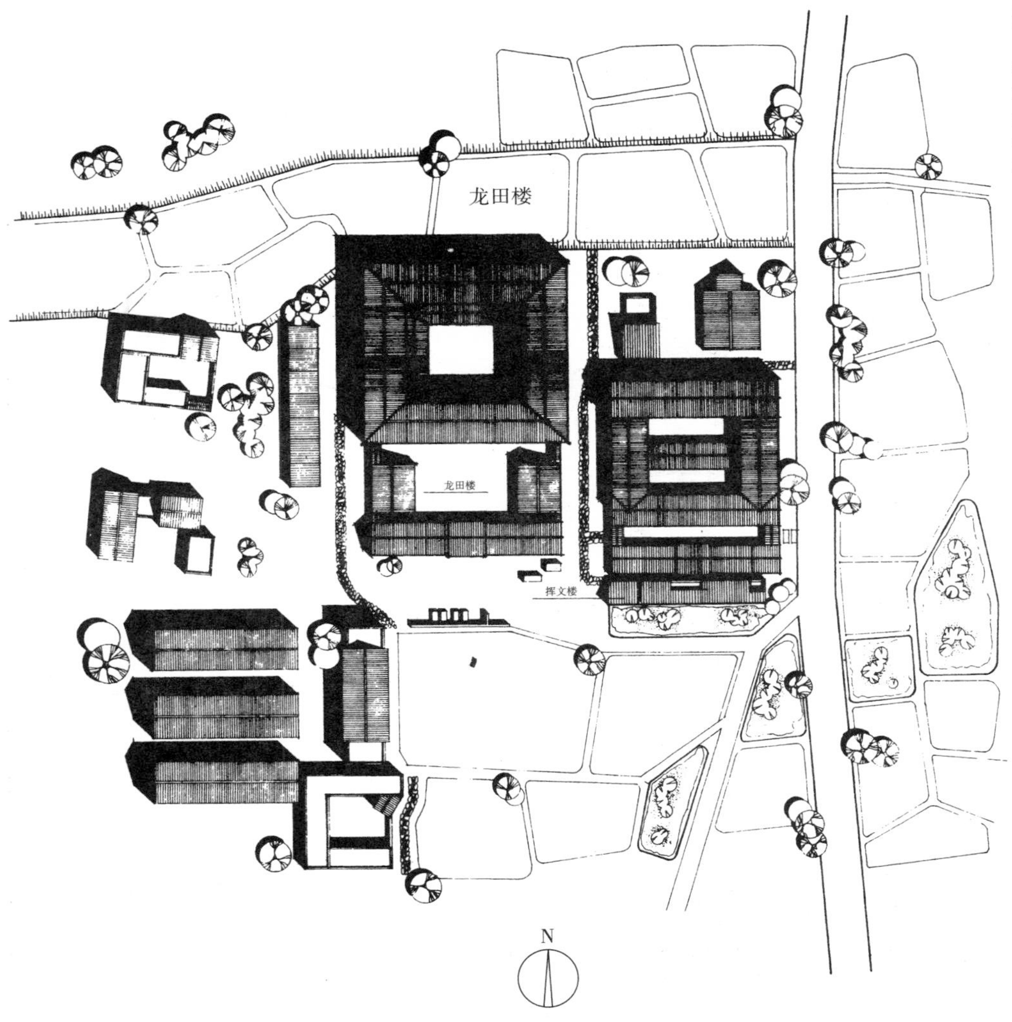

总平面

说明：

龙田楼，位于适中县中心村。是一座方形土楼，有前院、楼包厝。主楼四层。长宽分别为37.5m及35m是中等规模的土楼，设108个居室。主人姓谢，共24户，110人。自开祖算起已达24代，此楼是第11代所建。当时分给三兄弟居住。以后家人增加就分块居住。现在都过着独立的家庭生活，已经打破了固定分配给兄弟子孙的界限，而可以自由购取空屋居住。

龙田楼座北朝南，偏西30°，有明显的中轴线，贯穿大门、门厅、水井。前院为25m×37.5m，两边有东西厅公用。除南部大门外，另有东西两个侧门。主楼是口字形，内部有楼包厝，围成一个方形天井，以一眼水井为中心。主楼部为居室。廊宽1.2m，居室为3.5m×3.5m，外墙底层厚1.3m，逐层减小30cm左右，至四层厚50cm。一层是起居之用，二、三层是住人的居室，四层全为农作物的仓库。一层的厝基本是2.7m×4m，用作厨房，与主楼连接处作为餐室。土楼以土木为基本建筑材料，所有外墙都是用夯筑的方法建造的生土楼。屋檐是两坡屋顶，出檐深远，有2.3m。楼层走马廊处有腰檐。

由于年代久远，楼内许多部位均已陈旧，各家都进行了整修，添加了天花板，更换门，新刷了内墙。另外，当初用以防御土匪侵扰的条形窄窗不利于采光，许多都被改为大窗。

龙田楼所处之地，背后为平缓的梯田，前方是池塘及稻田交错的开阔地，南、北及西三面是田地，东边是一条公路。

外部透视

福建龙岩适中土楼测绘　龙田楼

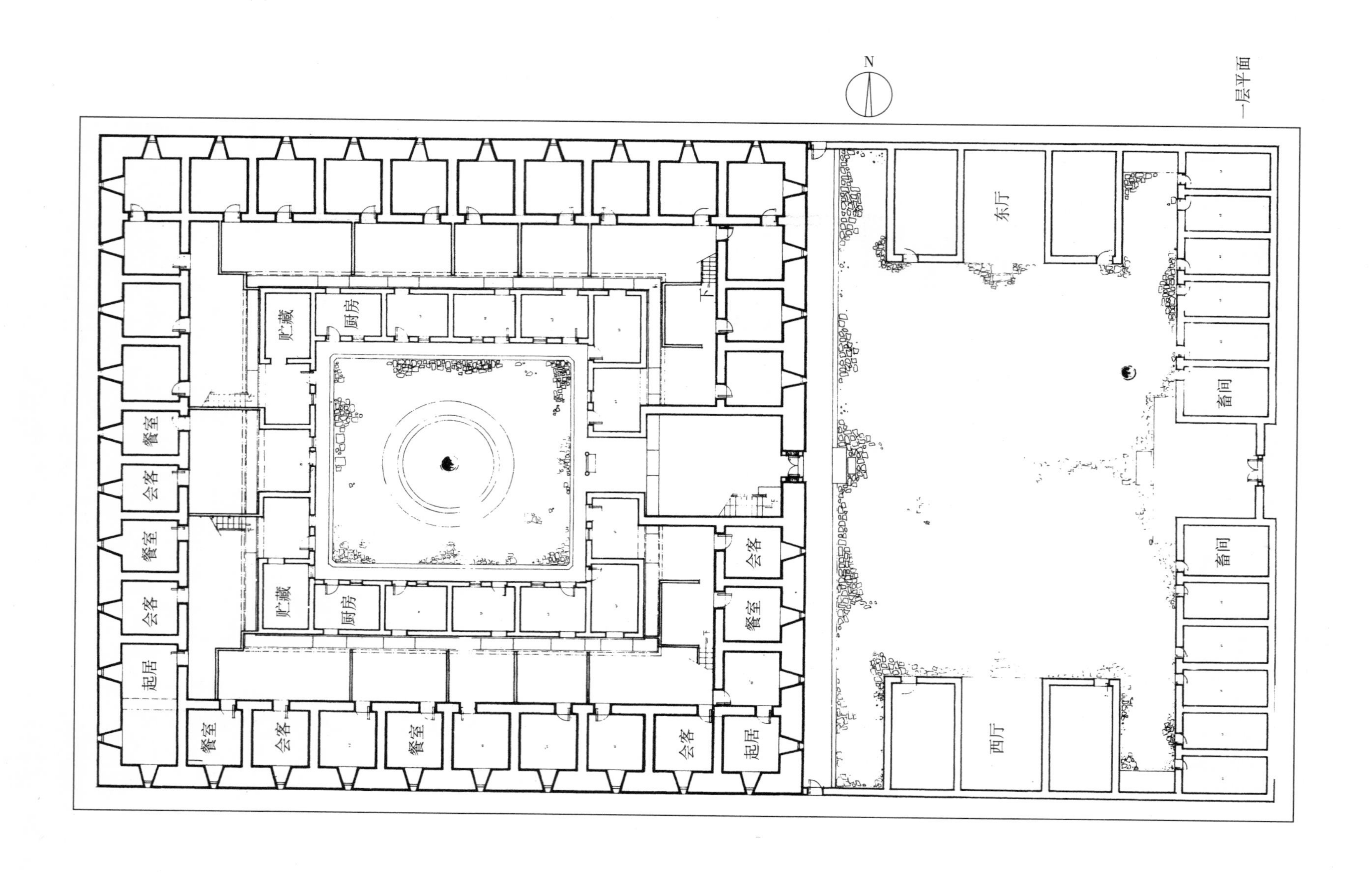

福建龙岩适中土楼测绘　龙田楼

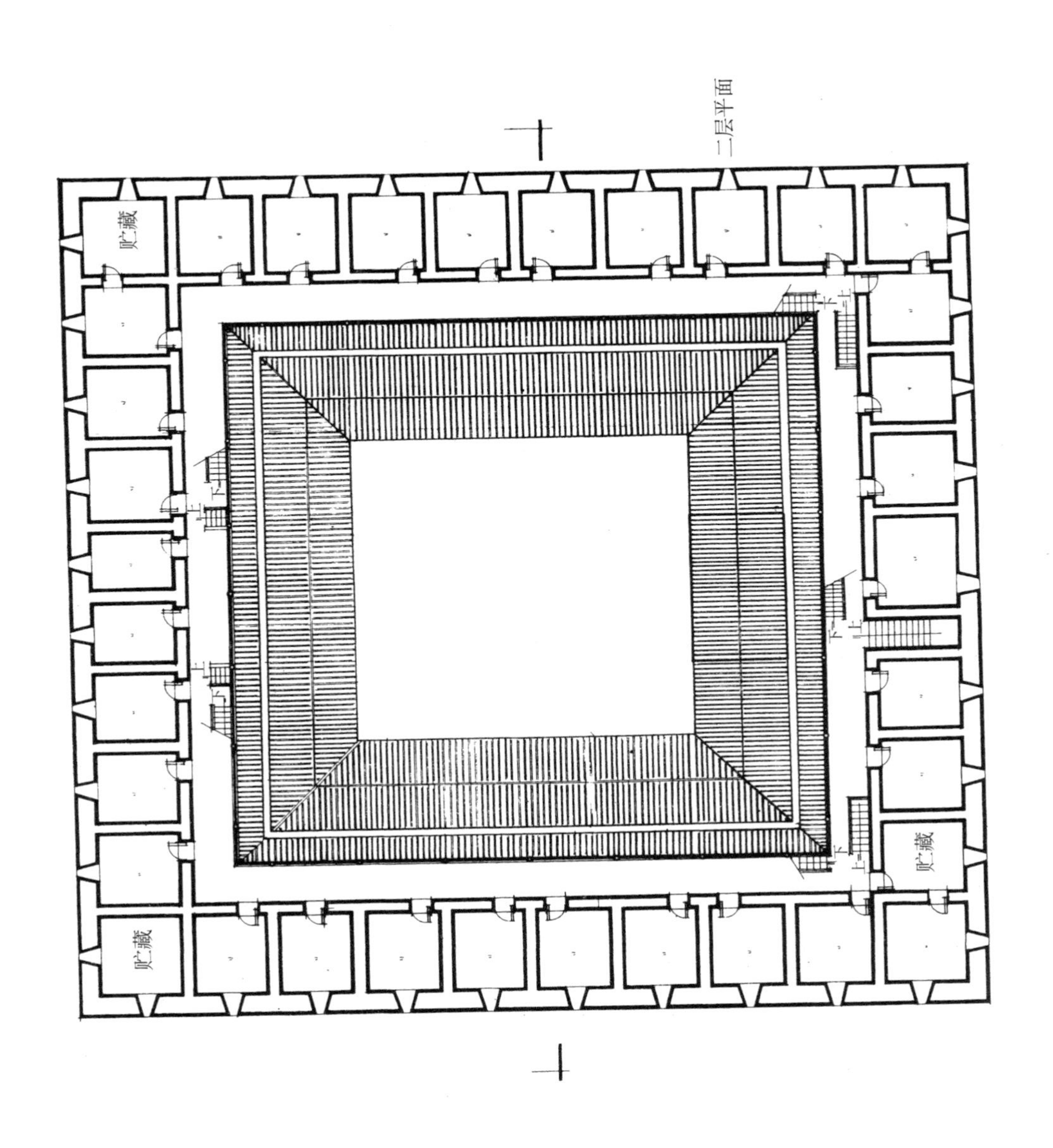

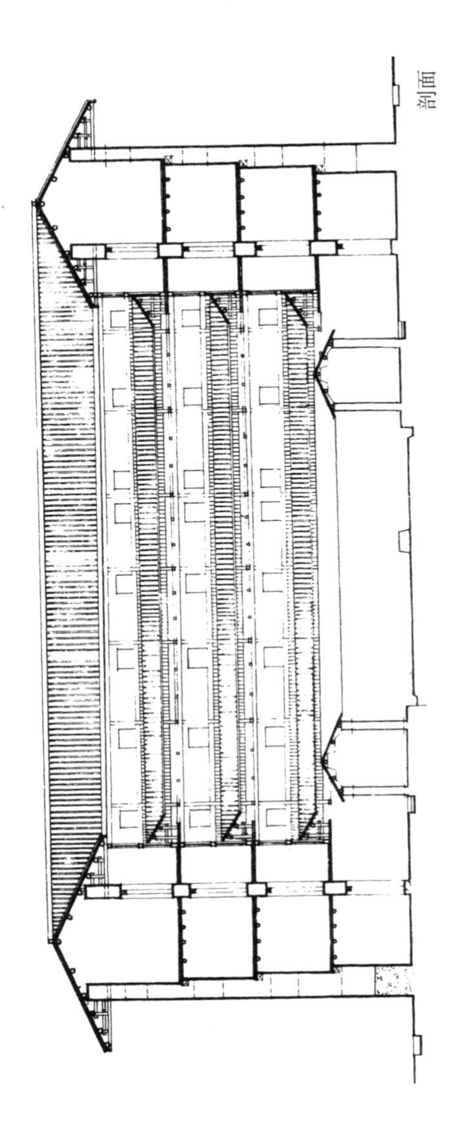

福建龙岩适中土楼测绘　龙田楼

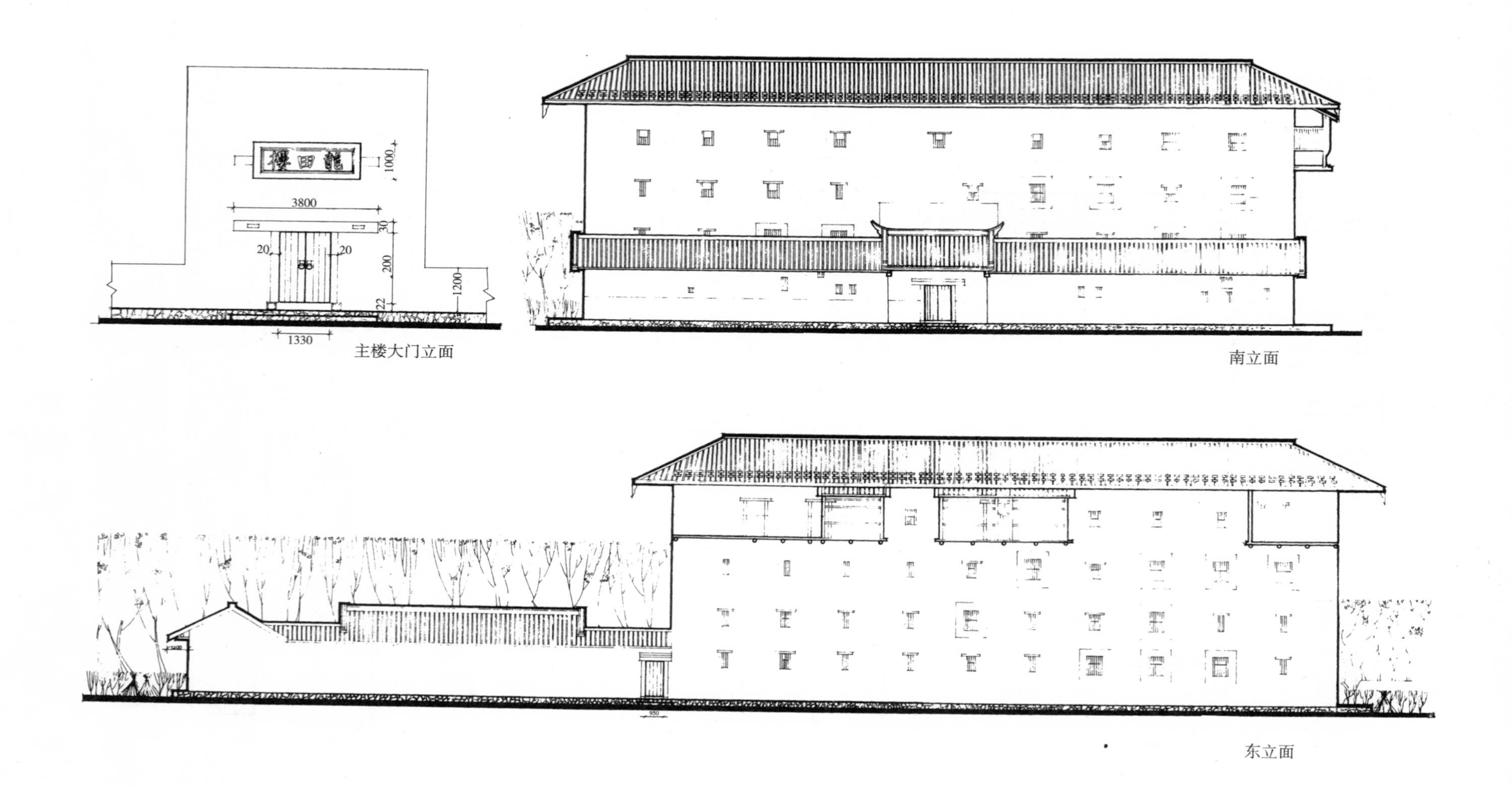

主楼大门立面

南立面

东立面

福建龙岩适中土楼测绘　龙田楼

谢氏三祠堂位于适中镇后间村，这里的后间大楼是谢家最早的居住所，而此三祠堂则可称作谢家的发祥地，据传谢家自此而兴旺发展，此三祠堂分别供奉着谢氏六世祖两兄弟及七世祖阳周公，它们大小不一，型制各异，选址极为讲究，三祠堂皆朝向对面的马鞍山，这样的择址要求无疑是源自风水之说，更令人惊奇的是这里所有的房子几乎都有一个方向朝着这个山峰，而无须受日照方向之约束。

据谢氏家谱中所载年代推算，此三祠堂始建于明朝初年，至今约六百年，除七世祖阳周公祠外，其余两祠堂都装饰丰富，尤以六世祖小祠堂为甚，保留至今，更为难得。

该祠位于龙岩适中保丰乡后间，背面靠山，座西朝东，堂前开阔，门对远山。为适中谢氏六世之祠庙，建于明初，至今五百多年，该祠小巧精致，屋架及围墙、屋面保存完好，现已弃置为邻家堆物之用，侧门皆已不存，原有彩绘也已剥落。

位于保丰乡后间的后间楼，是适中第一大姓——谢姓的发源地，至今约有七八百年的历史。大楼位于两山之间平坦之处，大门正对出口。楼大致呈四方形，四层高。天井狭小底层外墙厚达1.2米，墙身有收分。出檐深远。底层不设堂屋，顶层楼梯间设有供桌，供奉观音及奉安二太子之位。此楼是早期土楼建筑的代表。

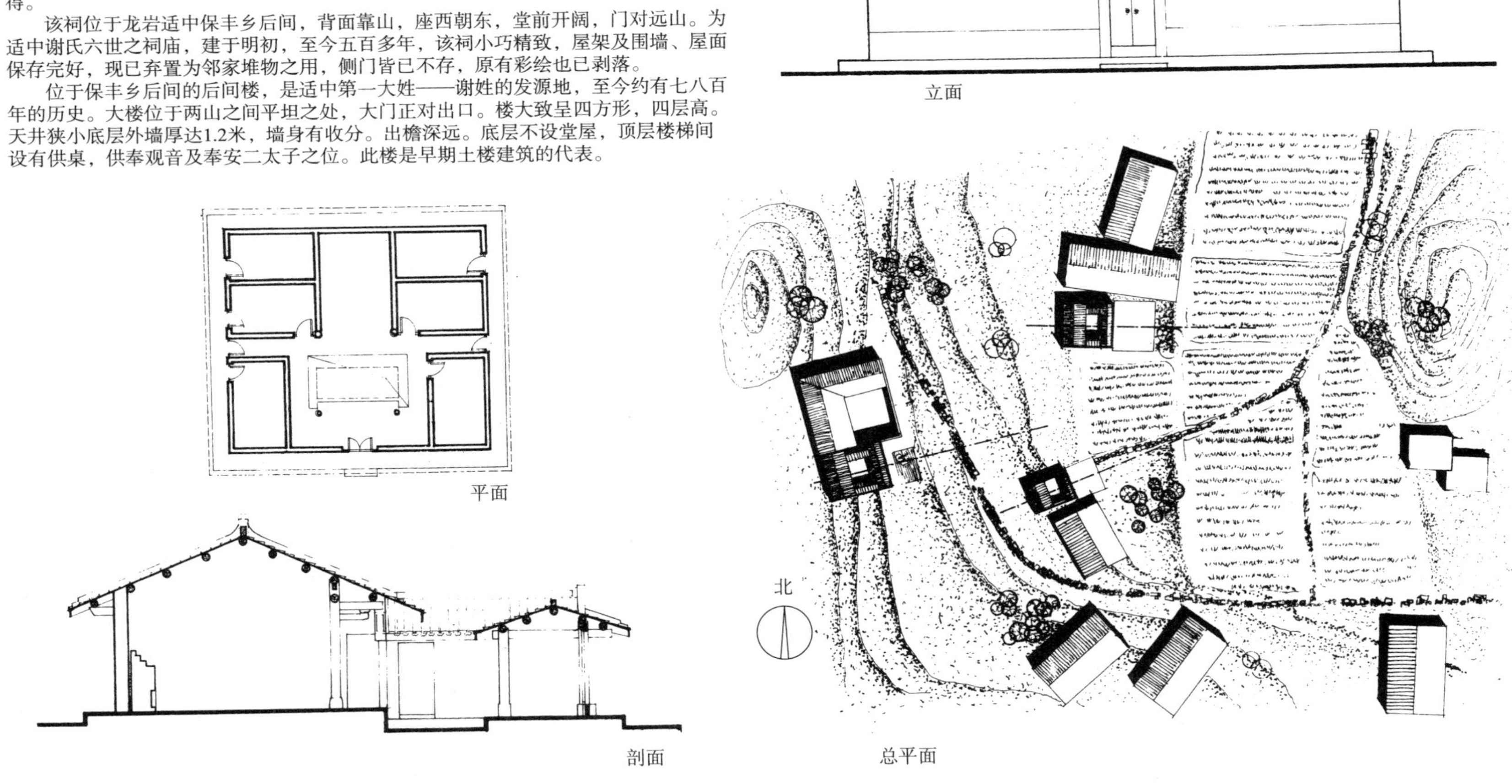

立面

平面

剖面

总平面

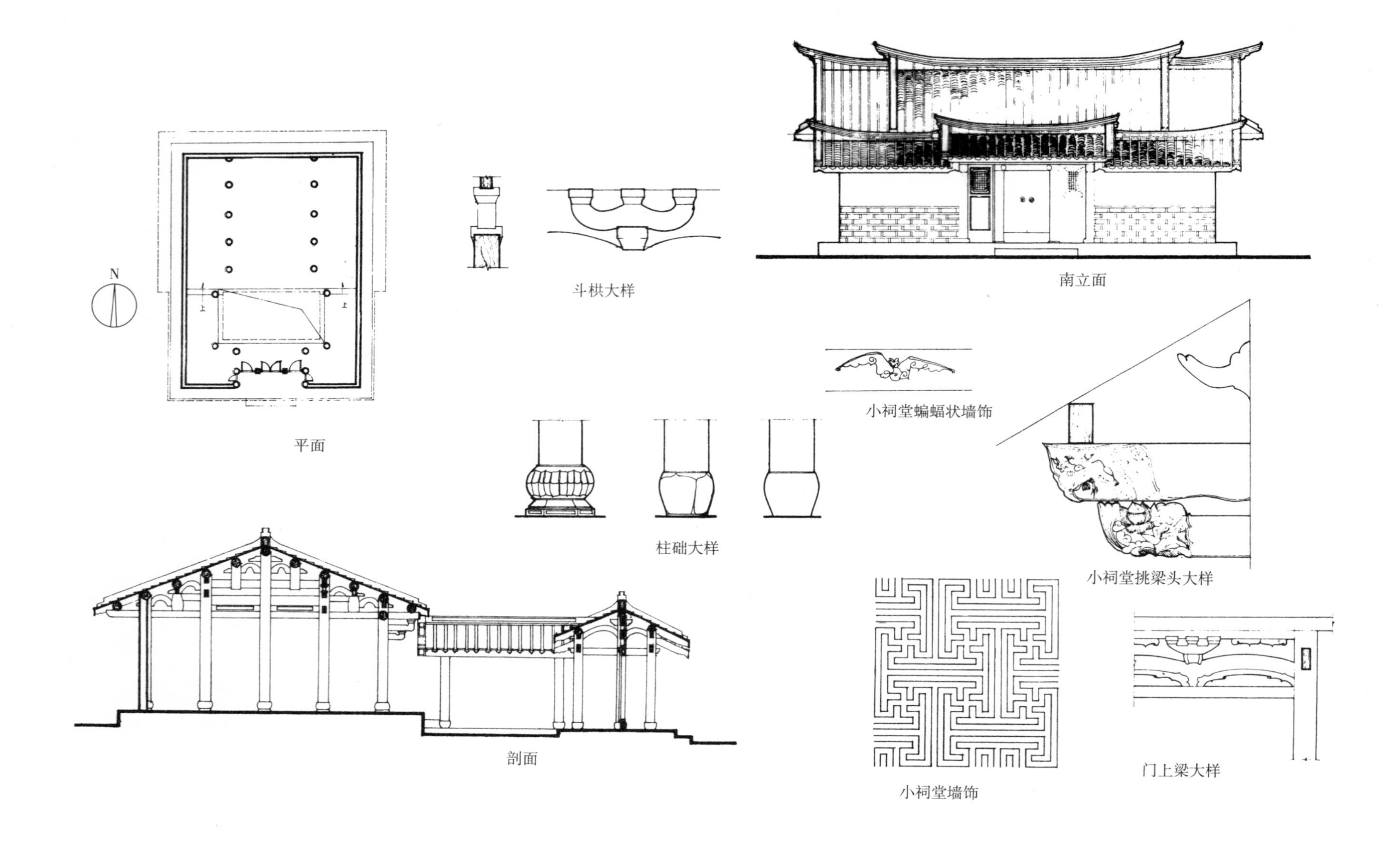

斗栱大样

南立面

平面

小祠堂蝙蝠状墙饰

柱础大样

小祠堂挑梁头大样

剖面

门上梁大样

小祠堂墙饰

福建龙岩适中土楼测绘　谢氏六祖祠庙

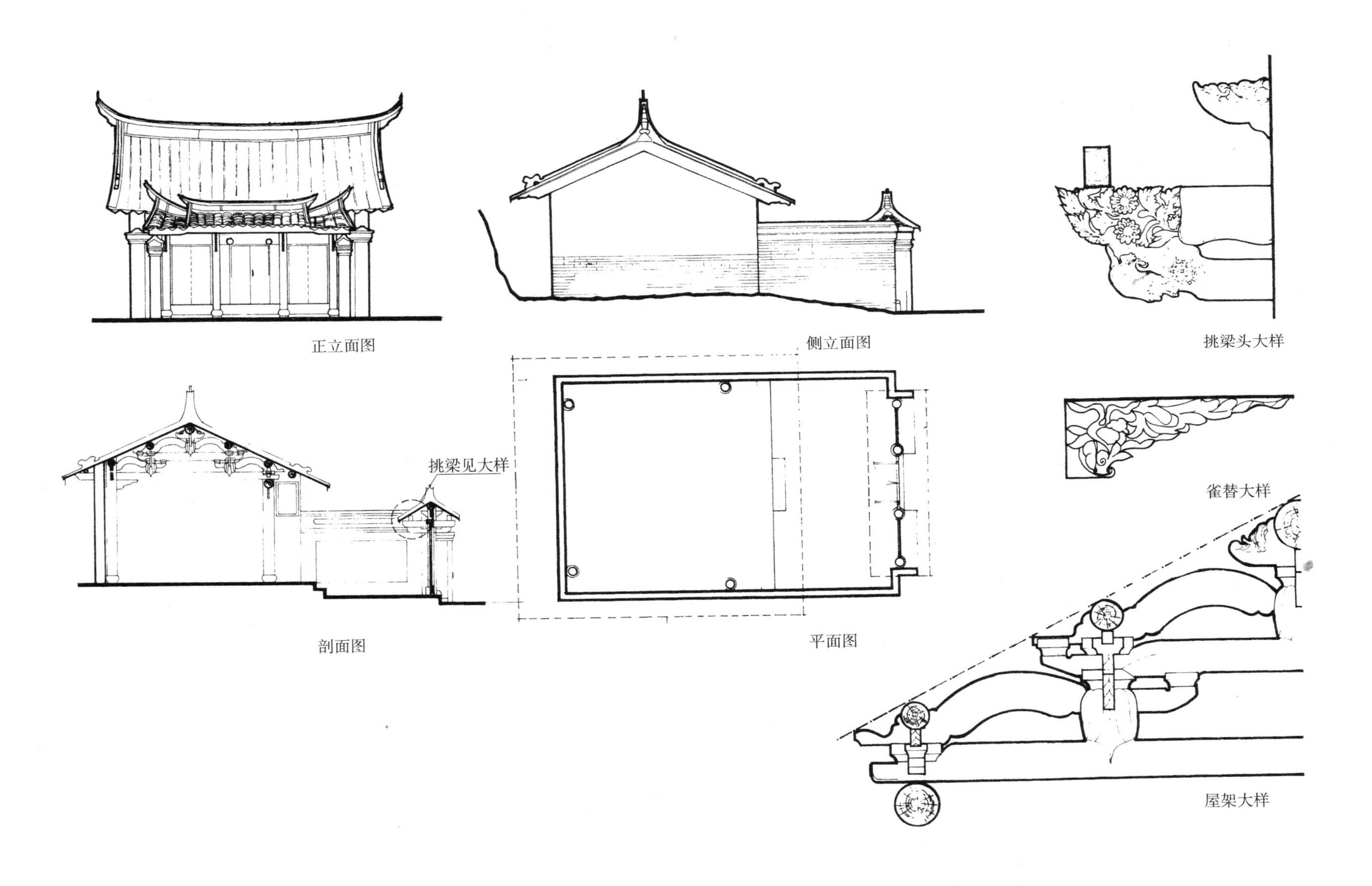

正立面图

侧立面图

挑梁头大样

雀替大样

剖面图

平面图

屋架大样

福建龙岩适中土楼测绘　谢氏六祖祠庙

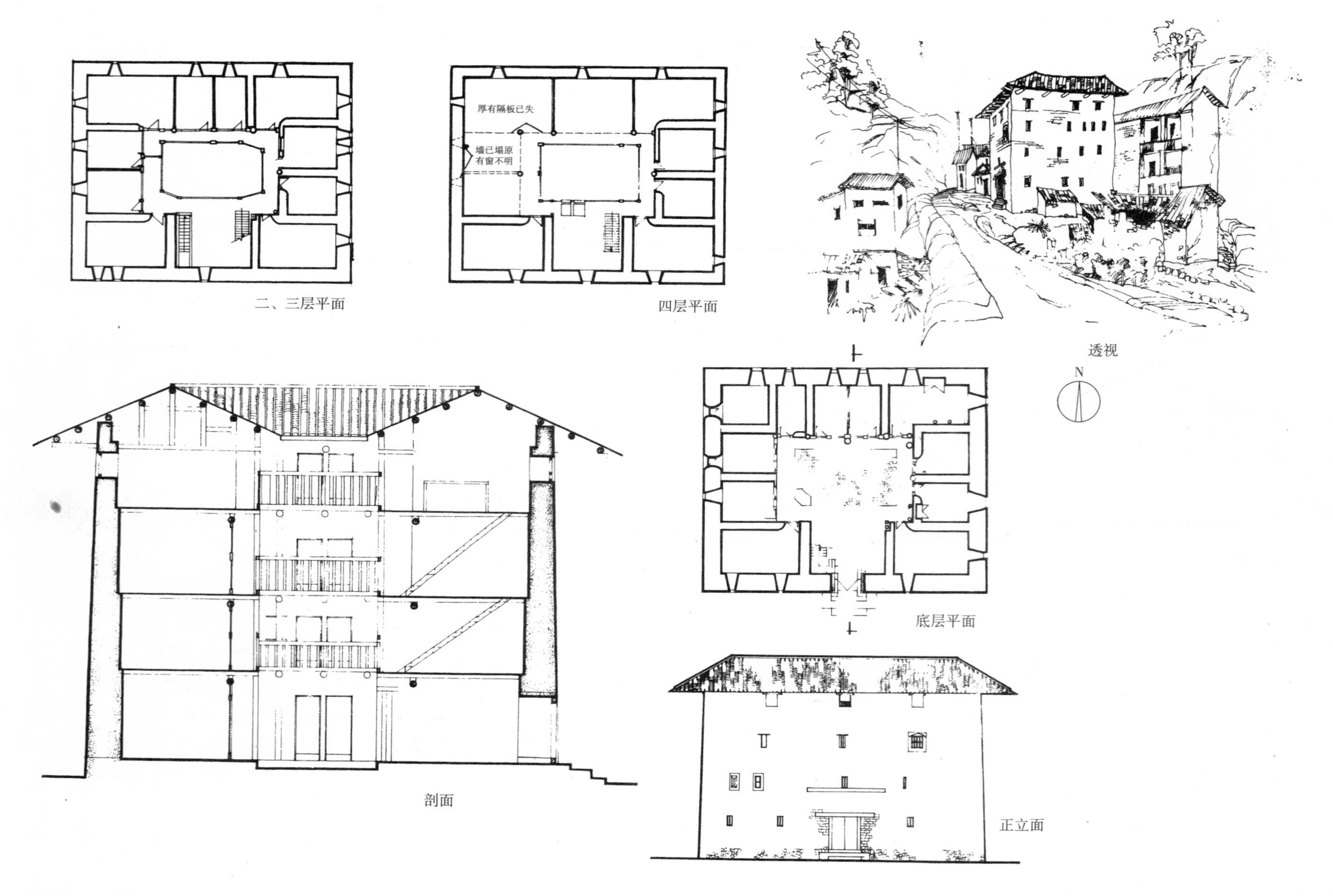

二、三层平面

四层平面

透视

底层平面

剖面

正立面

福建龙岩适中土楼测绘　后间楼

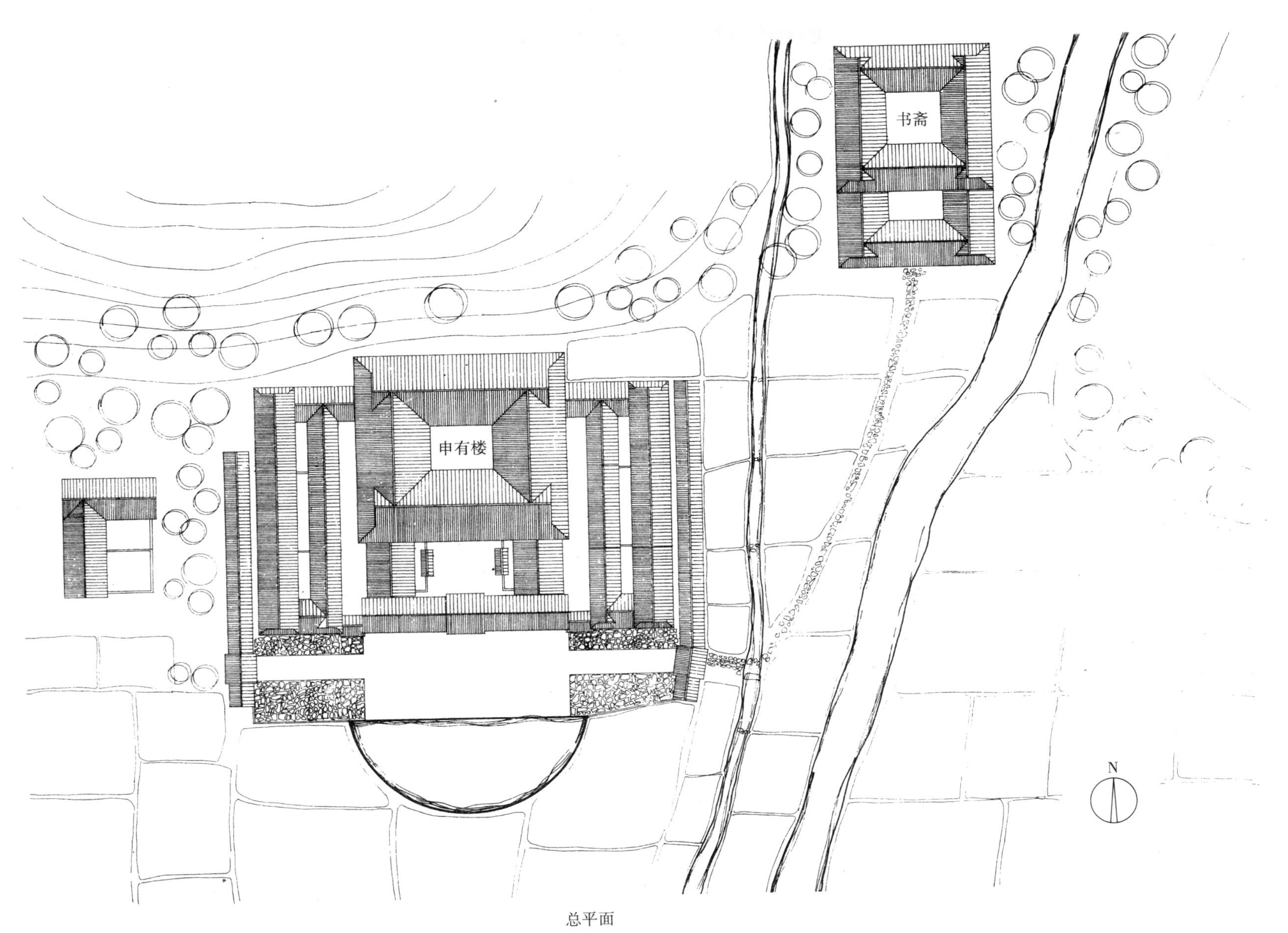

总平面

福建龙岩适中土楼测绘　申有楼

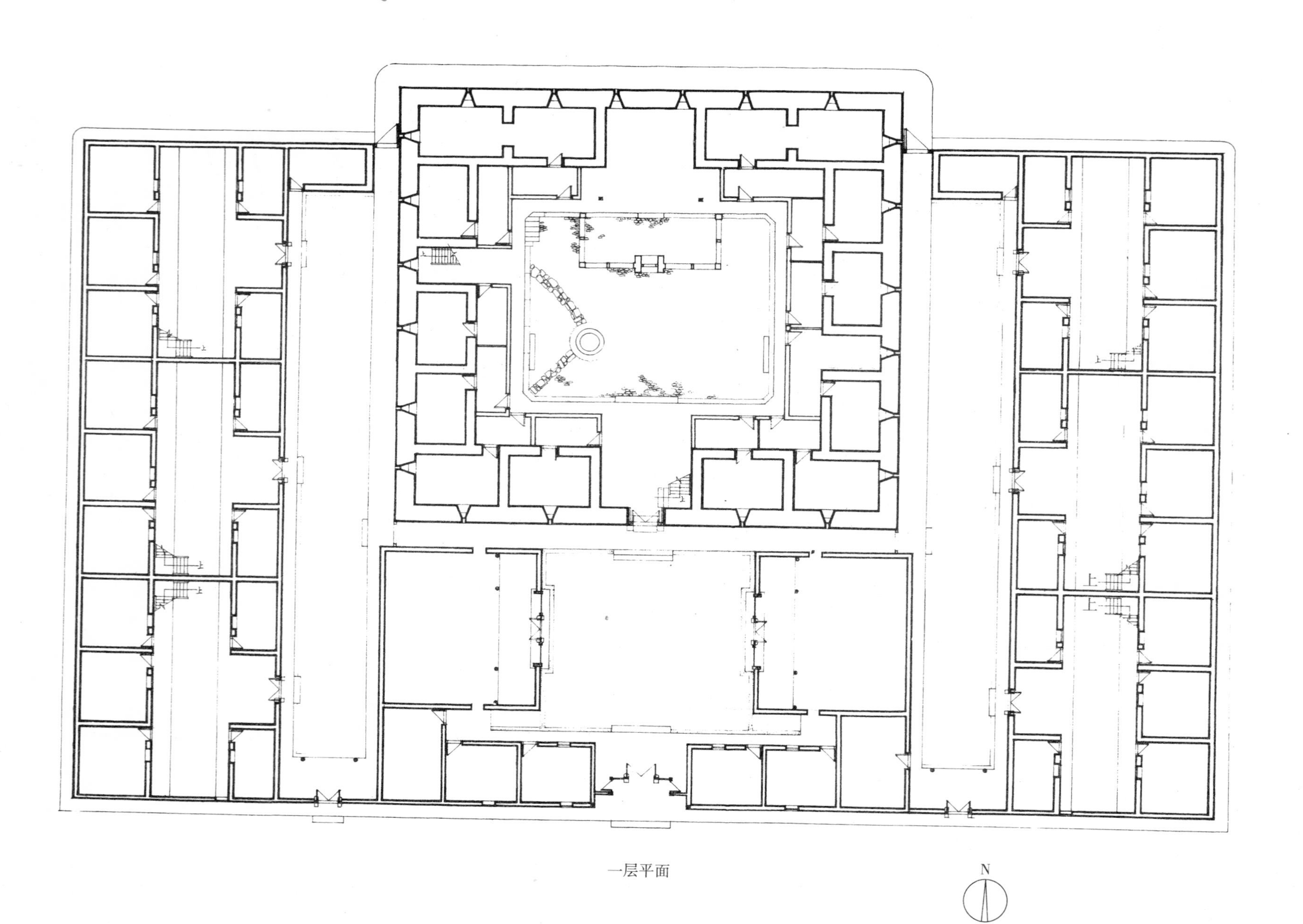

一层平面

福建龙岩适中土楼测绘　申有楼

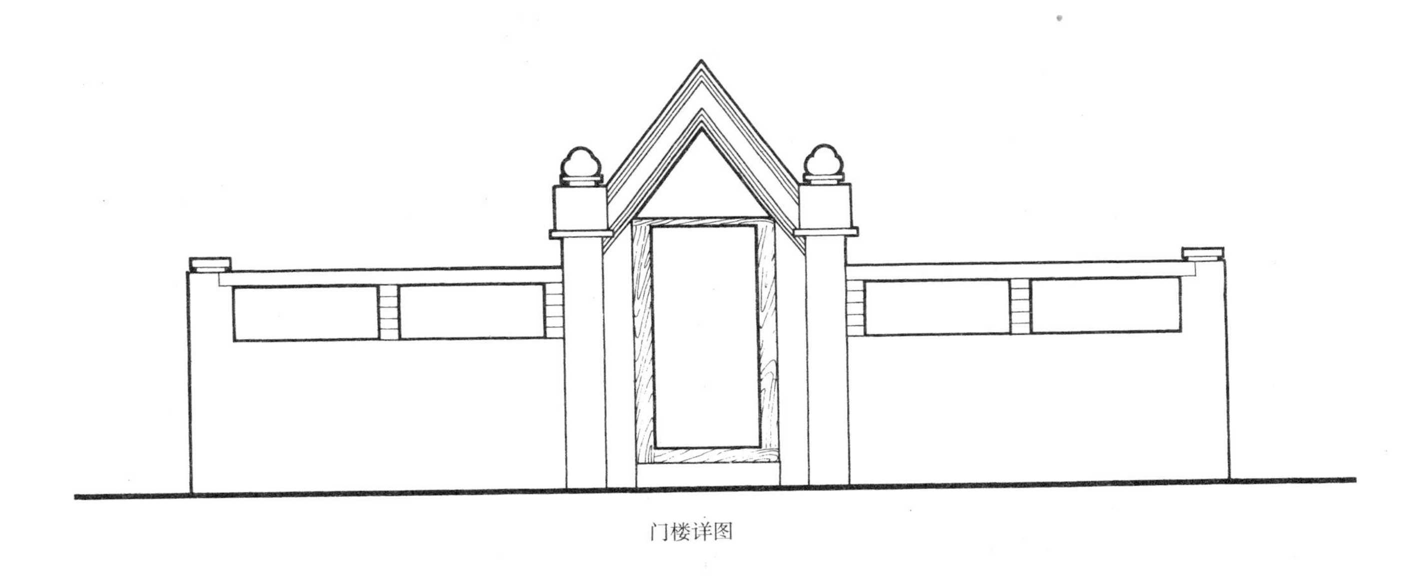

门楼详图

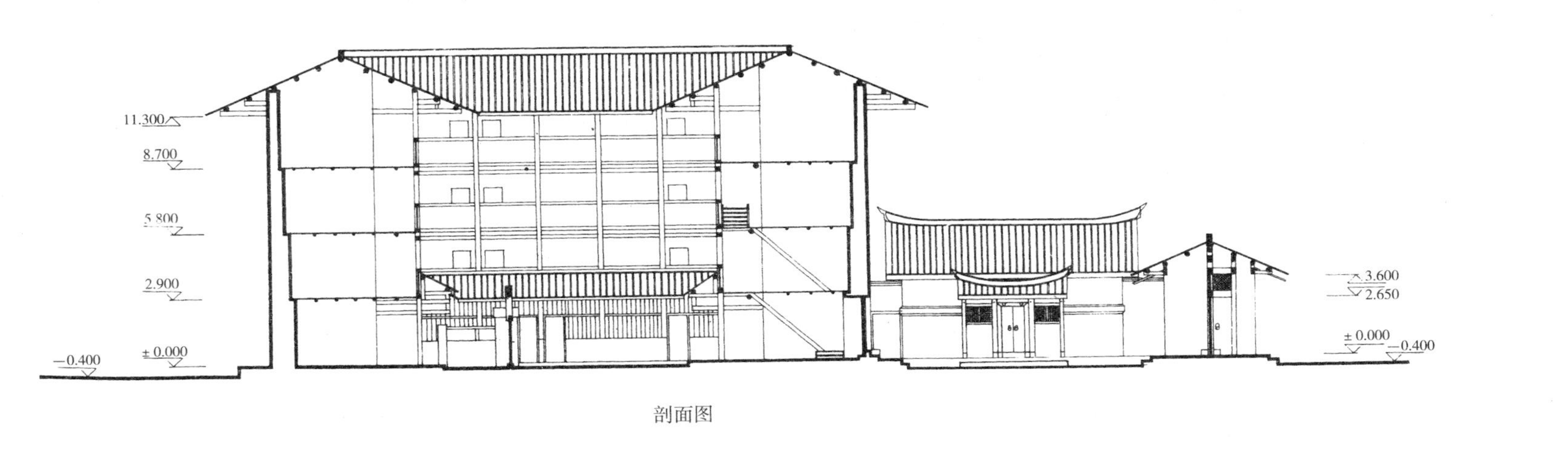

剖面图

福建龙岩适中土楼测绘　申有楼

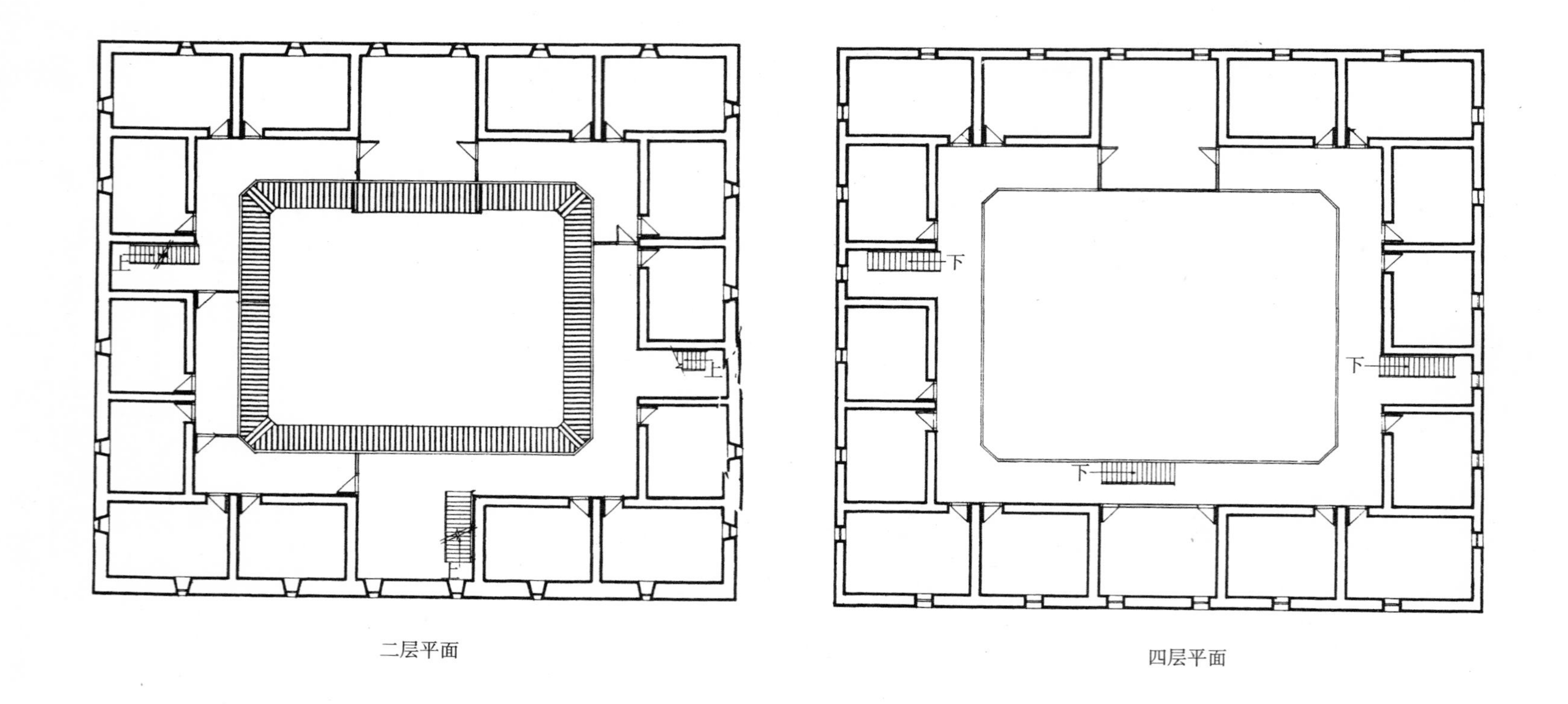

二层平面

四层平面

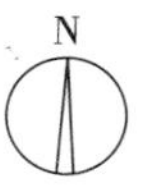

福建龙岩适中土楼测绘　申有楼

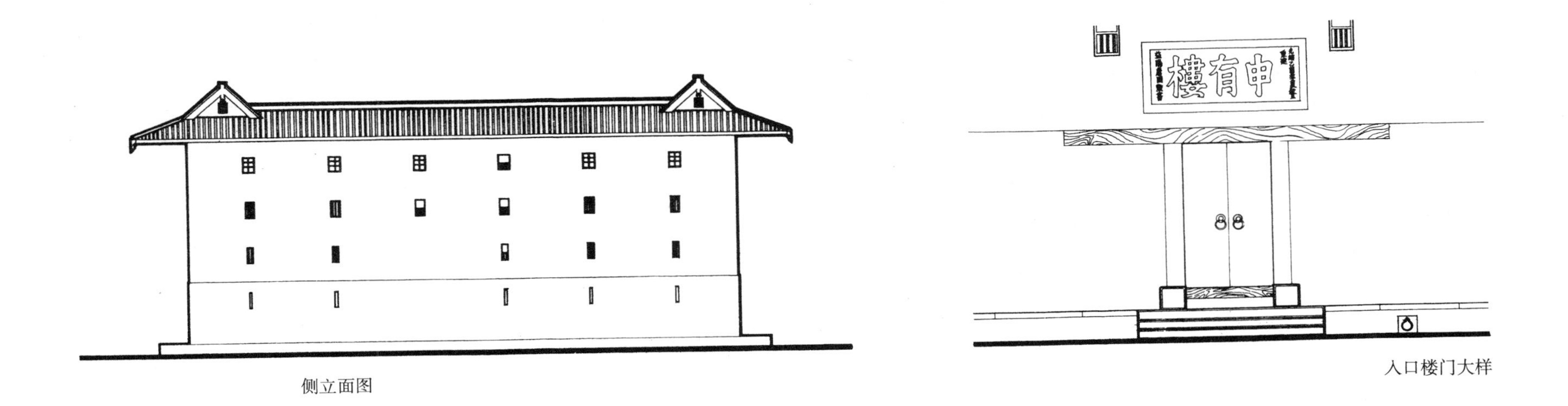

侧立面图

入口楼门大样

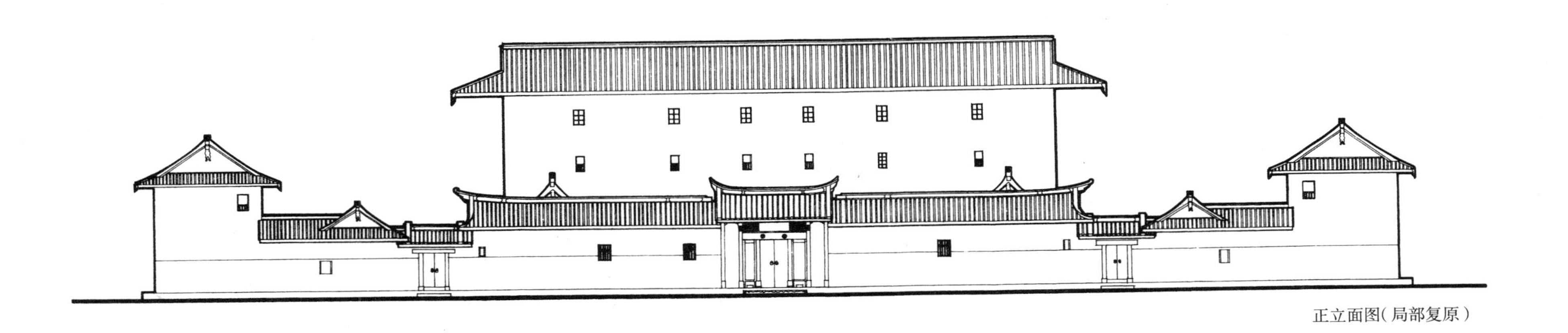

正立面图(局部复原)

福建龙岩适中土楼测绘　申有楼

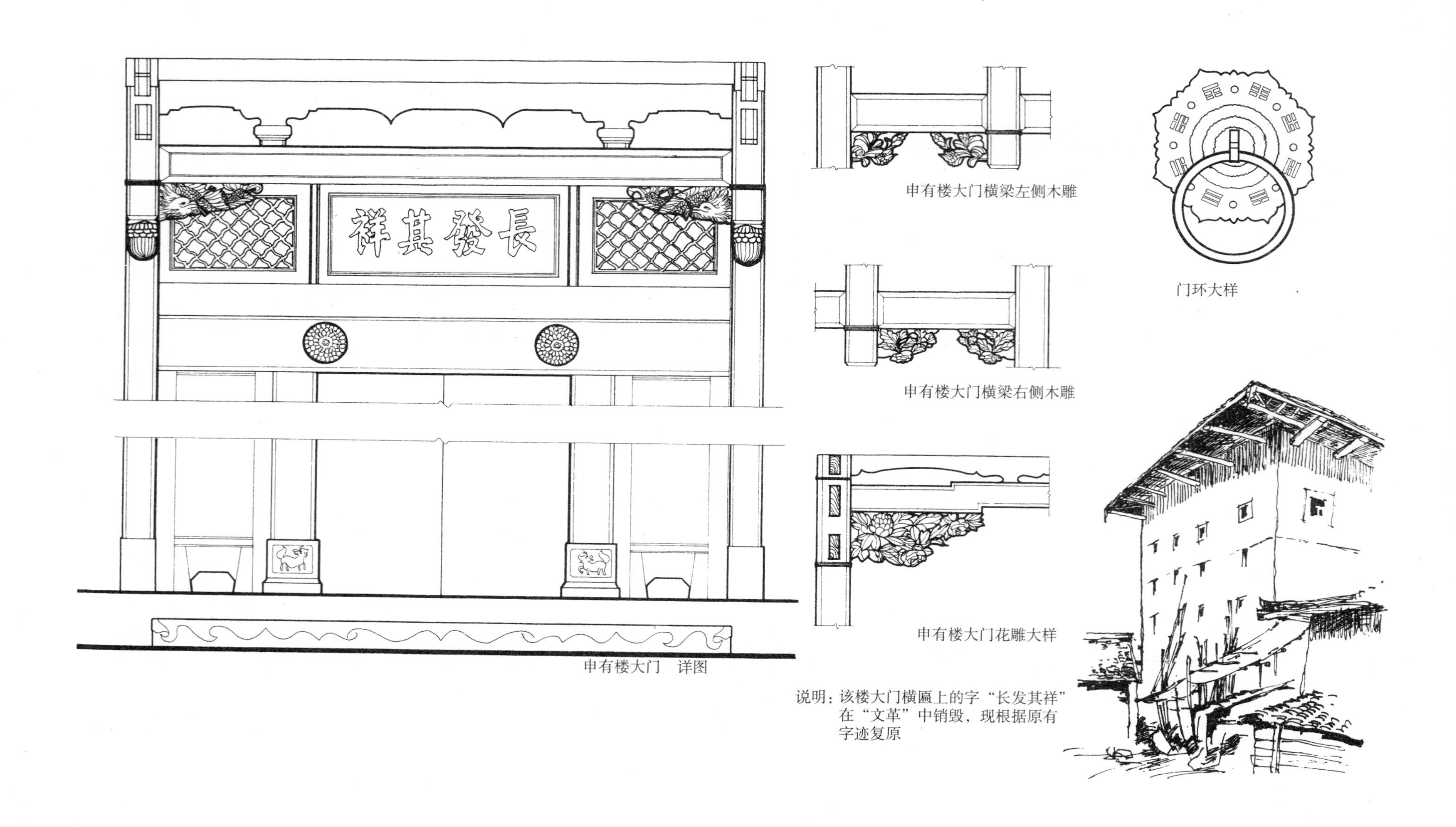

申有楼大门横梁左侧木雕

申有楼大门横梁右侧木雕

门环大样

申有楼大门花雕大样

申有楼大门　详图

说明：该楼大门横匾上的字"长发其祥"在"文革"中销毁，现根据原有字迹复原

福建龙岩适中土楼测绘　申有楼

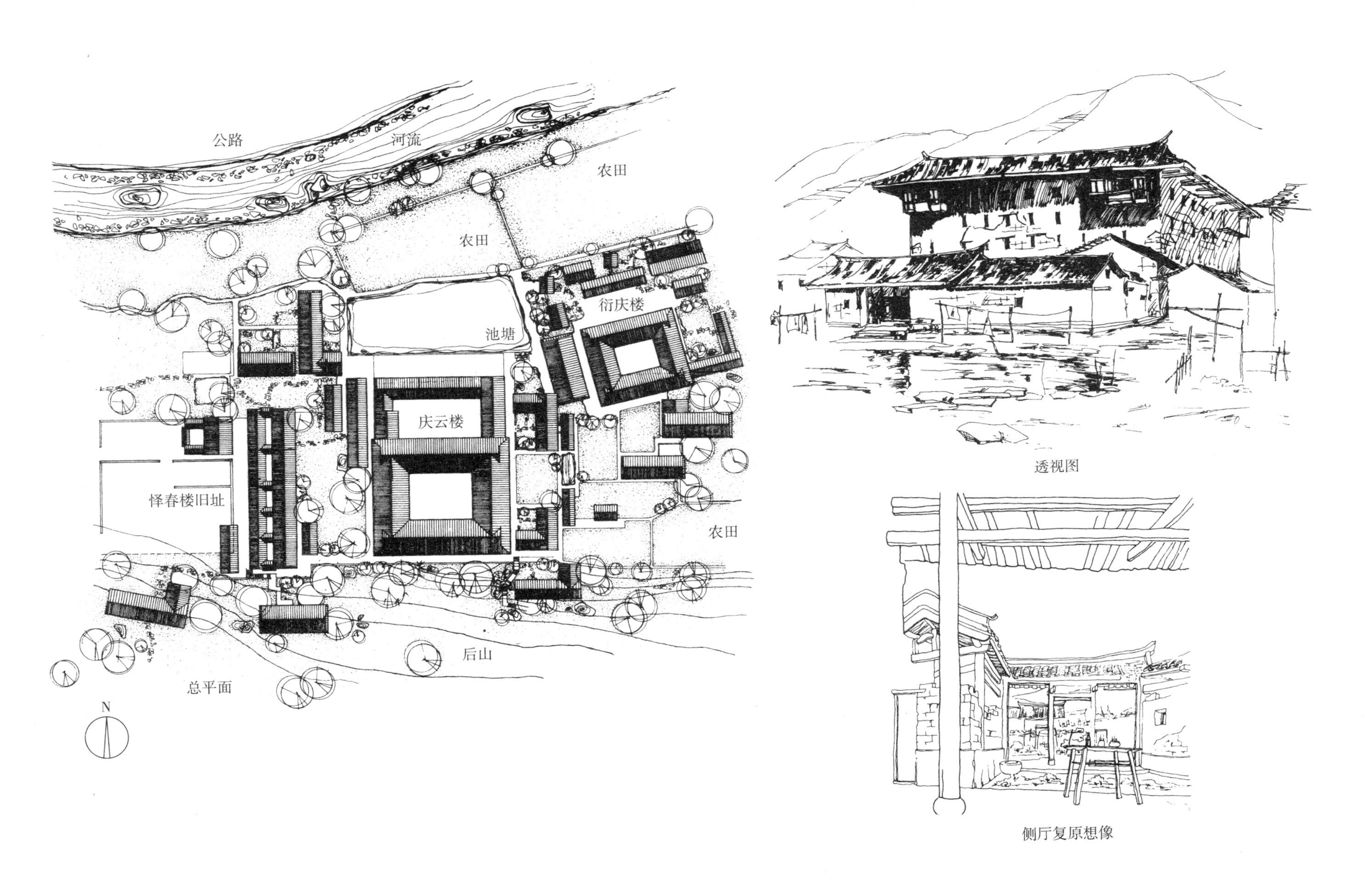

总平面

透视图

侧厅复原想像

福建龙岩适中土楼测绘　庆云楼

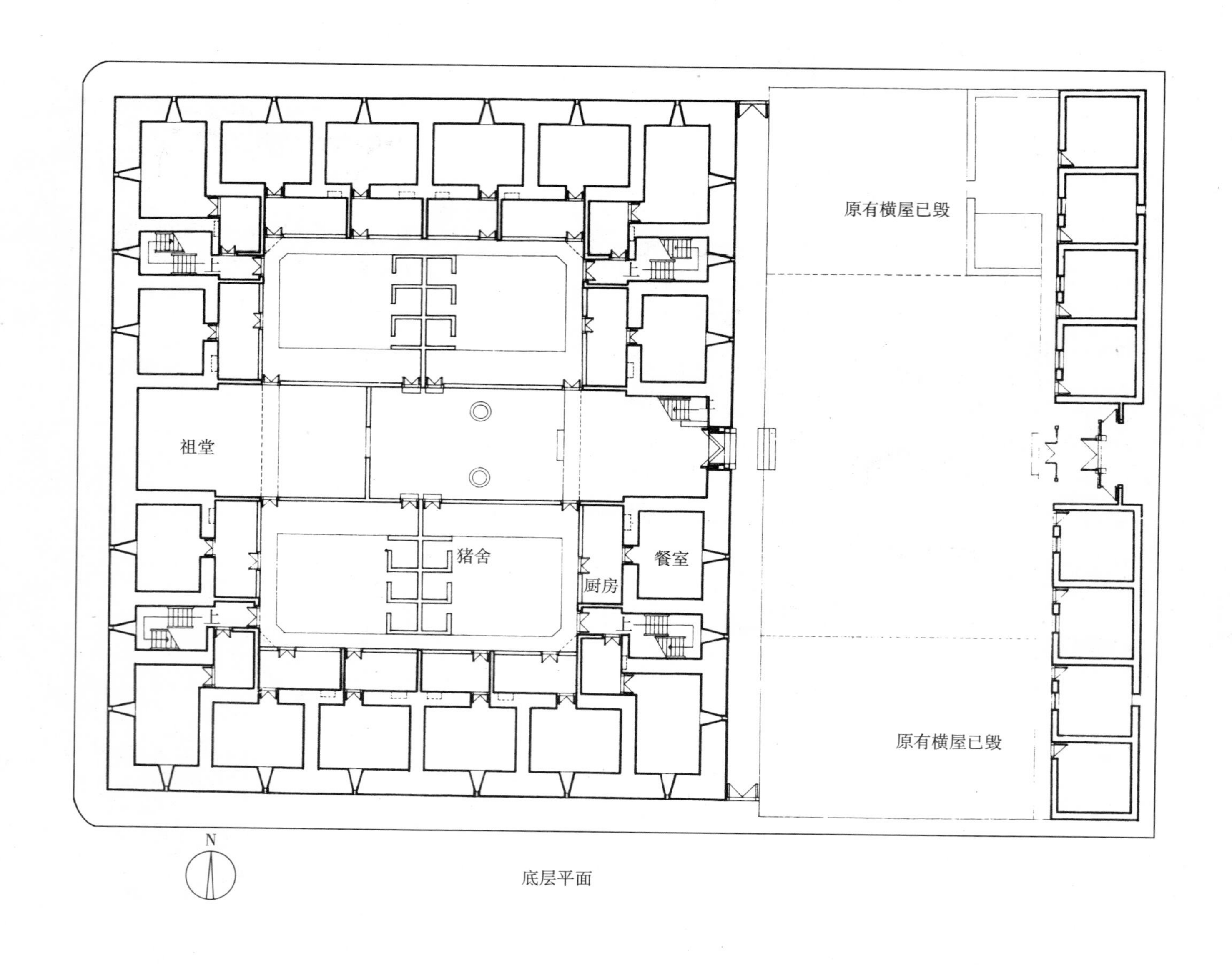

底层平面

福建龙岩适中土楼测绘　庆云楼

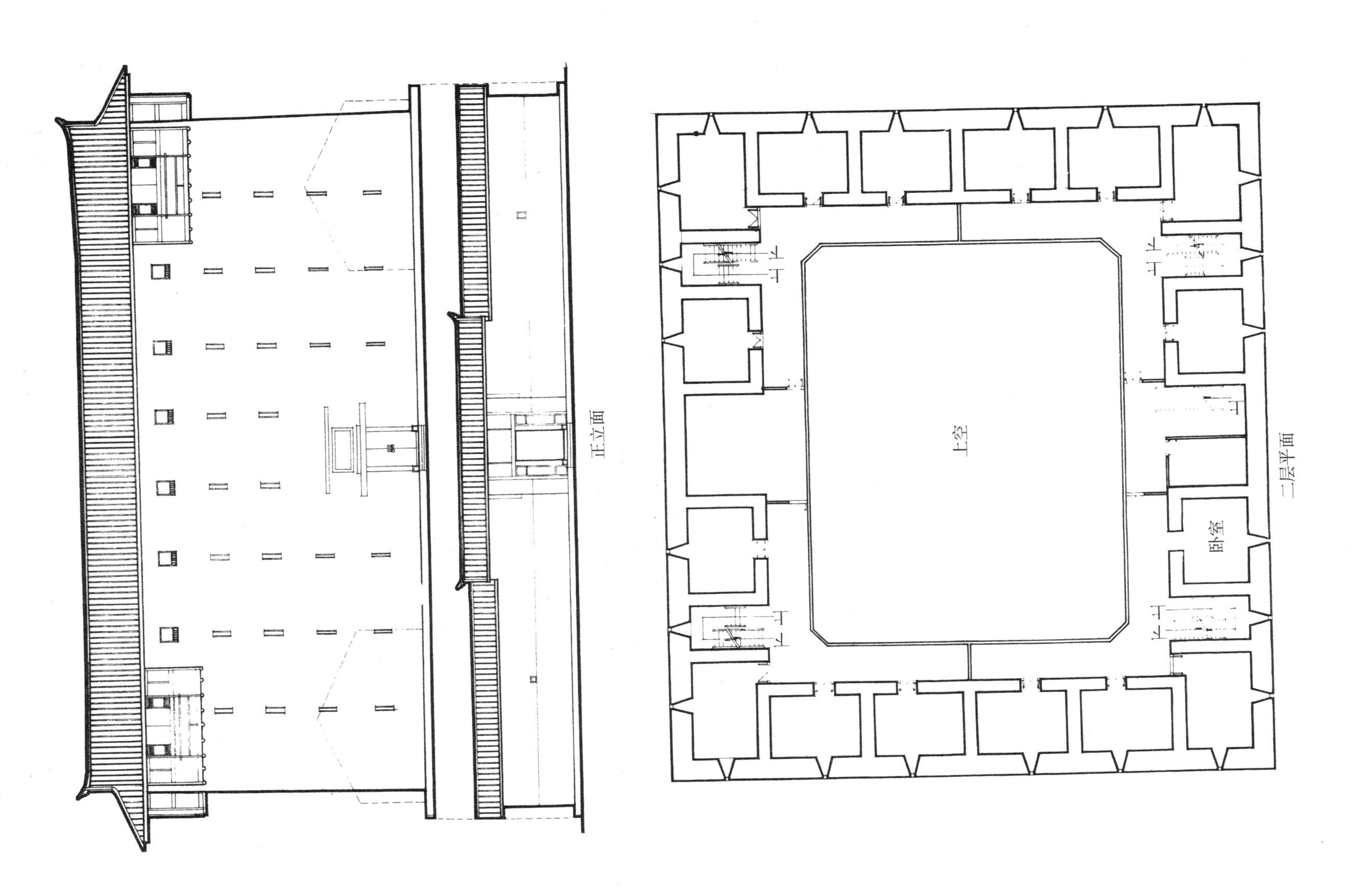

福建龙岩适中土楼测绘　庆云楼

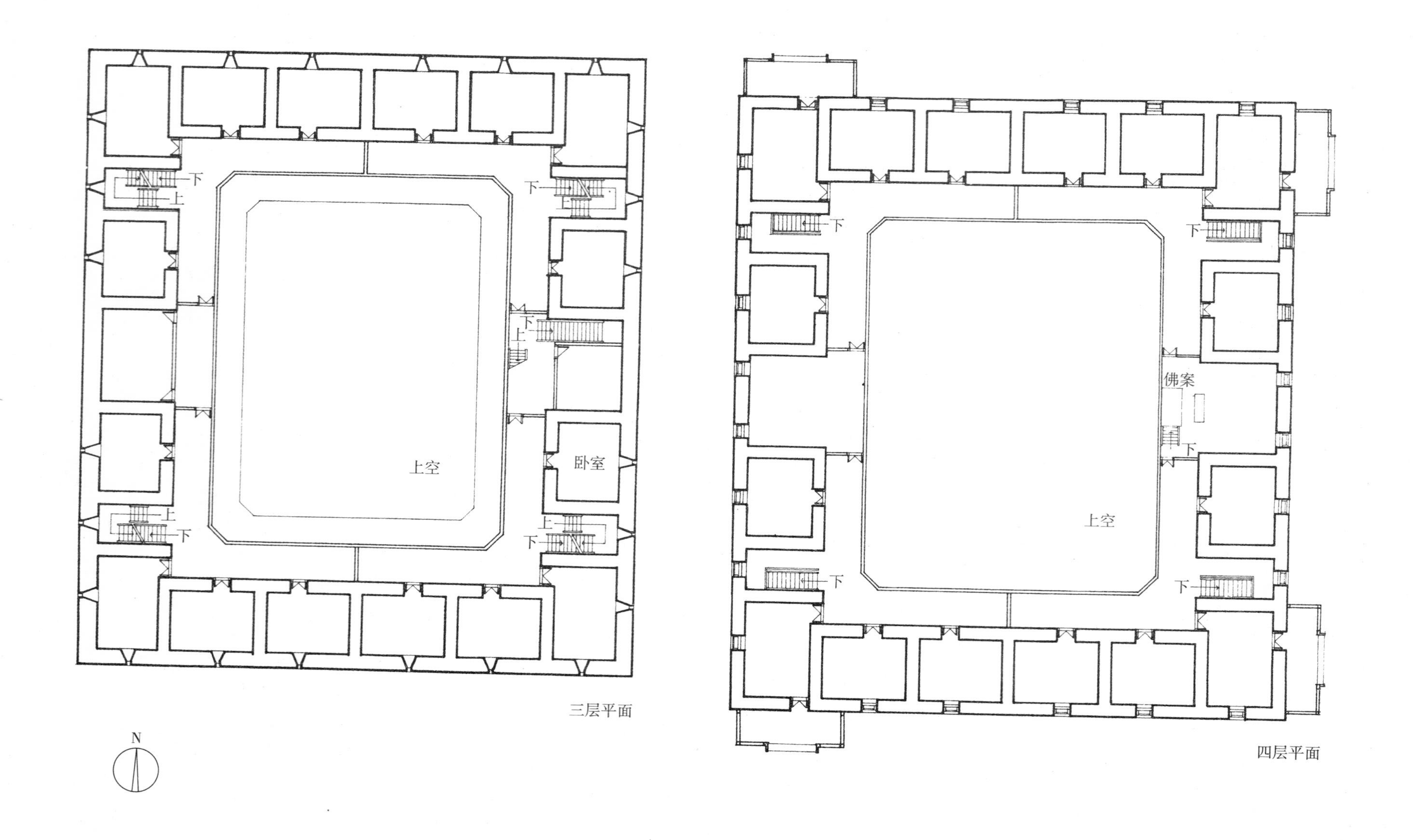

三层平面

四层平面

福建龙岩适中土楼测绘　庆云楼

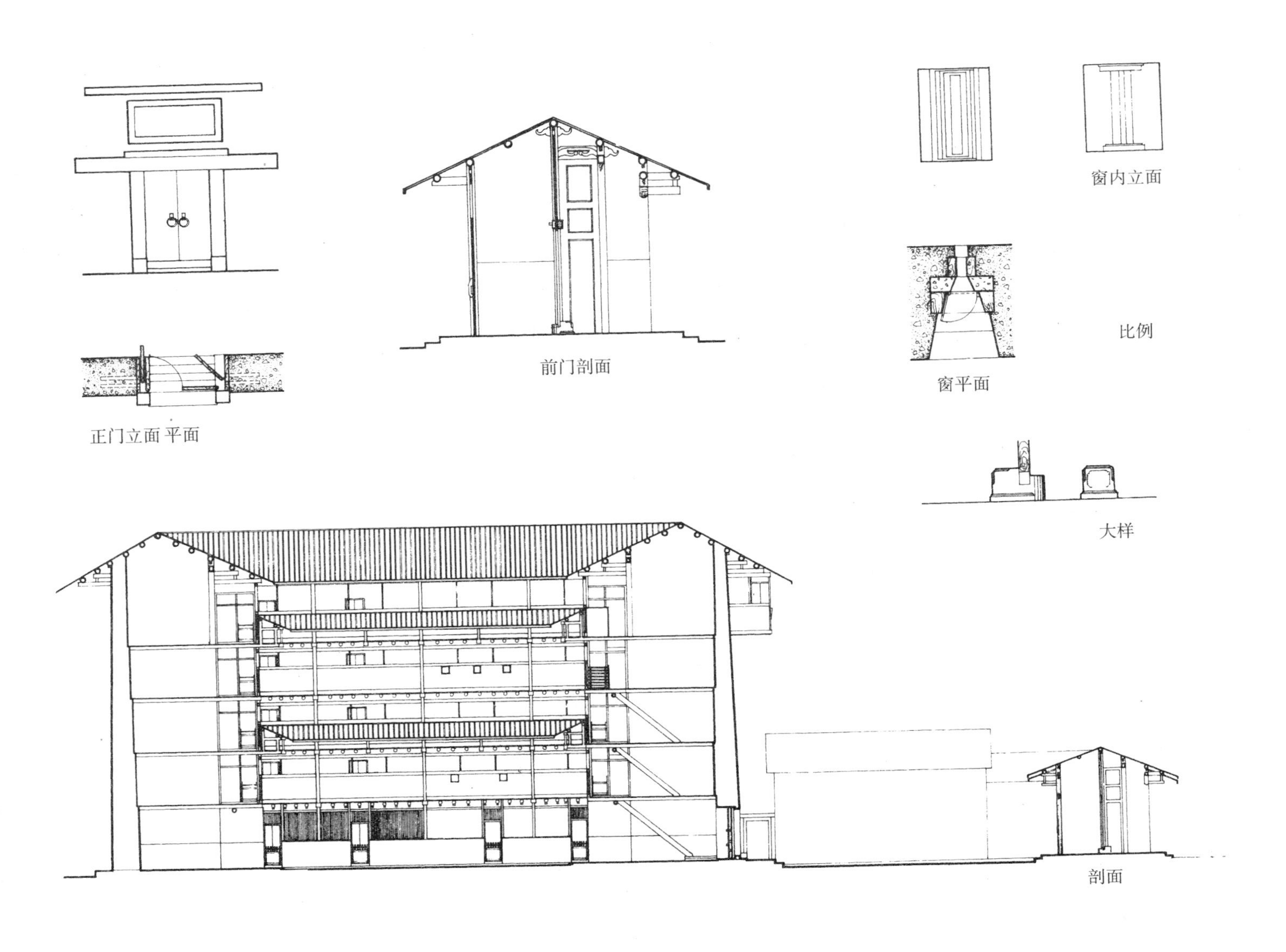

福建龙岩适中土楼测绘　庆云楼

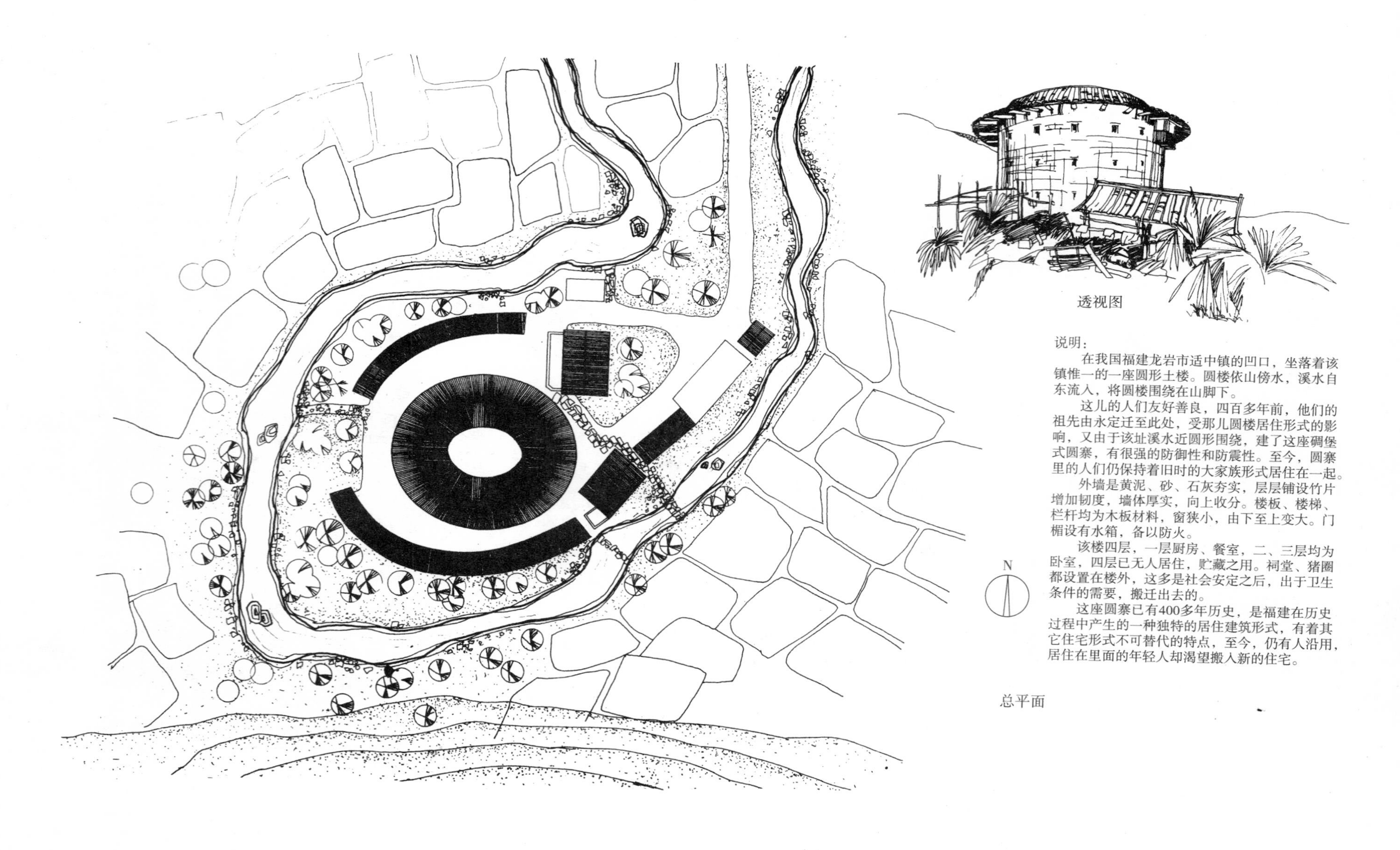

透视图

总平面

说明：

在我国福建龙岩市适中镇的凹口，坐落着该镇惟一的一座圆形土楼。圆楼依山傍水，溪水自东流入，将圆楼围绕在山脚下。

这儿的人们友好善良，四百多年前，他们的祖先由永定迁至此处，受那儿圆楼居住形式的影响，又由于该址溪水近圆形围绕，建了这座碉堡式圆寨，有很强的防御性和防震性。至今，圆寨里的人们仍保持着旧时的大家族形式居住在一起。

外墙是黄泥、砂、石灰夯实，层层铺设竹片增加韧度，墙体厚实，向上收分。楼板、楼梯、栏杆均为木板材料，窗狭小，由下至上变大。门楣设有水箱，备以防火。

该楼四层，一层厨房、餐室，二、三层均为卧室，四层已无人居住，贮藏之用。祠堂、猪圈都设置在楼外，这多是社会安定之后，出于卫生条件的需要，搬迁出去的。

这座圆寨已有400多年历史，是福建在历史过程中产生的一种独特的居住建筑形式，有着其它住宅形式不可替代的特点，至今，仍有人沿用，居住在里面的年轻人却渴望搬入新的住宅。

福建龙岩适中土楼测绘　天成寨

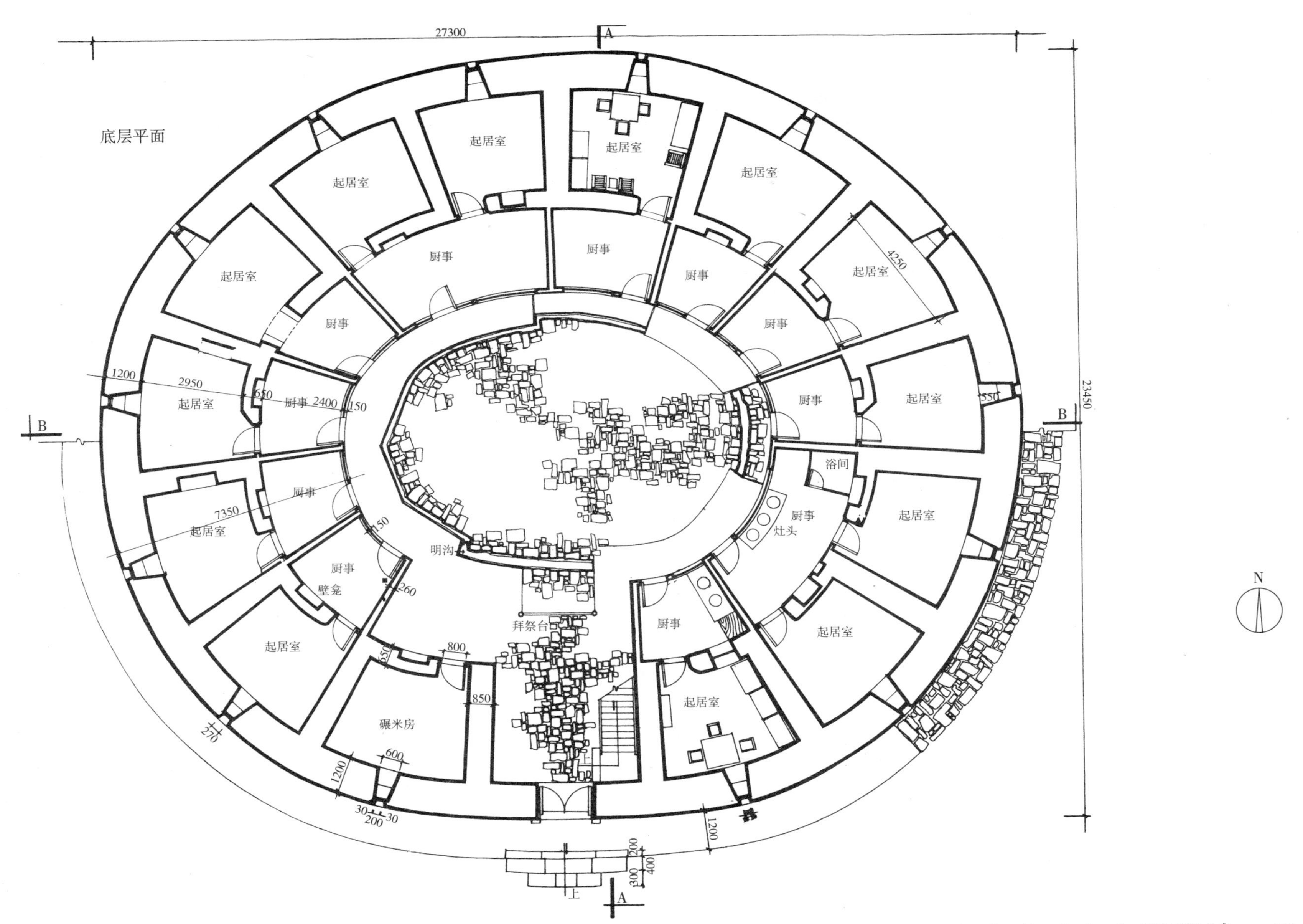

福建龙岩适中土楼测绘　天成寨

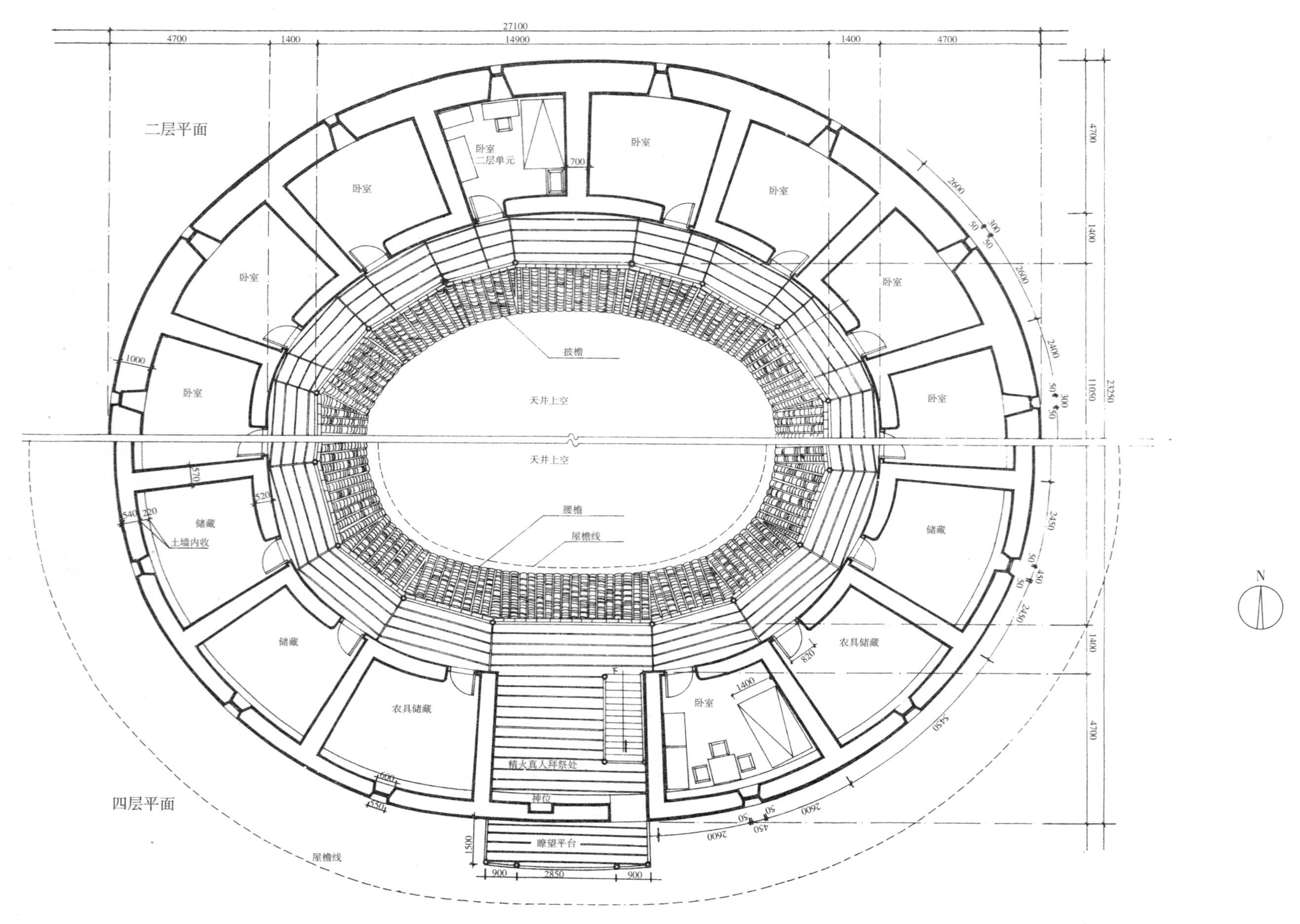

福建龙岩适中土楼测绘　天成寨

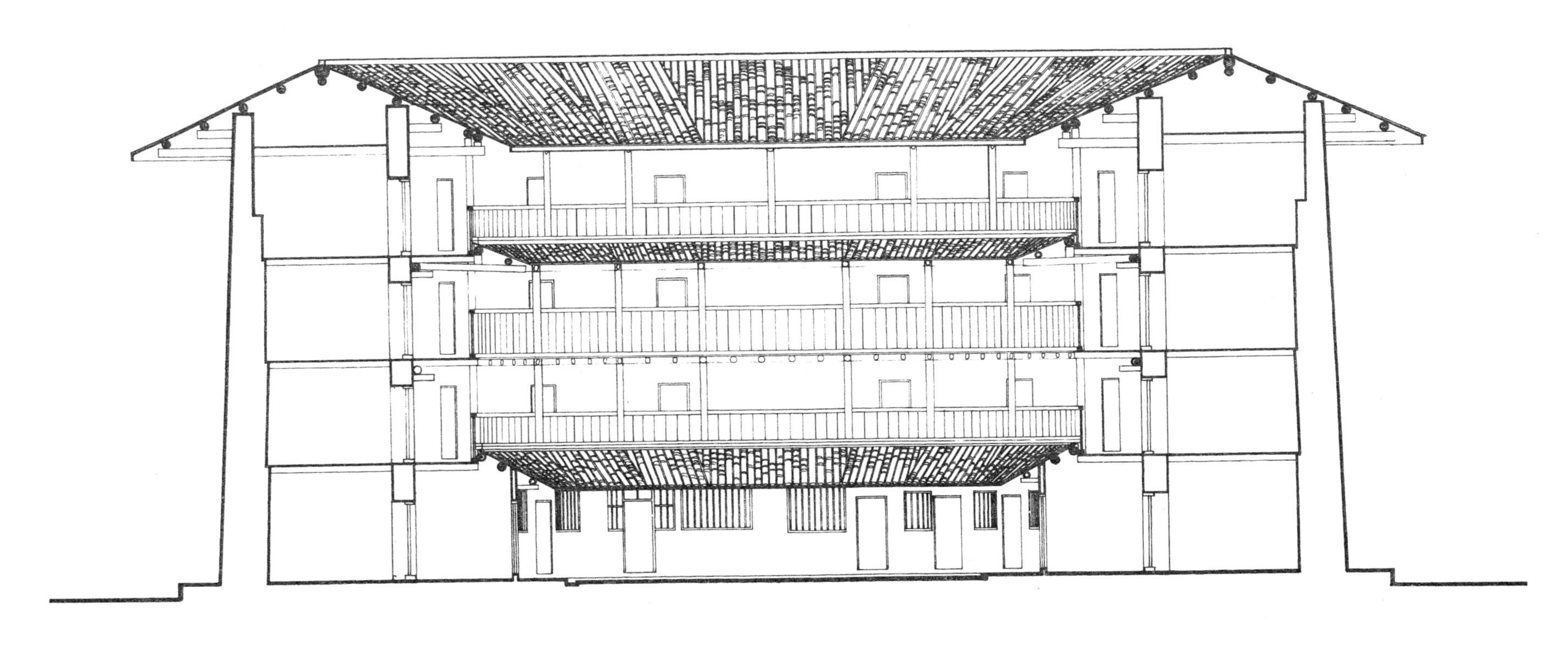

剖面

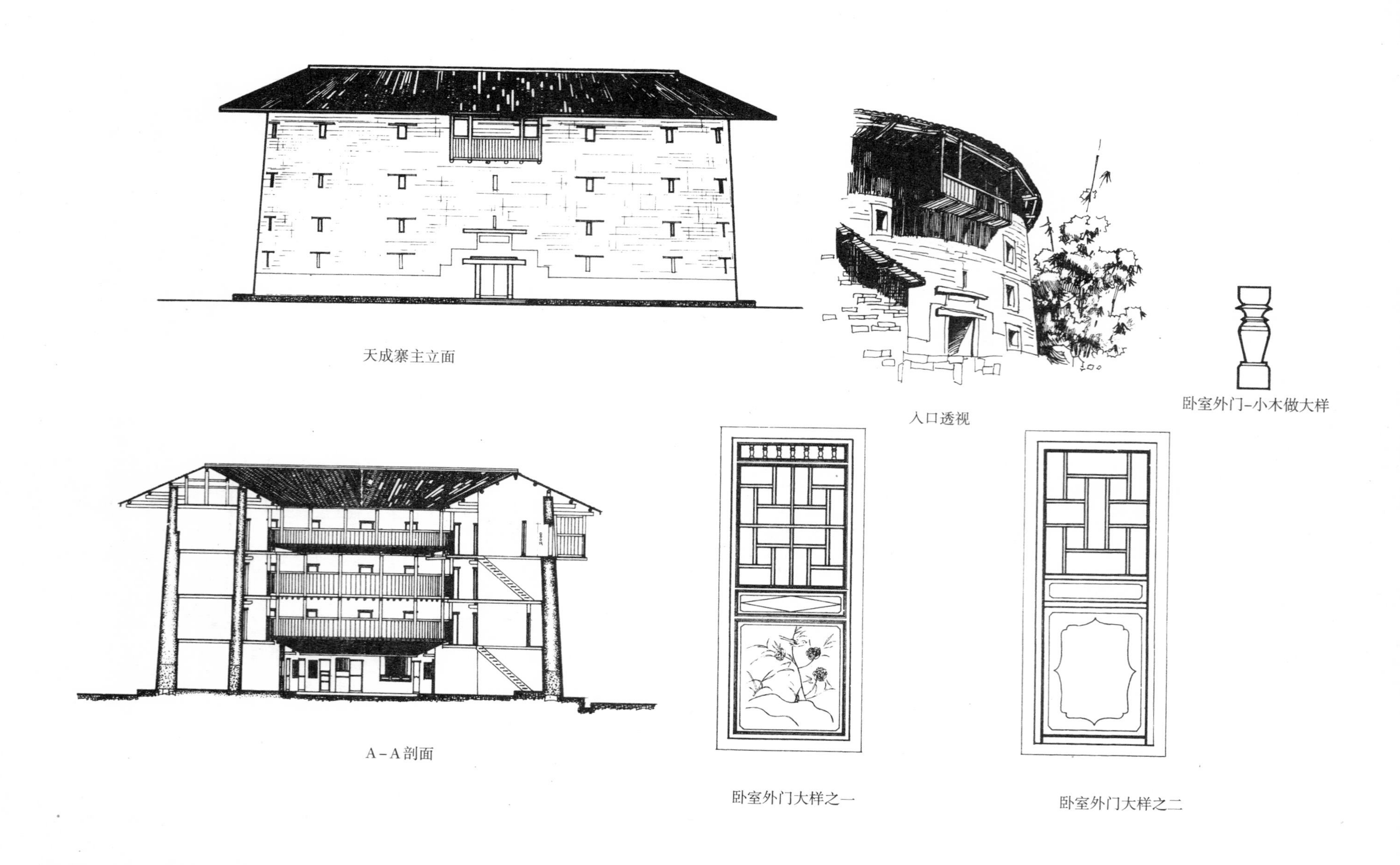

天成寨主立面

入口透视

卧室外门-小木做大样

A-A剖面

卧室外门大样之一

卧室外门大样之二

福建龙岩适中土楼测绘　天成寨

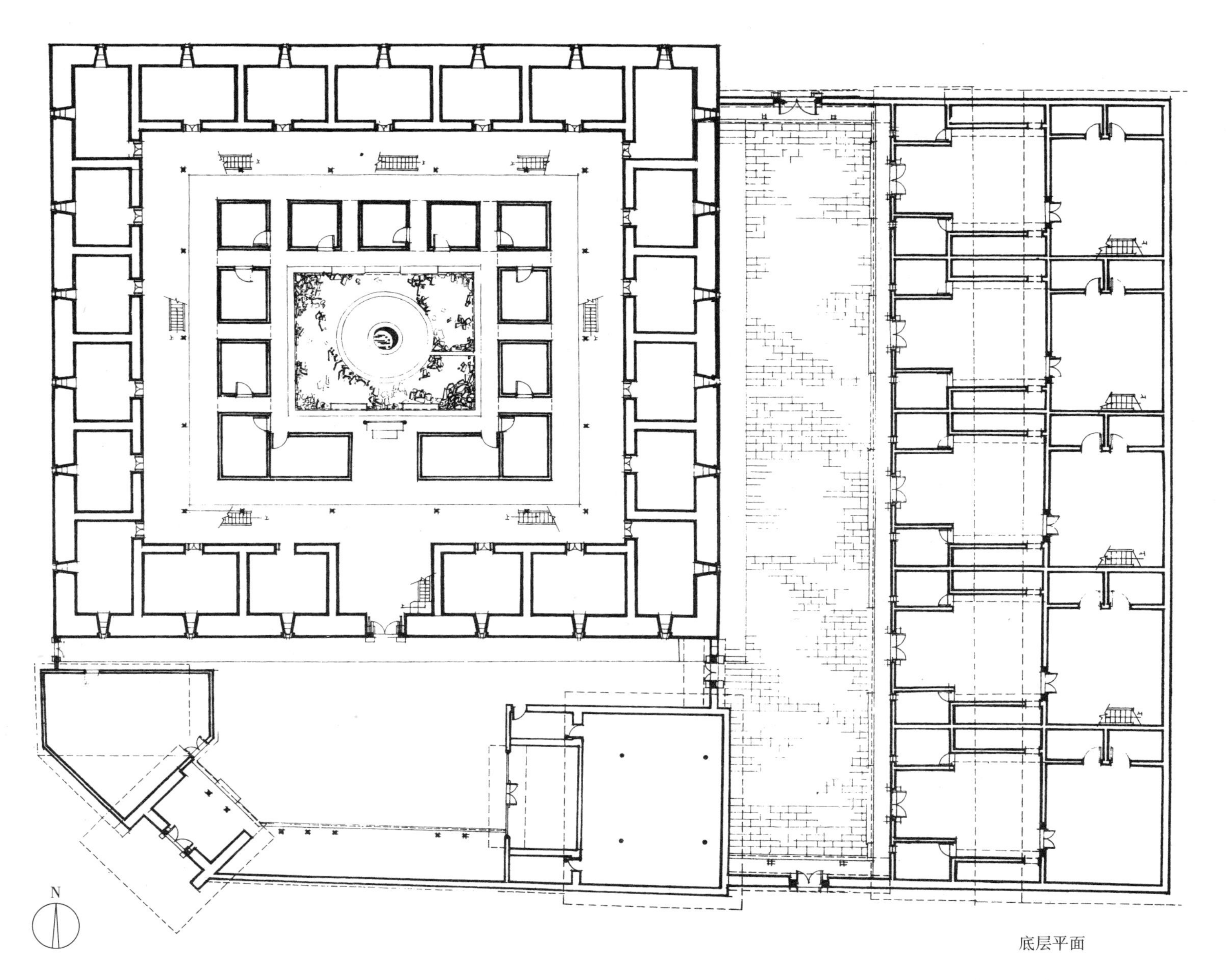

底层平面

福建龙岩适中土楼测绘　东裕楼

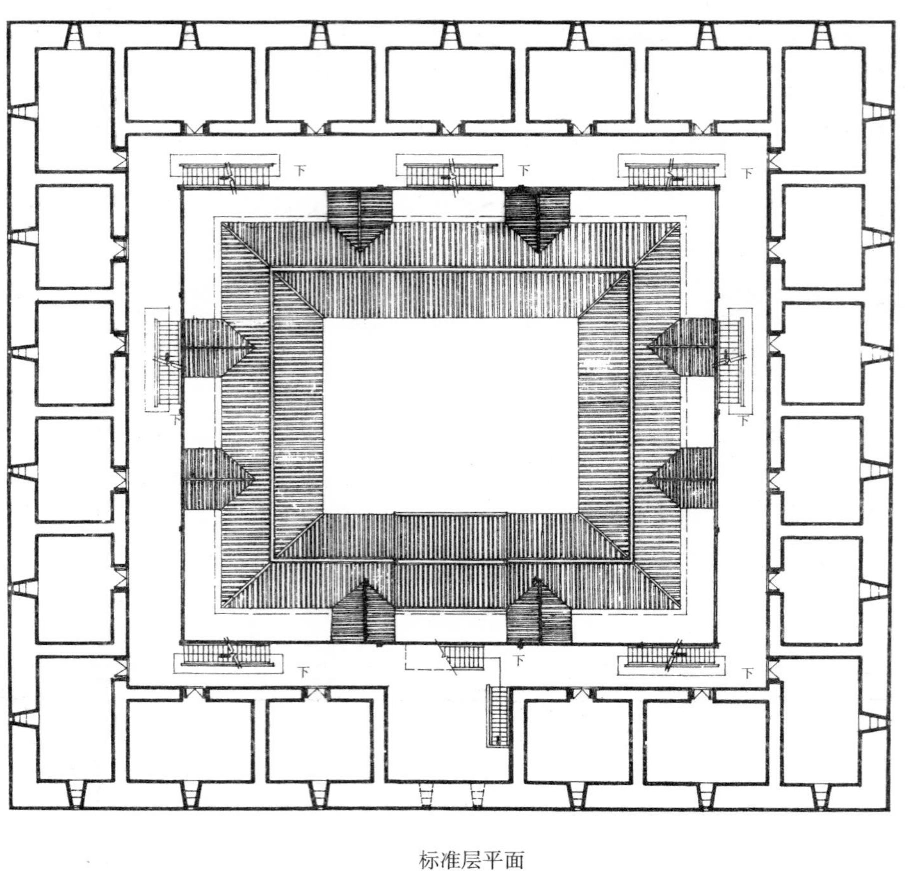

标准层平面

福建龙岩适中土楼测绘　东裕楼

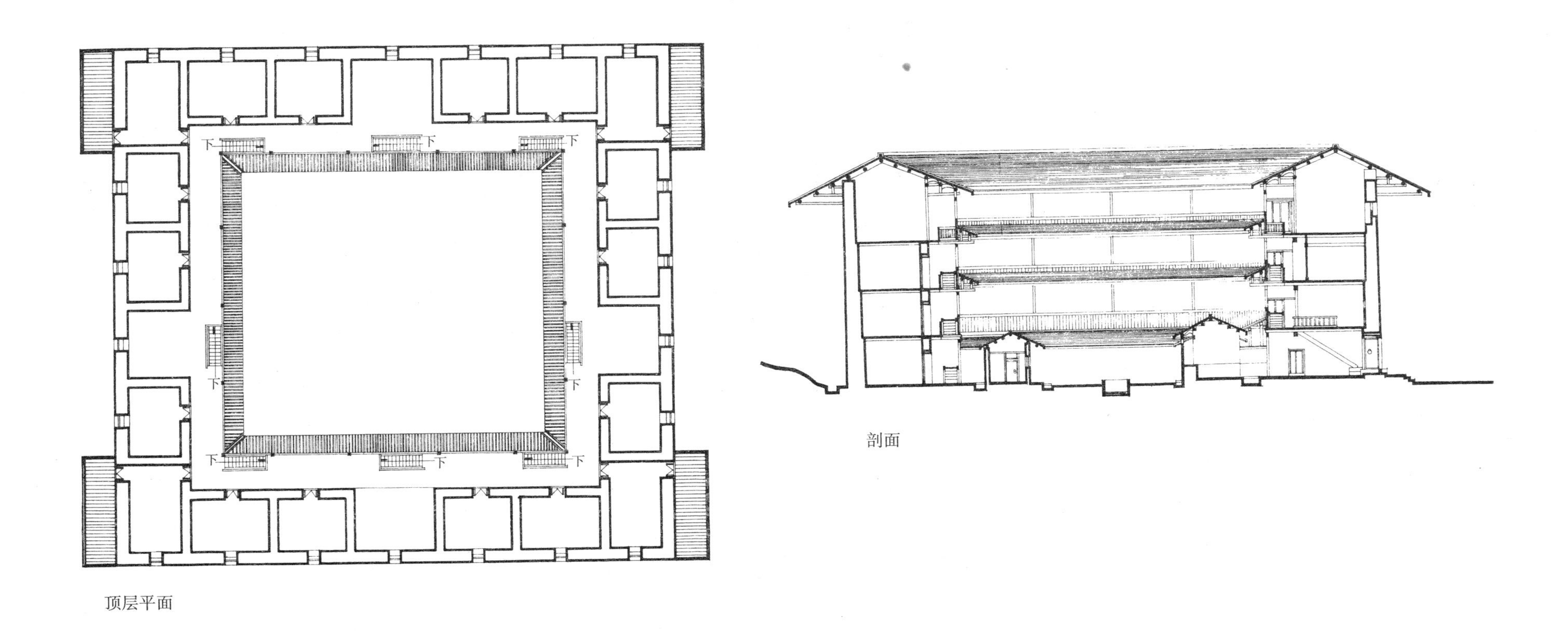

顶层平面

剖面

福建龙岩适中土楼测绘　东裕楼

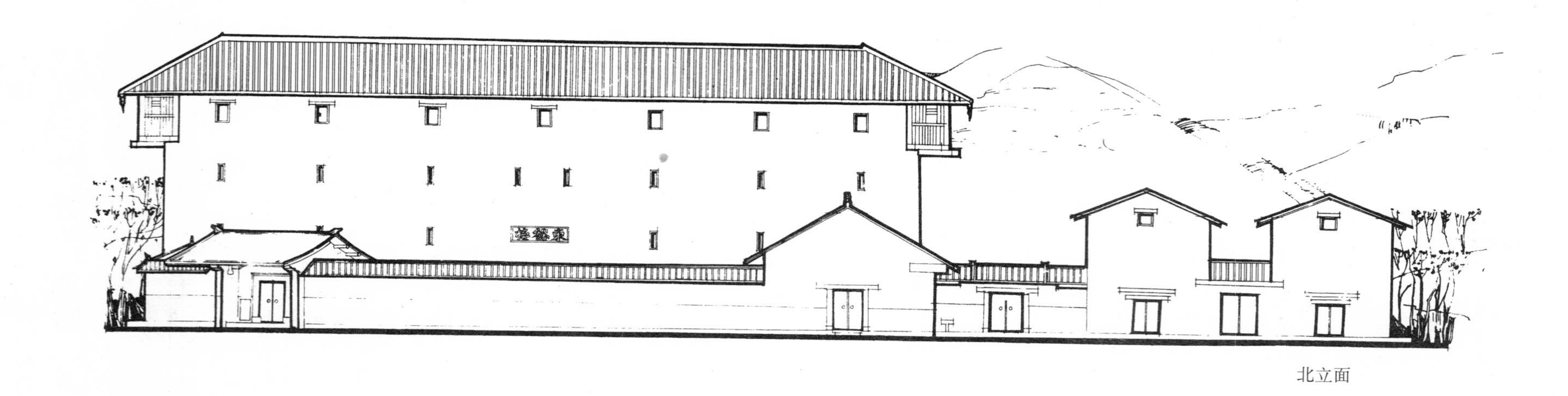

北立面

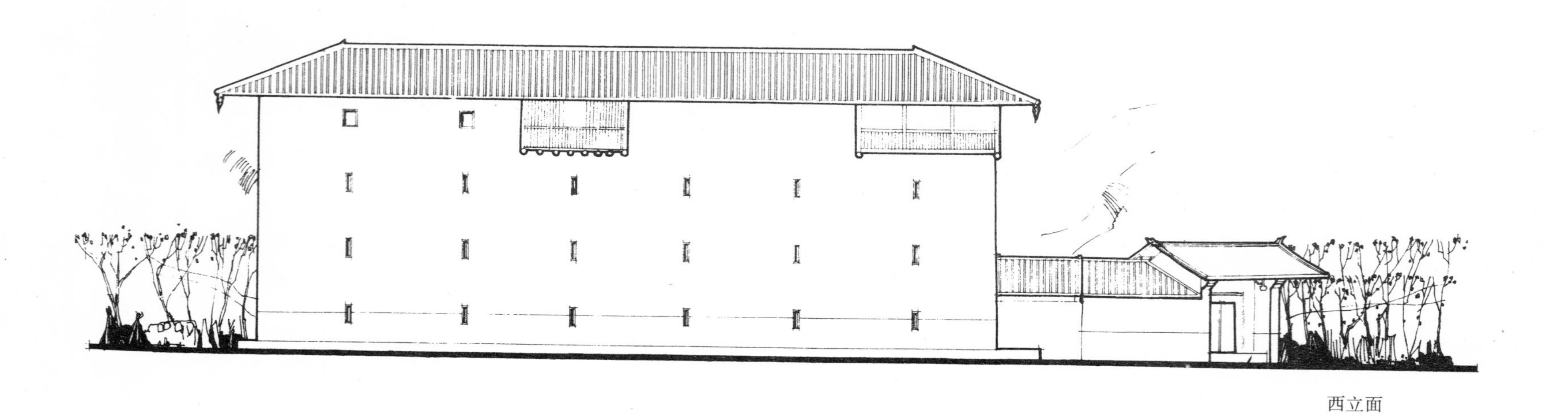

西立面

福建龙岩适中土楼测绘　东裕楼

透视图

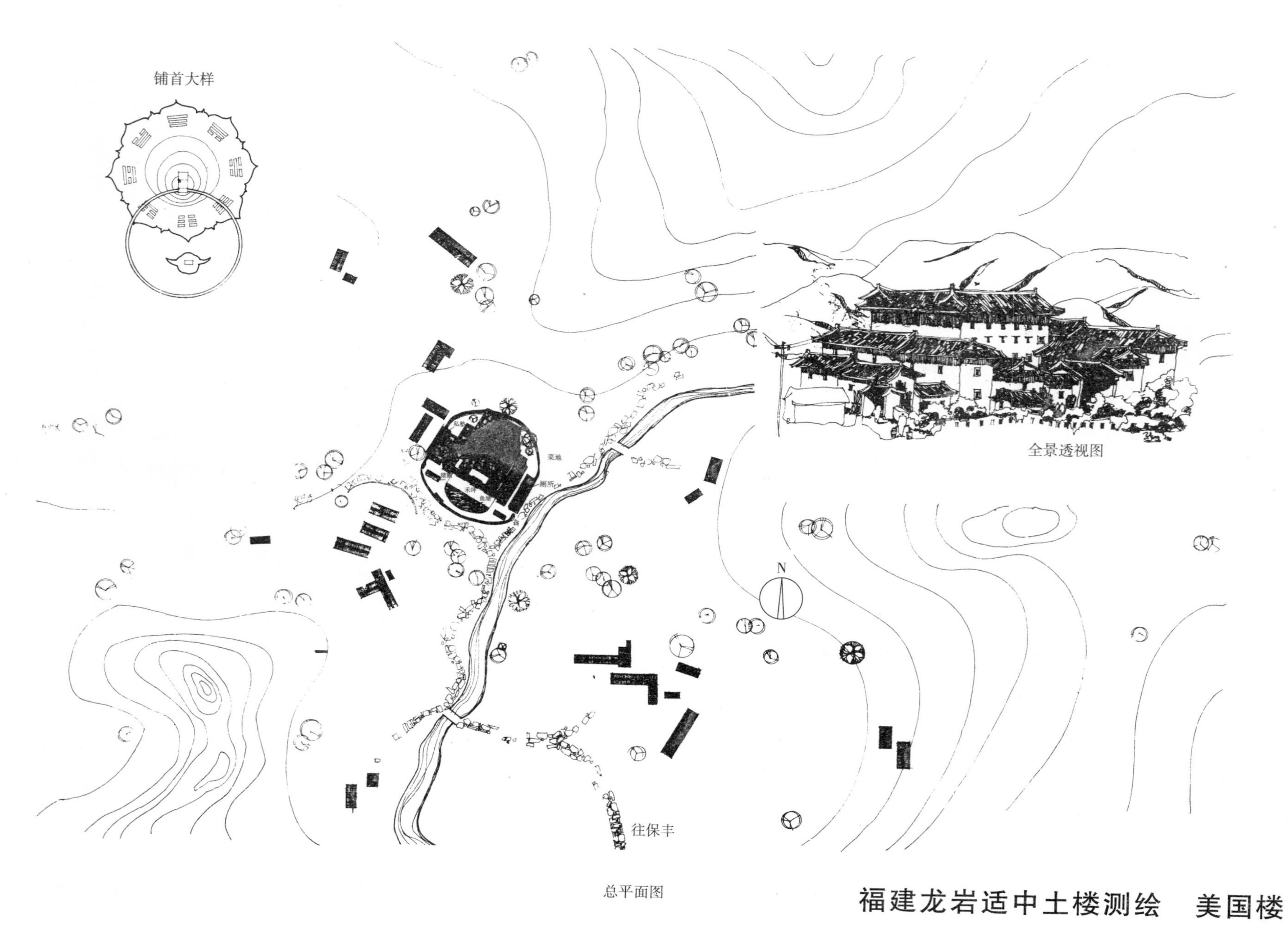

铺首大样

全景透视图

总平面图

福建龙岩适中土楼测绘　美国楼

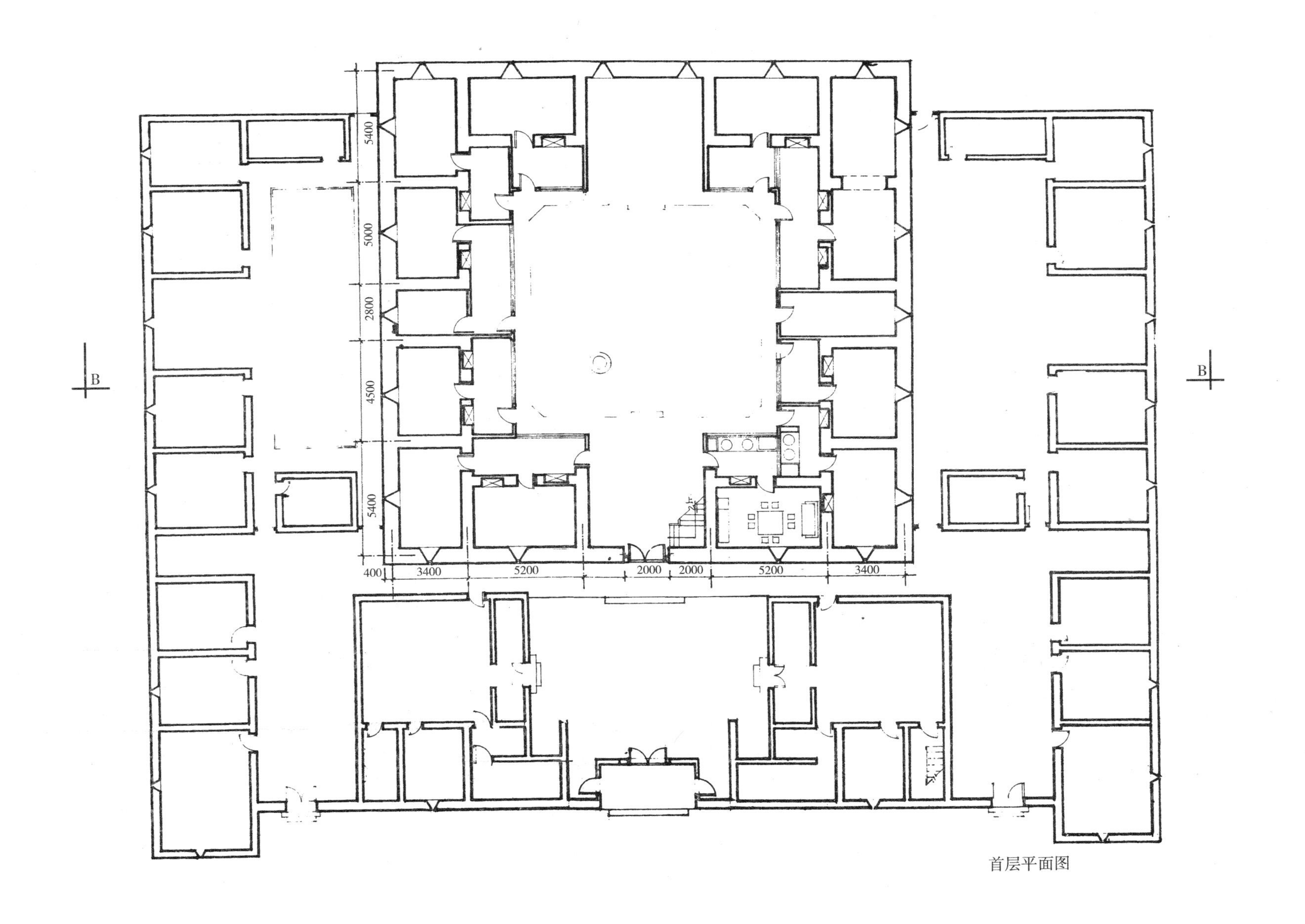
5400
5000
2800
4500
5400
400
3400
5200
2000
2000
5200
3400
B
B

首层平面图

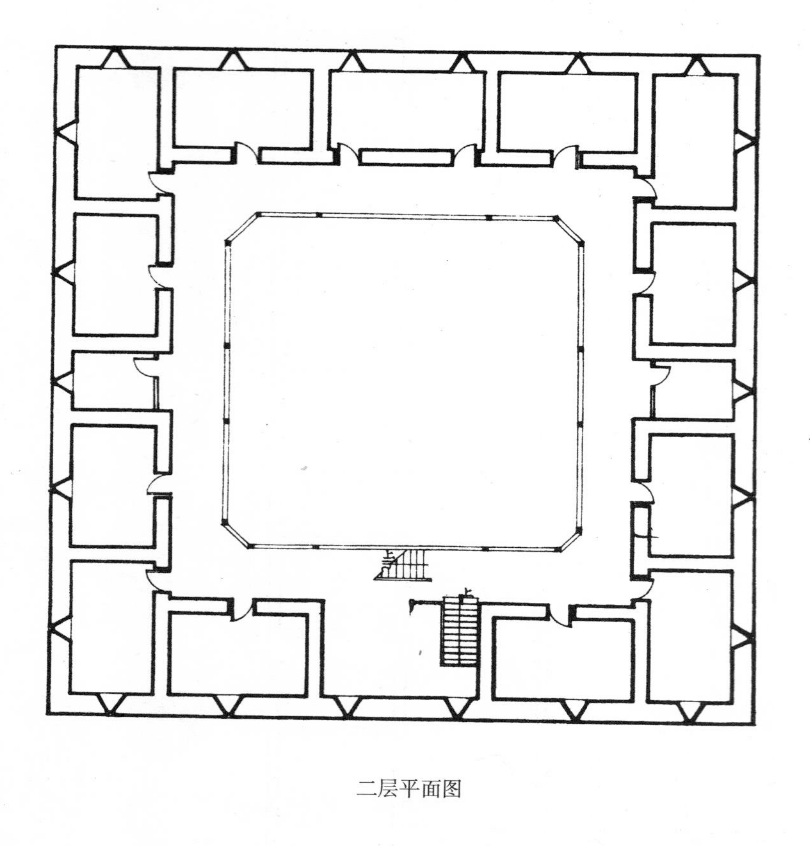

二层平面图

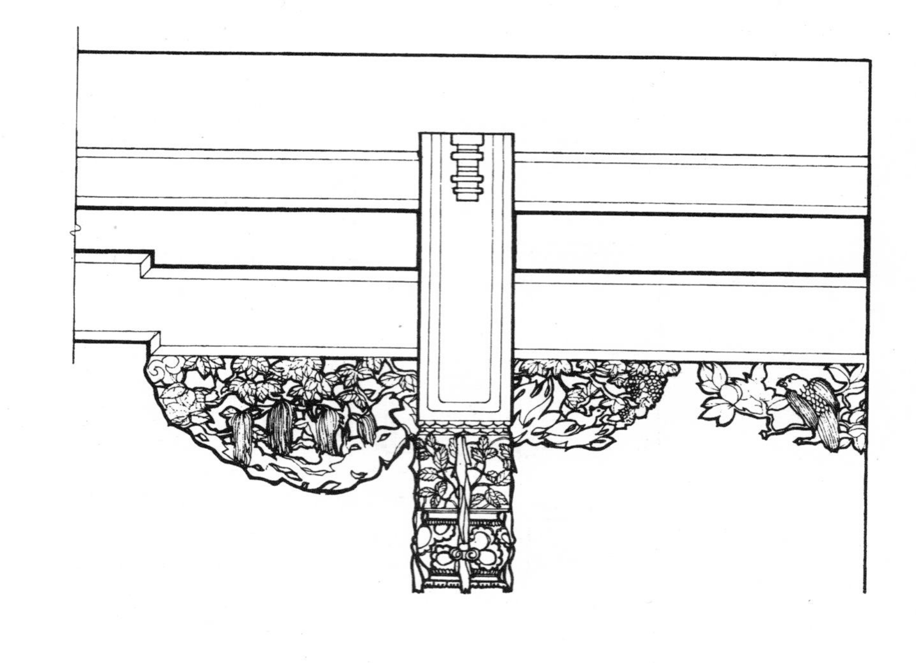

雀替大样

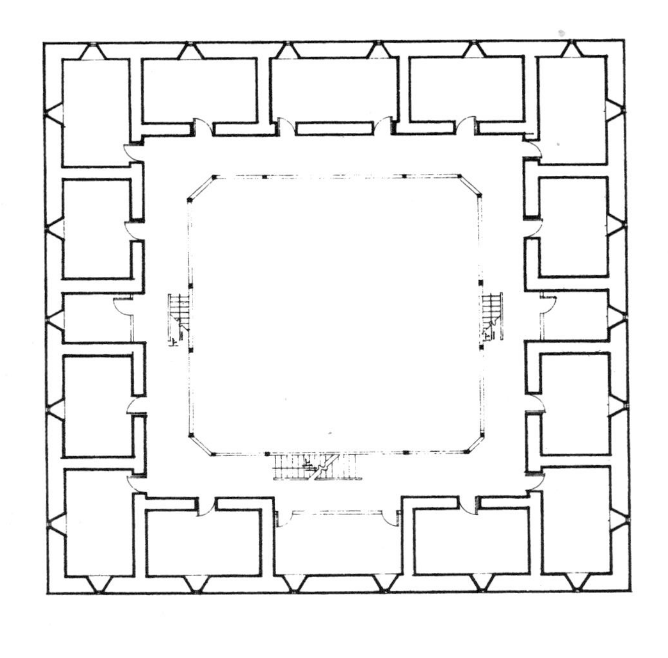

三层平面图

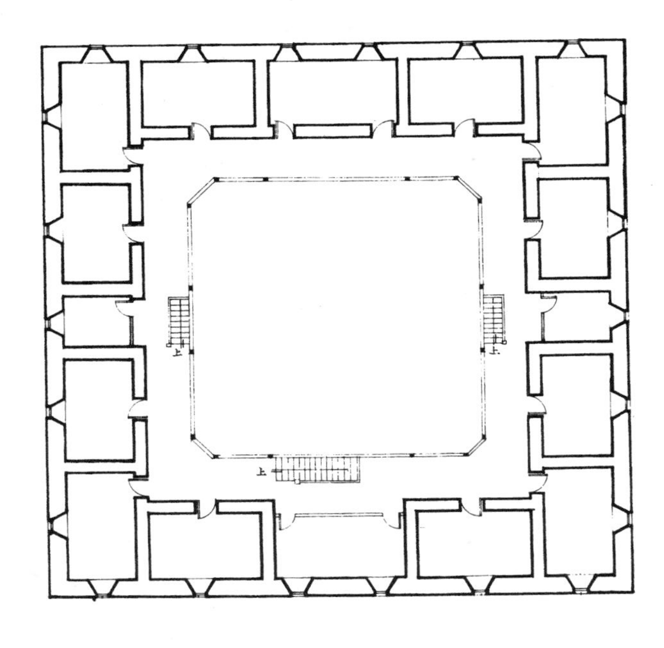

四层平面图

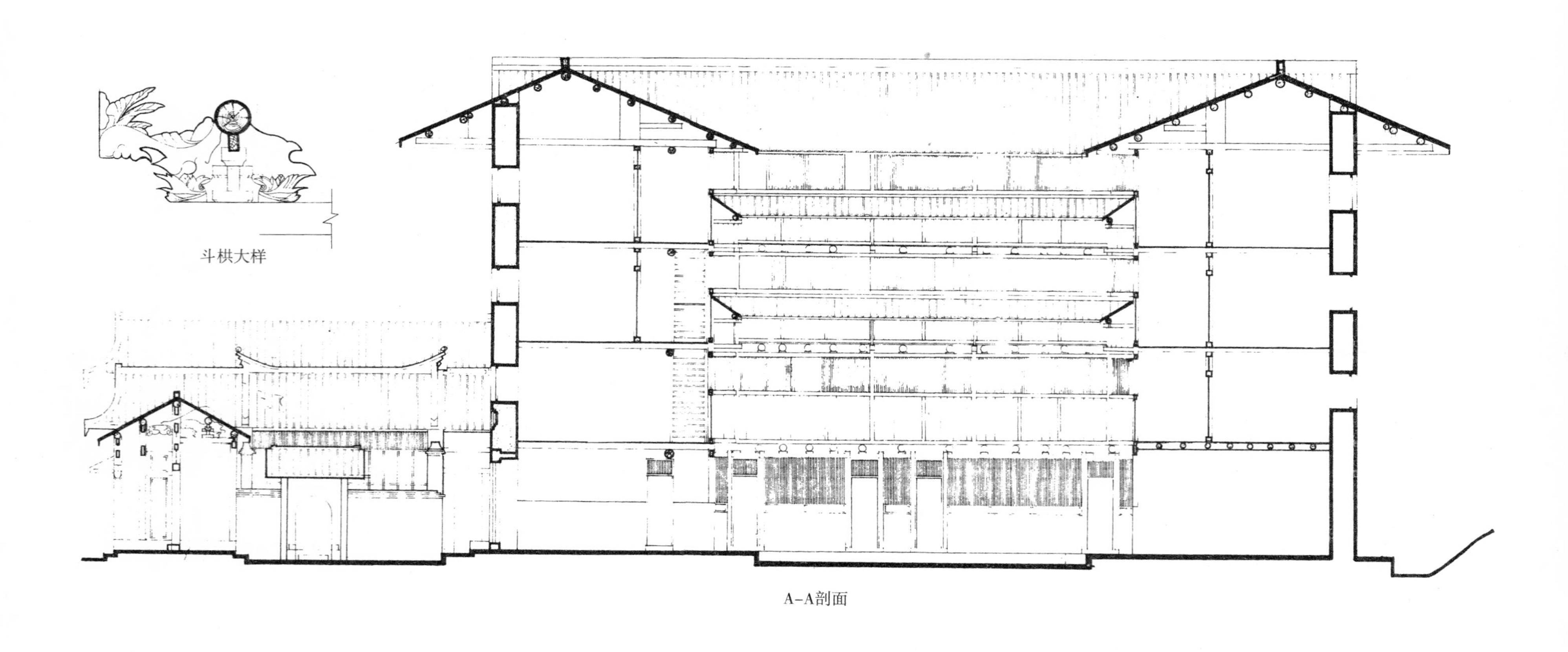

A–A剖面

福建龙岩适中土楼测绘　美国楼

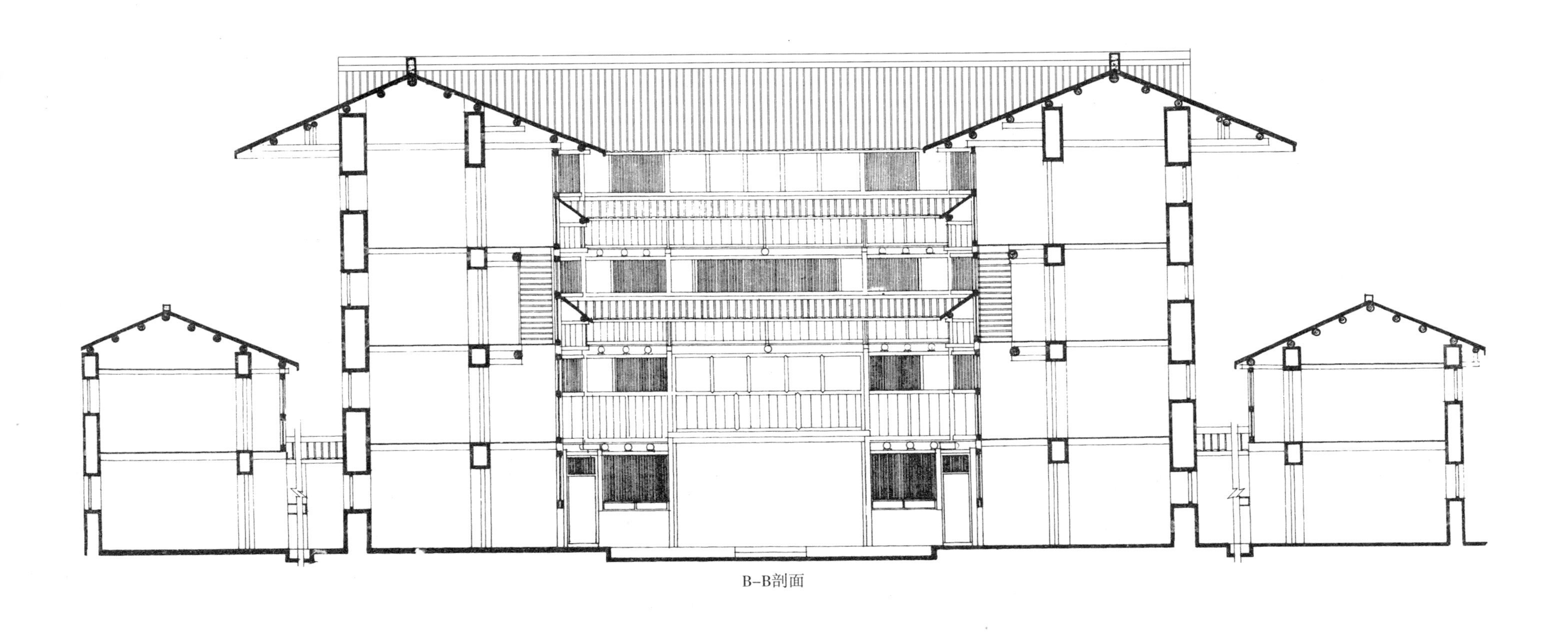

B–B剖面

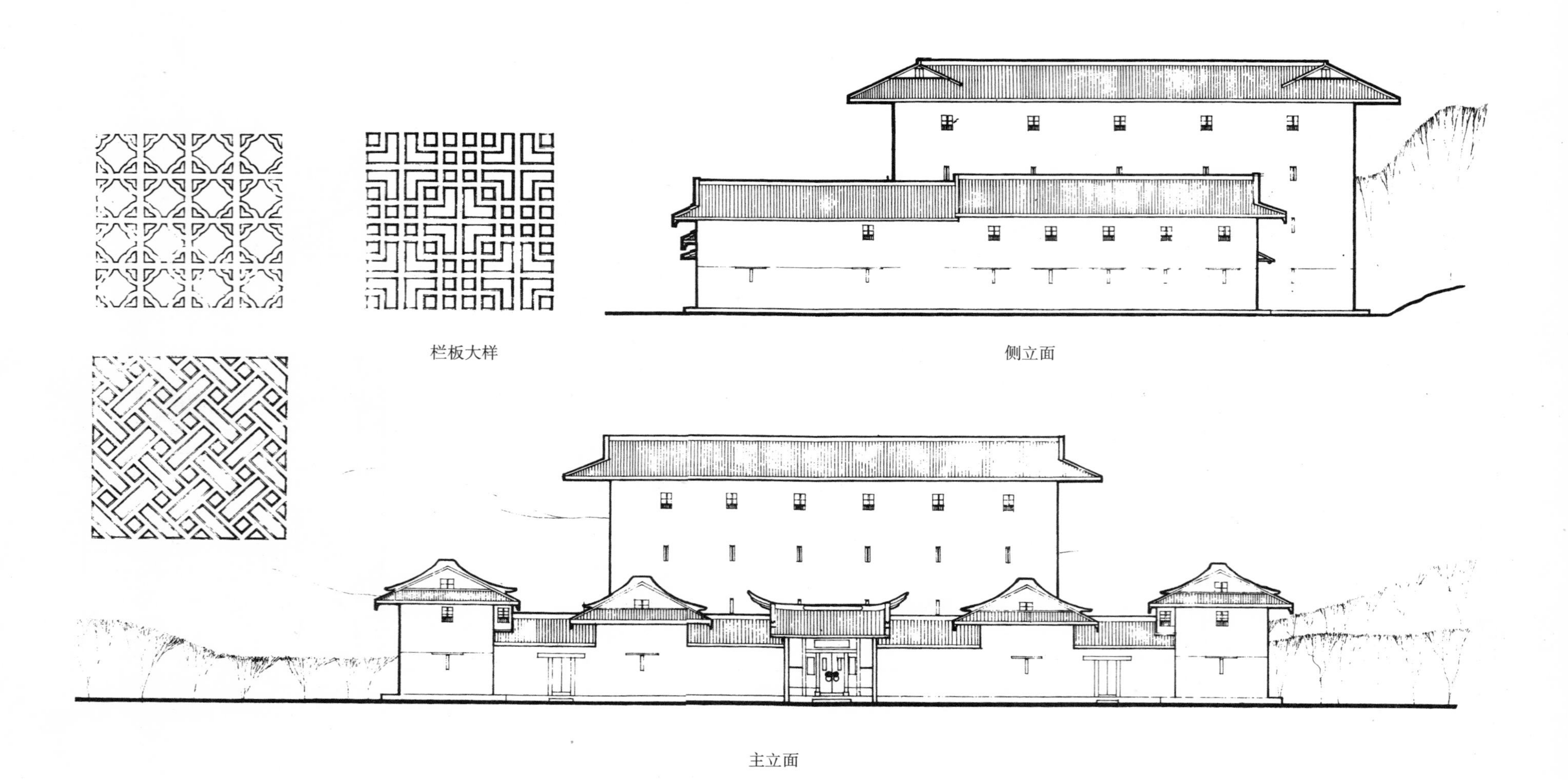

福建龙岩适中土楼测绘　美国楼

东华楼说明：

位于龙岩适中保丰村因其立面又称“棺材楼”。系规模较小的住宅，但极精致，为南洋华侨早年所建。

夯土结构，有木梁加固，内部是朴素的木装修保存完好。

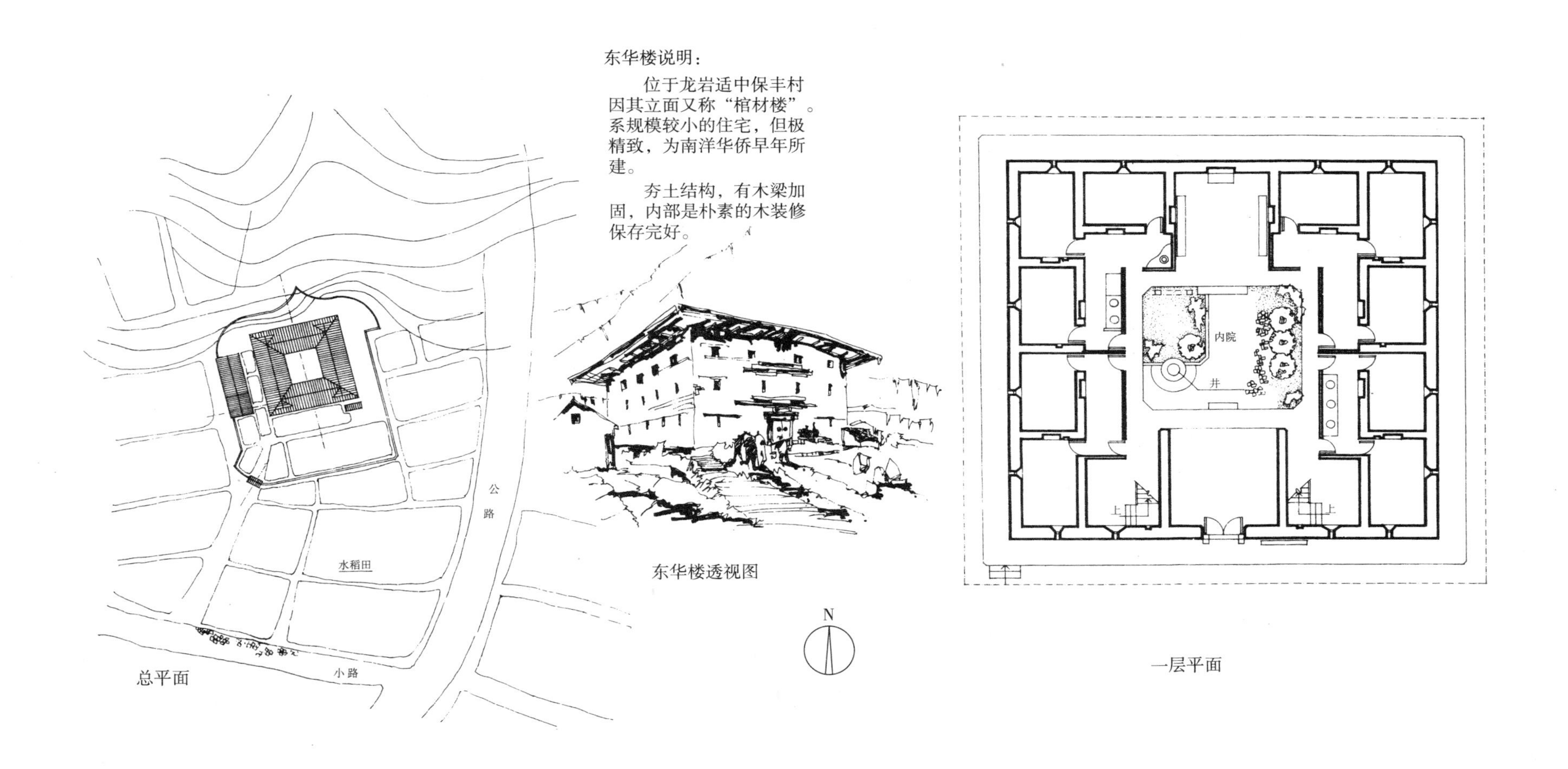

总平面

东华楼透视图

一层平面

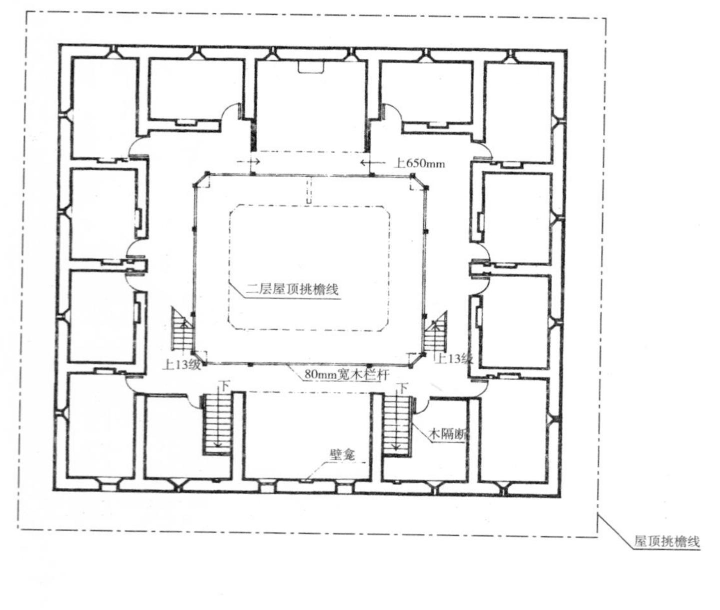

二层平面

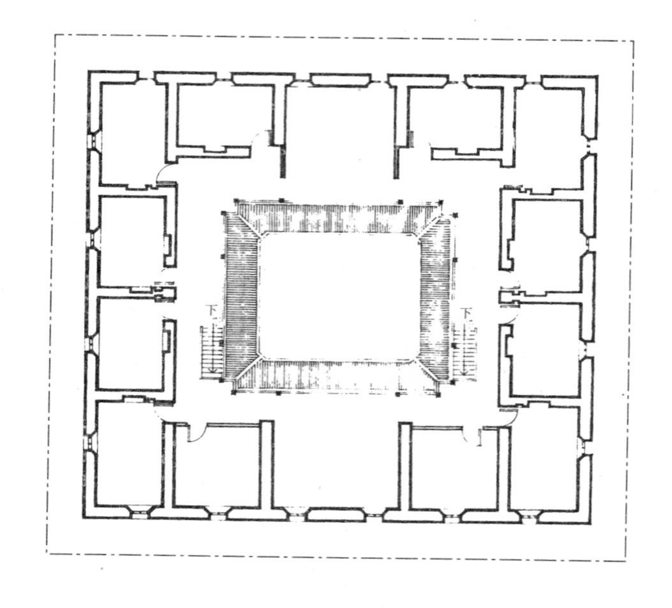

三层平面

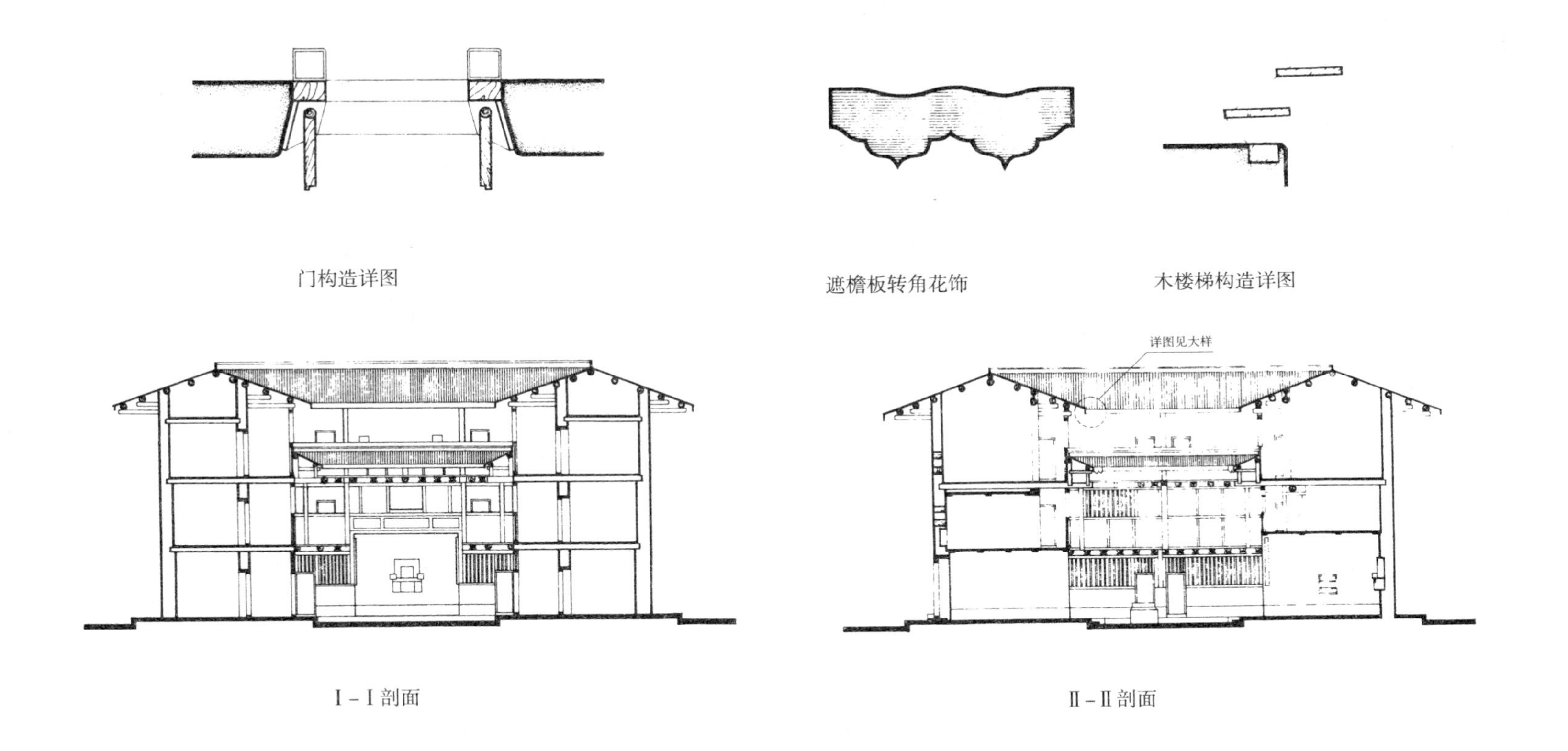

门构造详图

遮檐板转角花饰

木楼梯构造详图

Ⅰ－Ⅰ剖面

Ⅱ－Ⅱ剖面

福建龙岩适中土楼测绘　东华楼

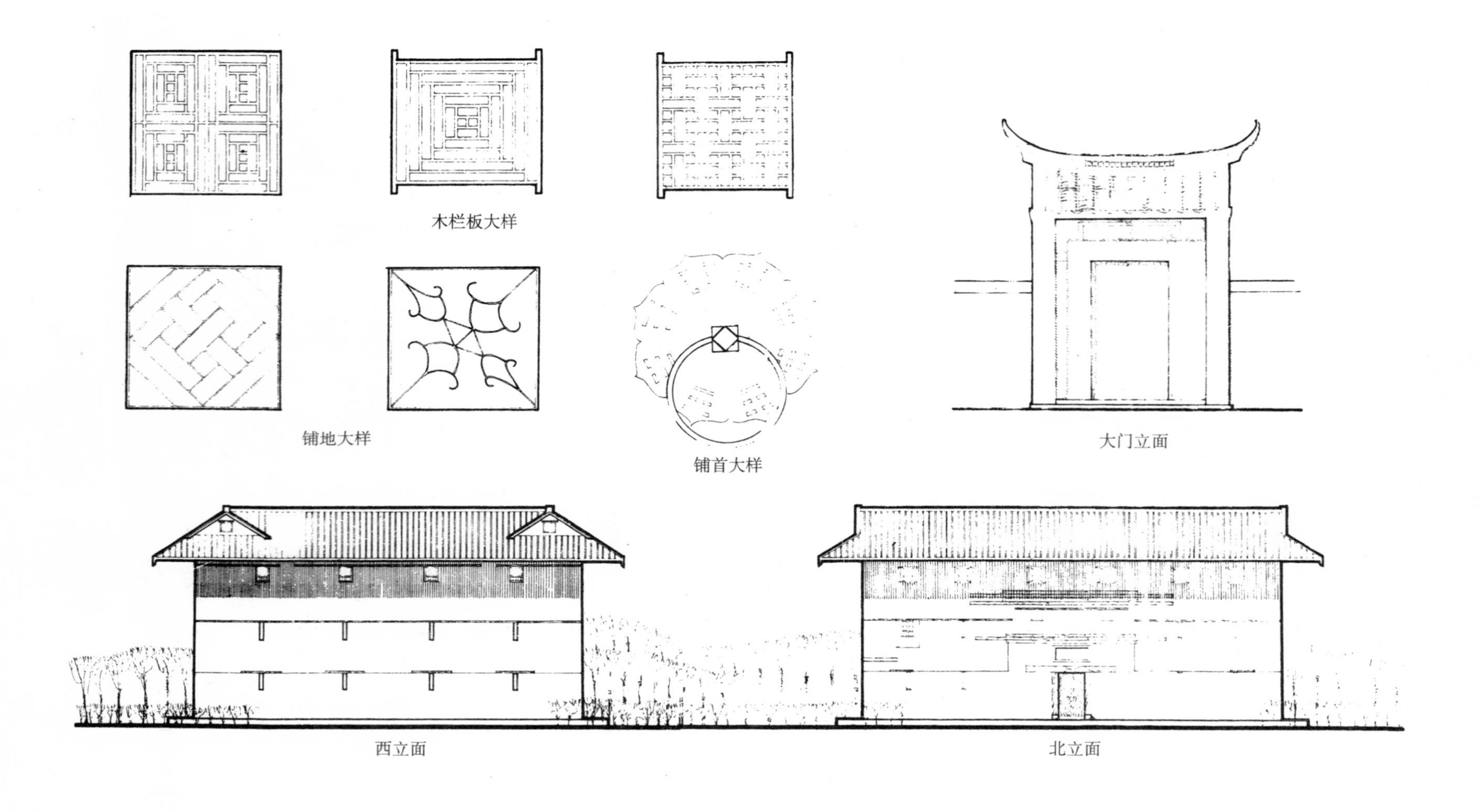

福建龙岩适中土楼测绘　东华楼

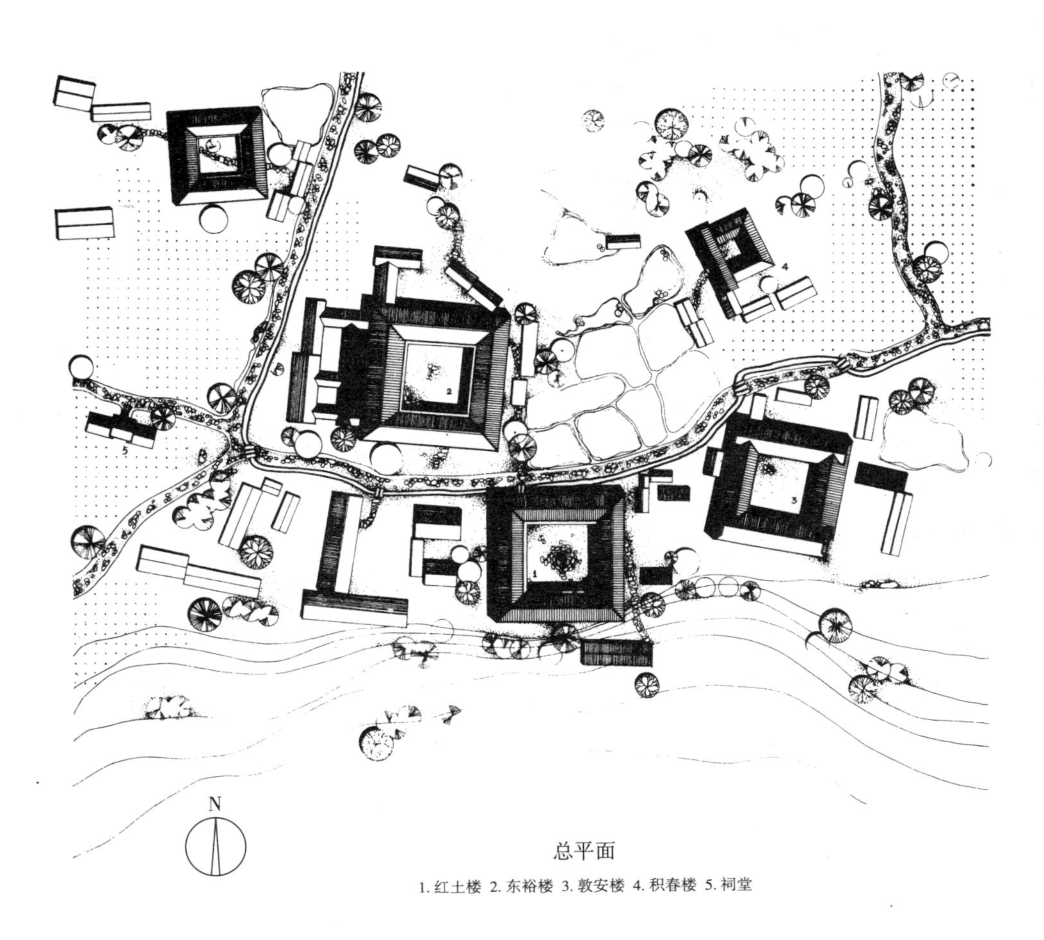

总平面

1. 红土楼 2. 东裕楼 3. 敦安楼 4. 积春楼 5. 祠堂

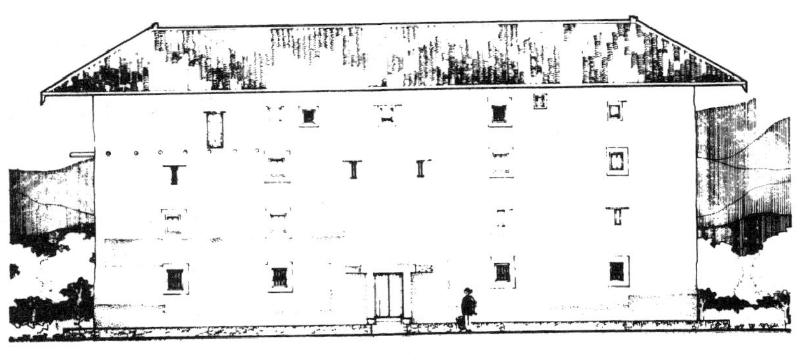

北立面

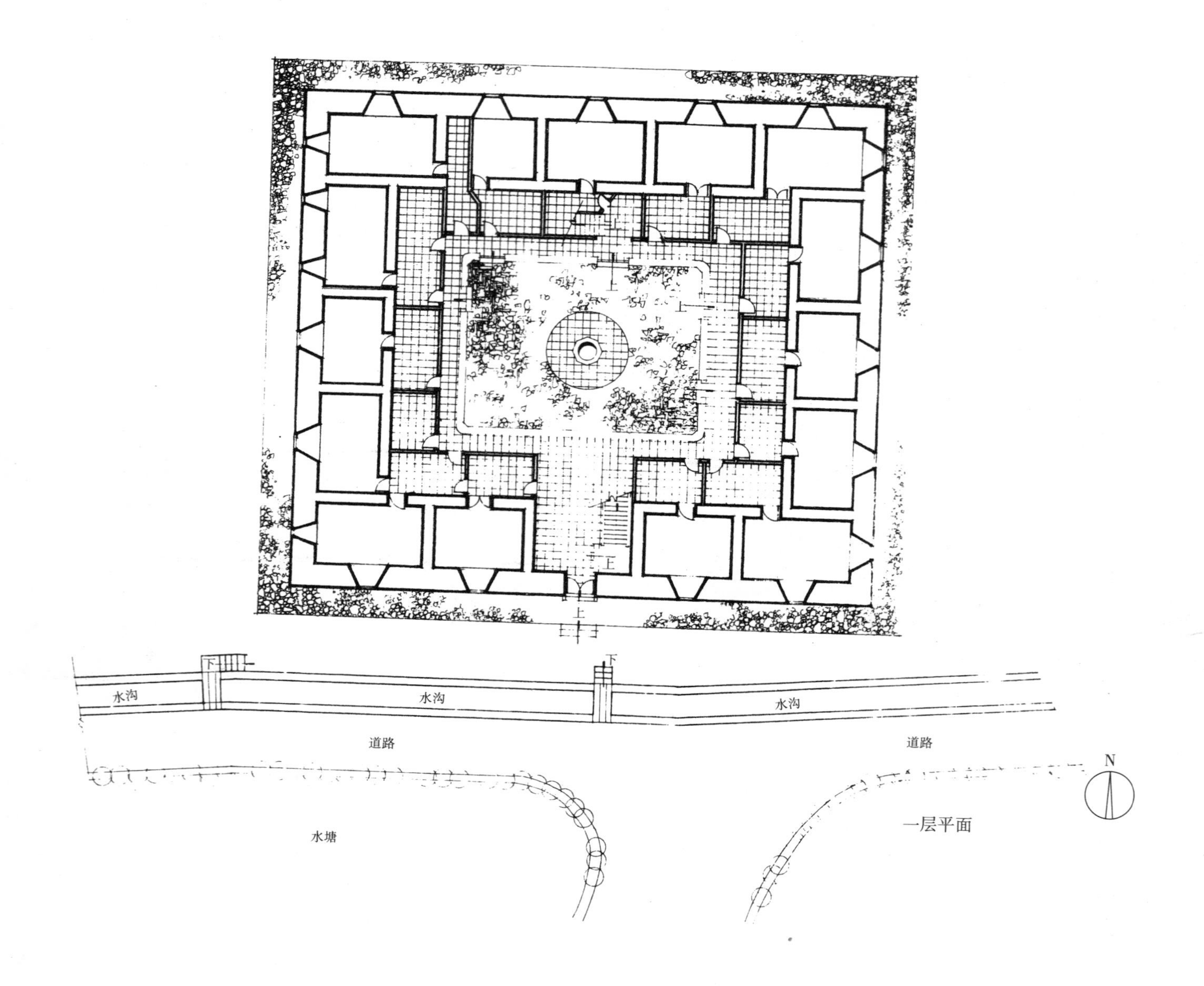

一层平面

福建龙岩适中土楼测绘　红土楼

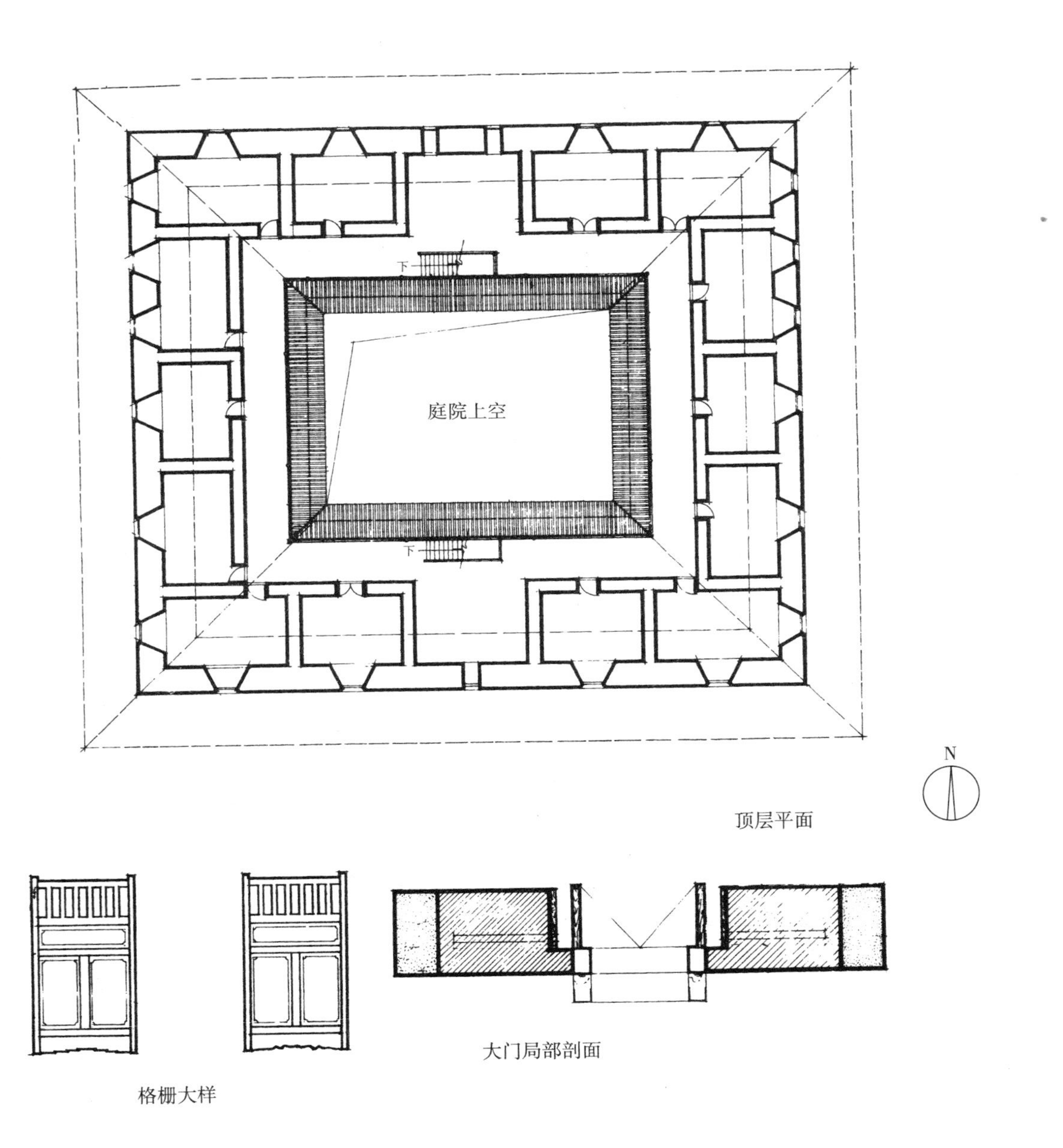

福建龙岩适中土楼测绘　红土楼

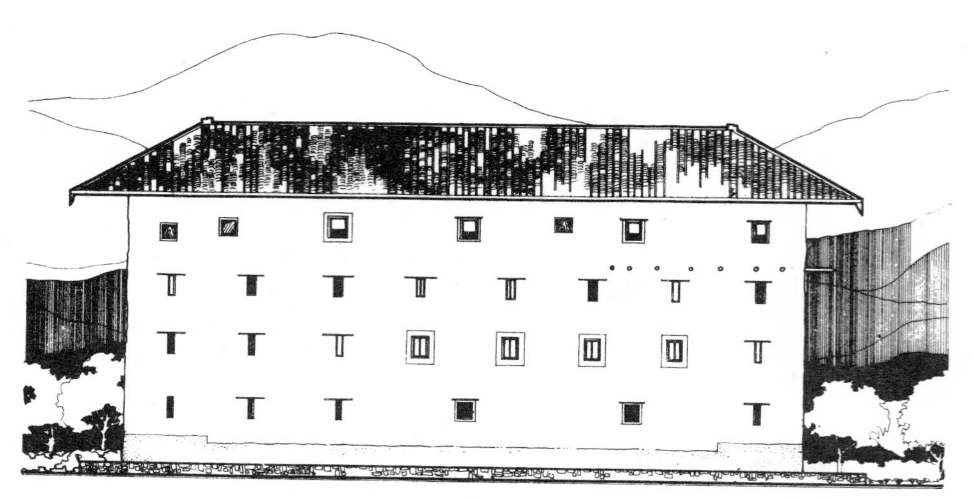

东立面

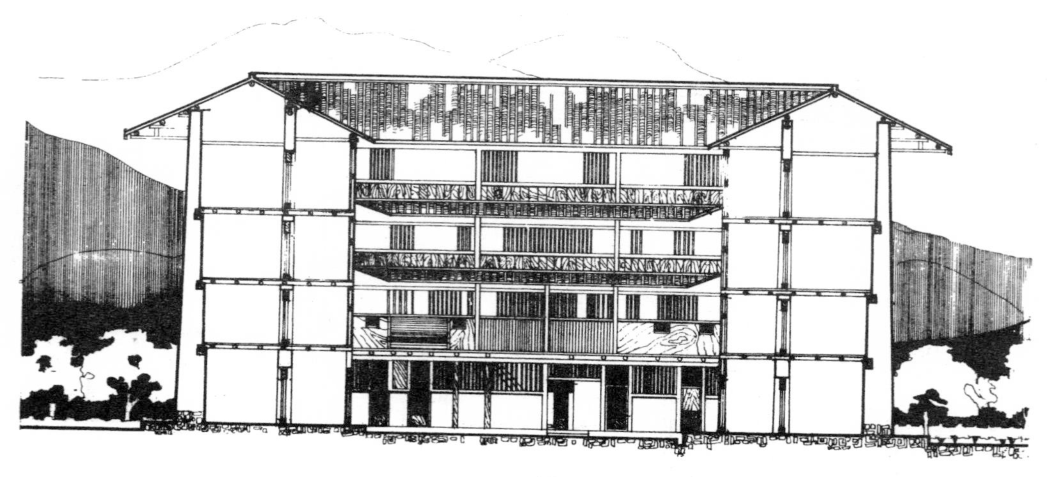

剖面

福建龙岩适中土楼测绘　红土楼

外观透视

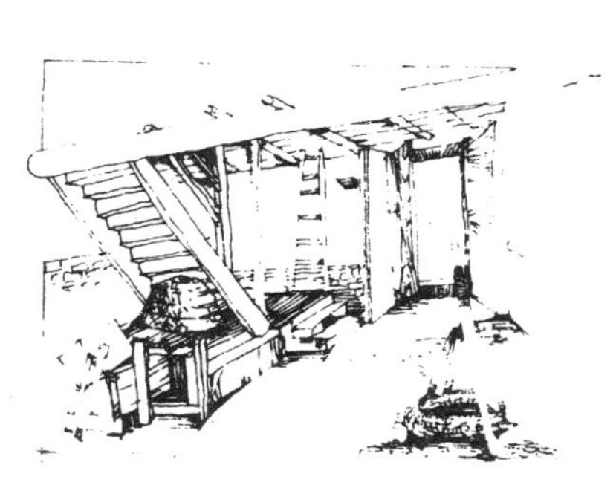

门厅内景

门厅内景图

福建龙岩适中土楼测绘　红土楼

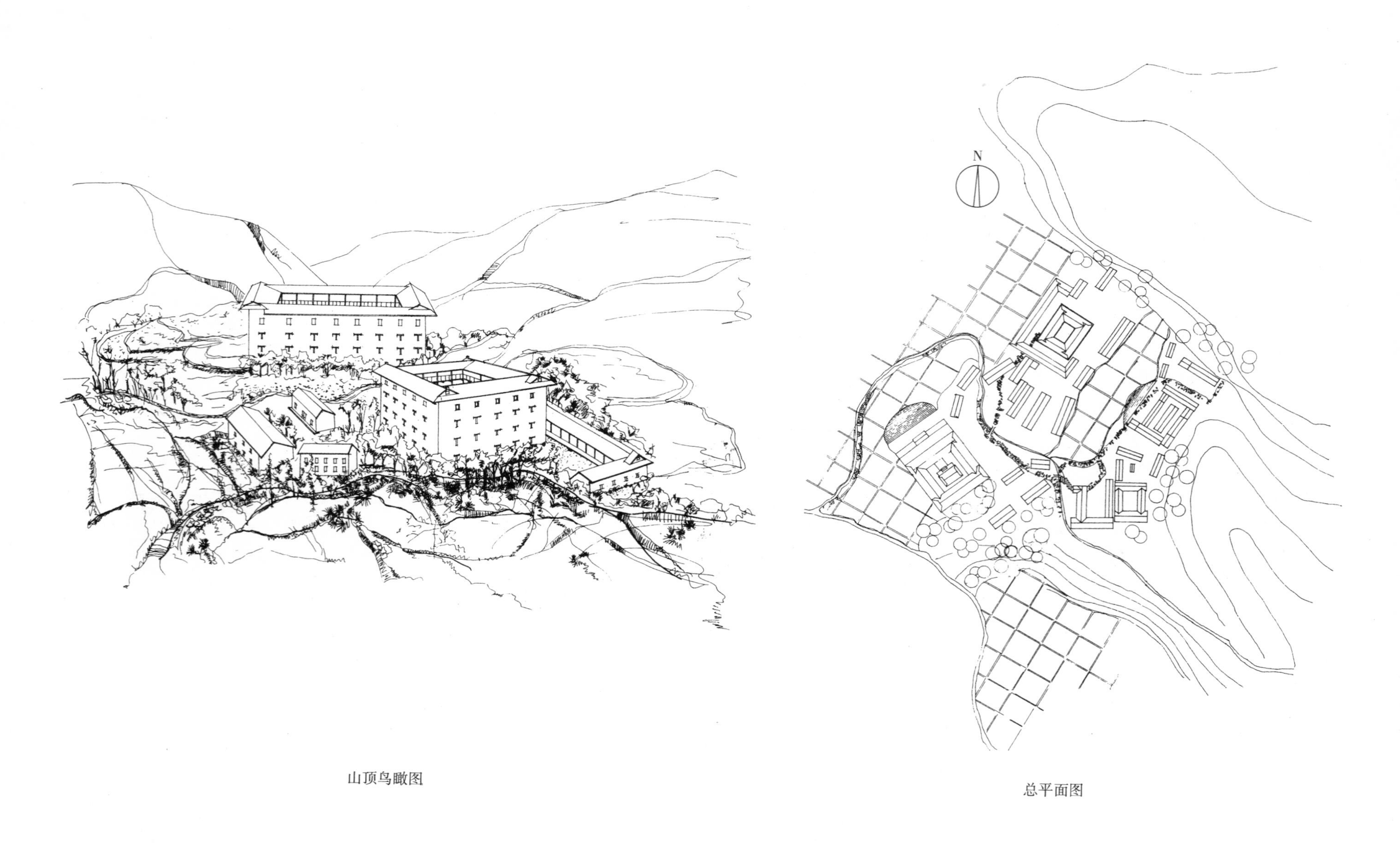

山顶鸟瞰图

总平面图

福建龙岩适中土楼测绘　南墩裕兴楼

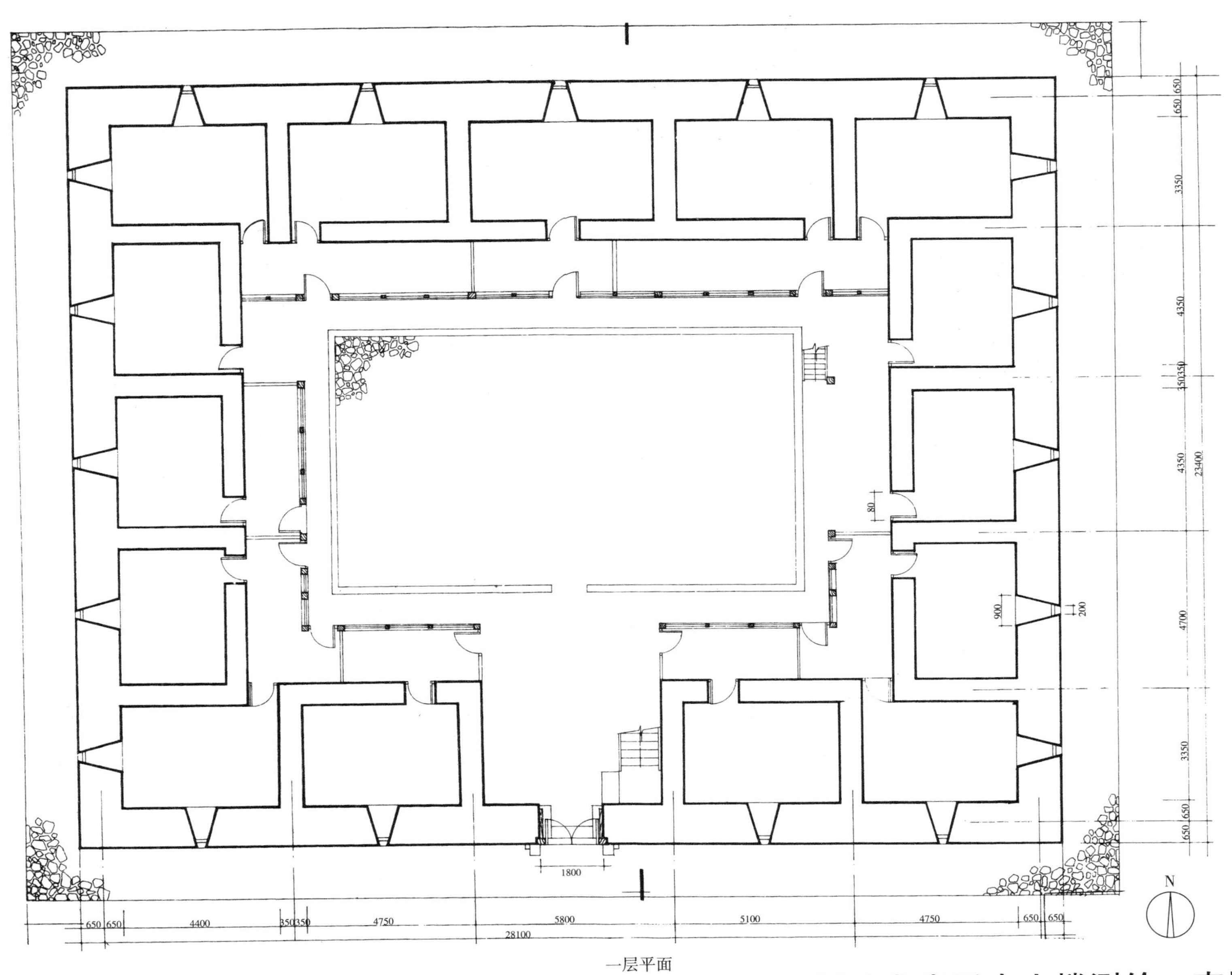

一层平面

福建龙岩适中土楼测绘　南墩裕兴楼

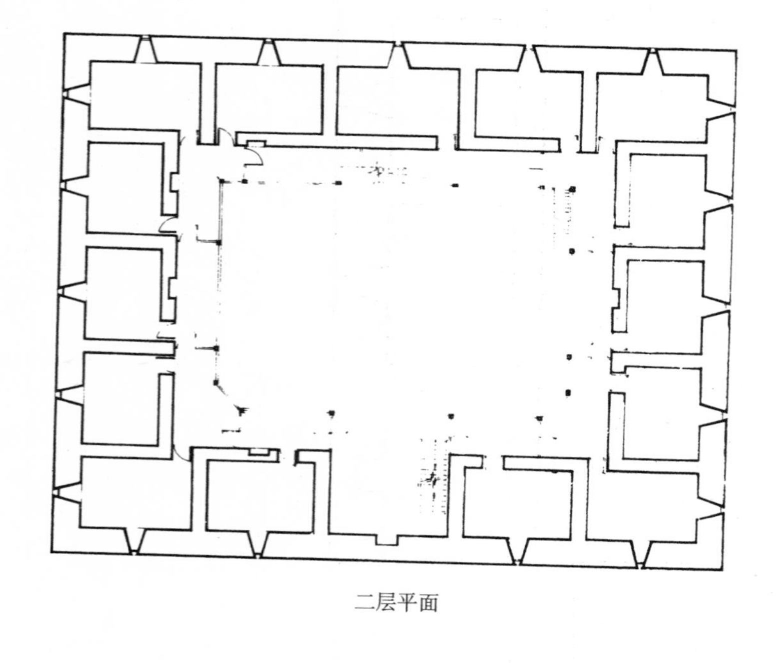

二层平面

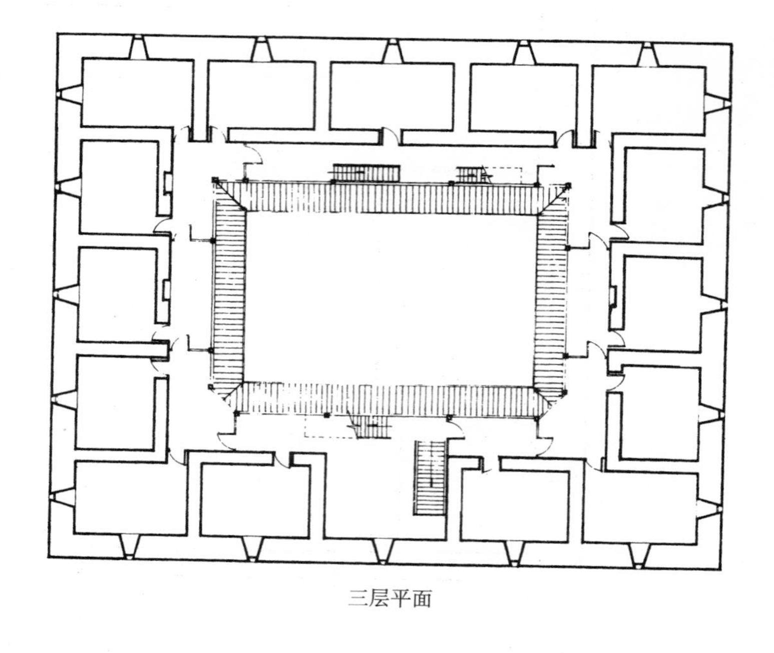

三层平面

福建龙岩适中土楼测绘　南墩裕兴楼

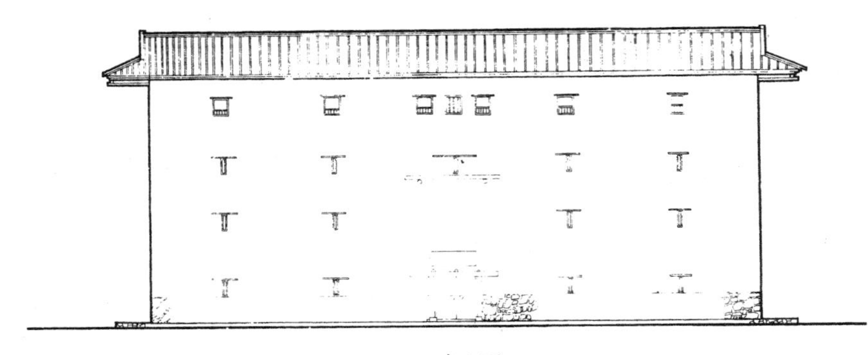

南立面

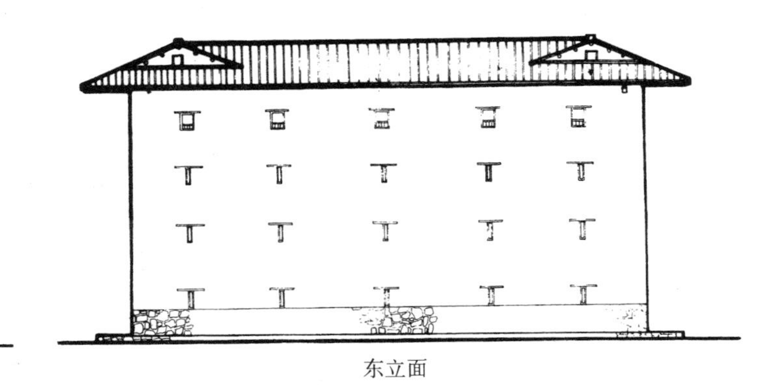

东立面

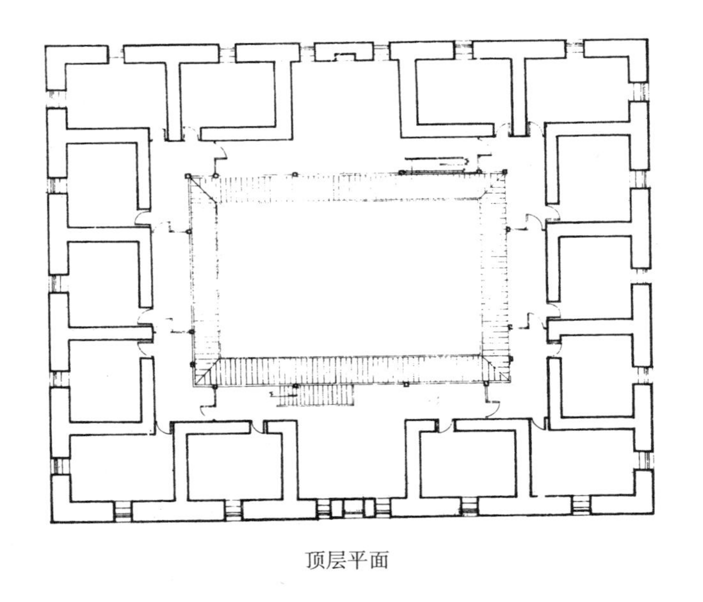

顶层平面

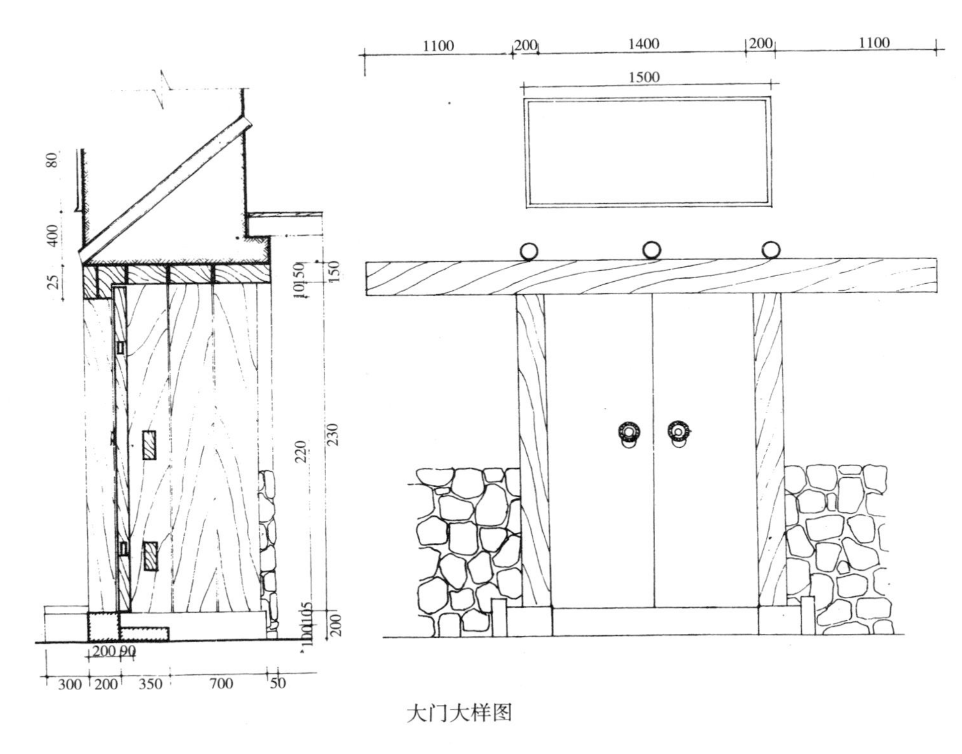

大门大样图

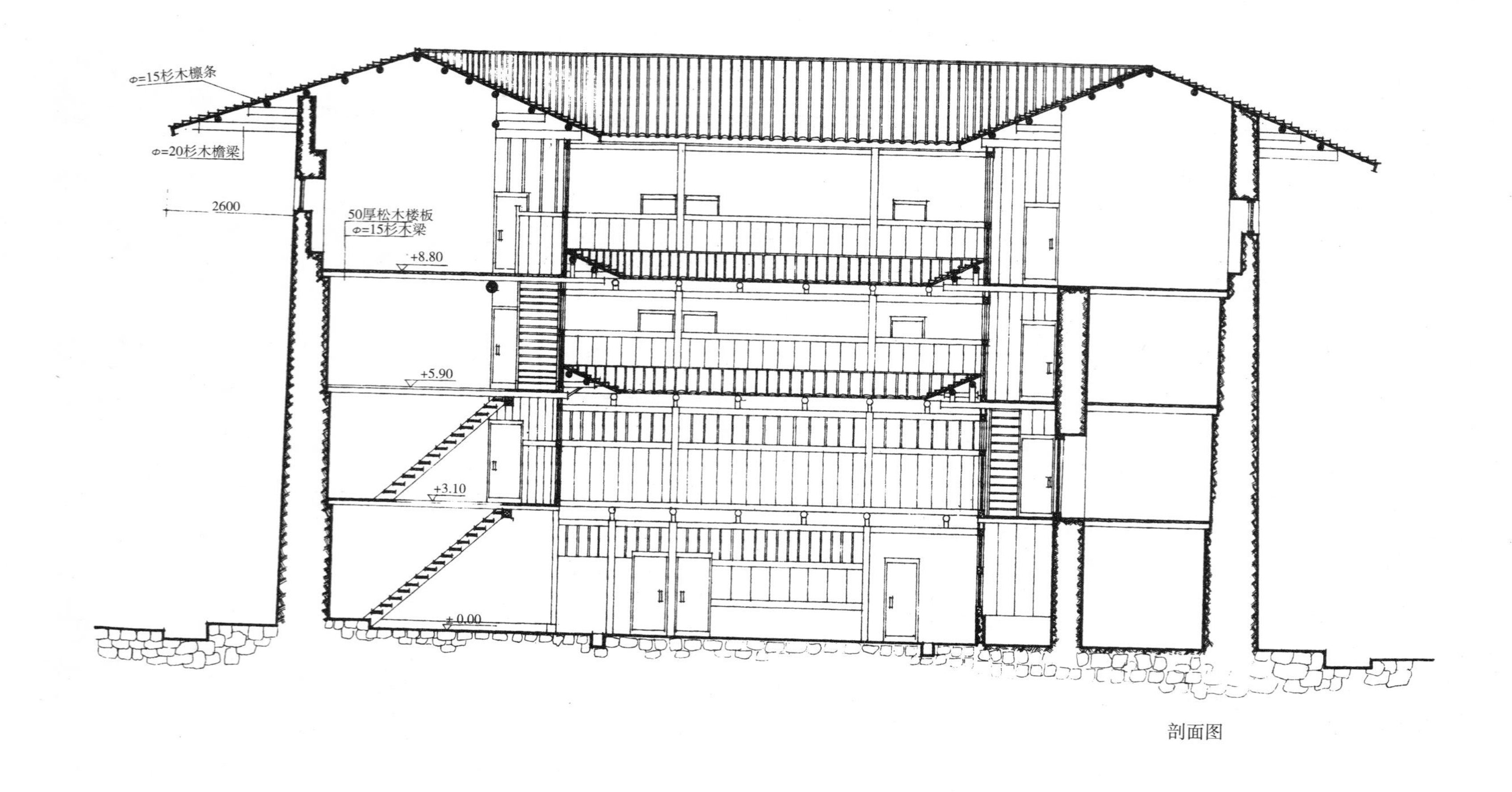

剖面图

福建龙岩适中土楼测绘　南墩裕兴楼

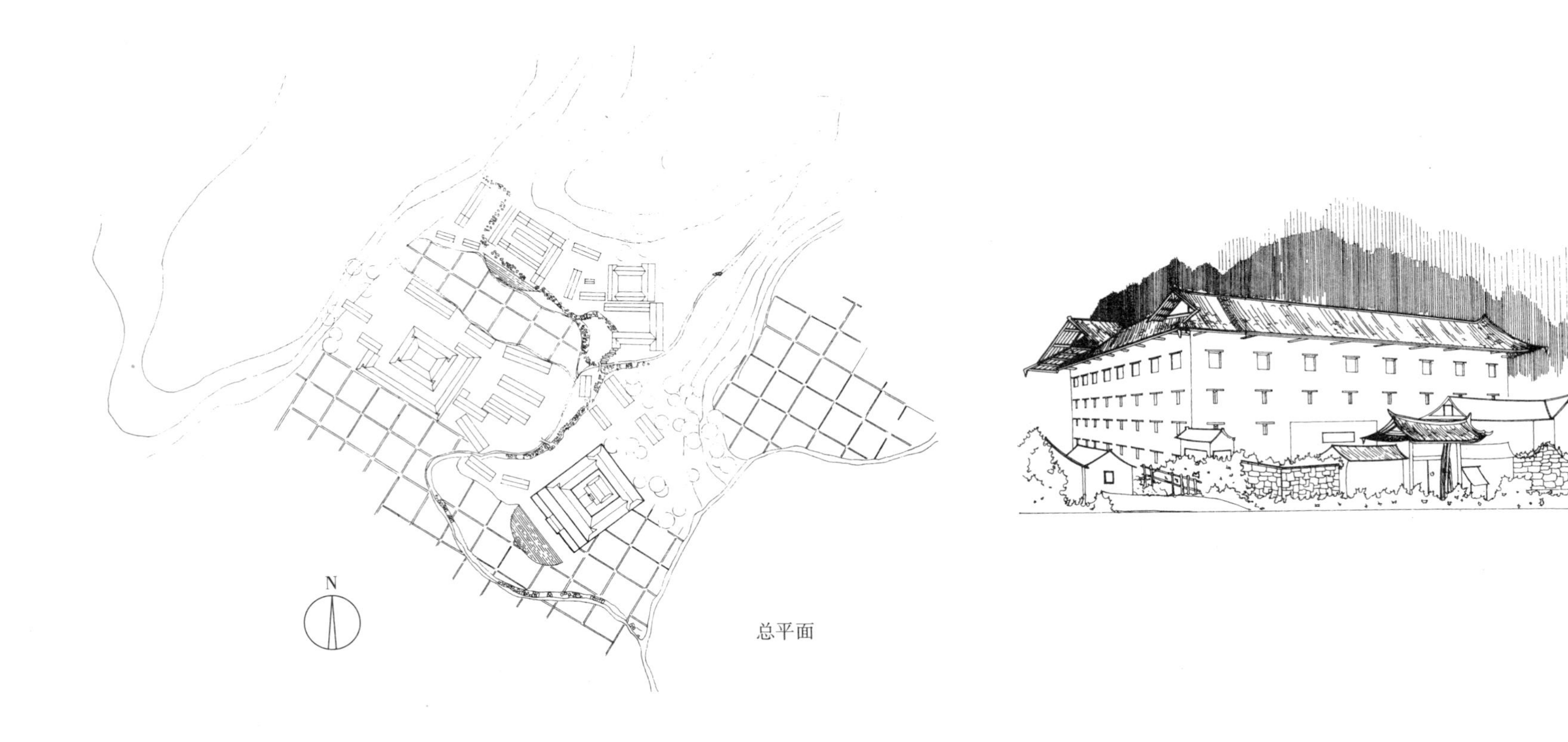

总平面

透视图

福建龙岩适中土楼测绘　南墩燕诒楼

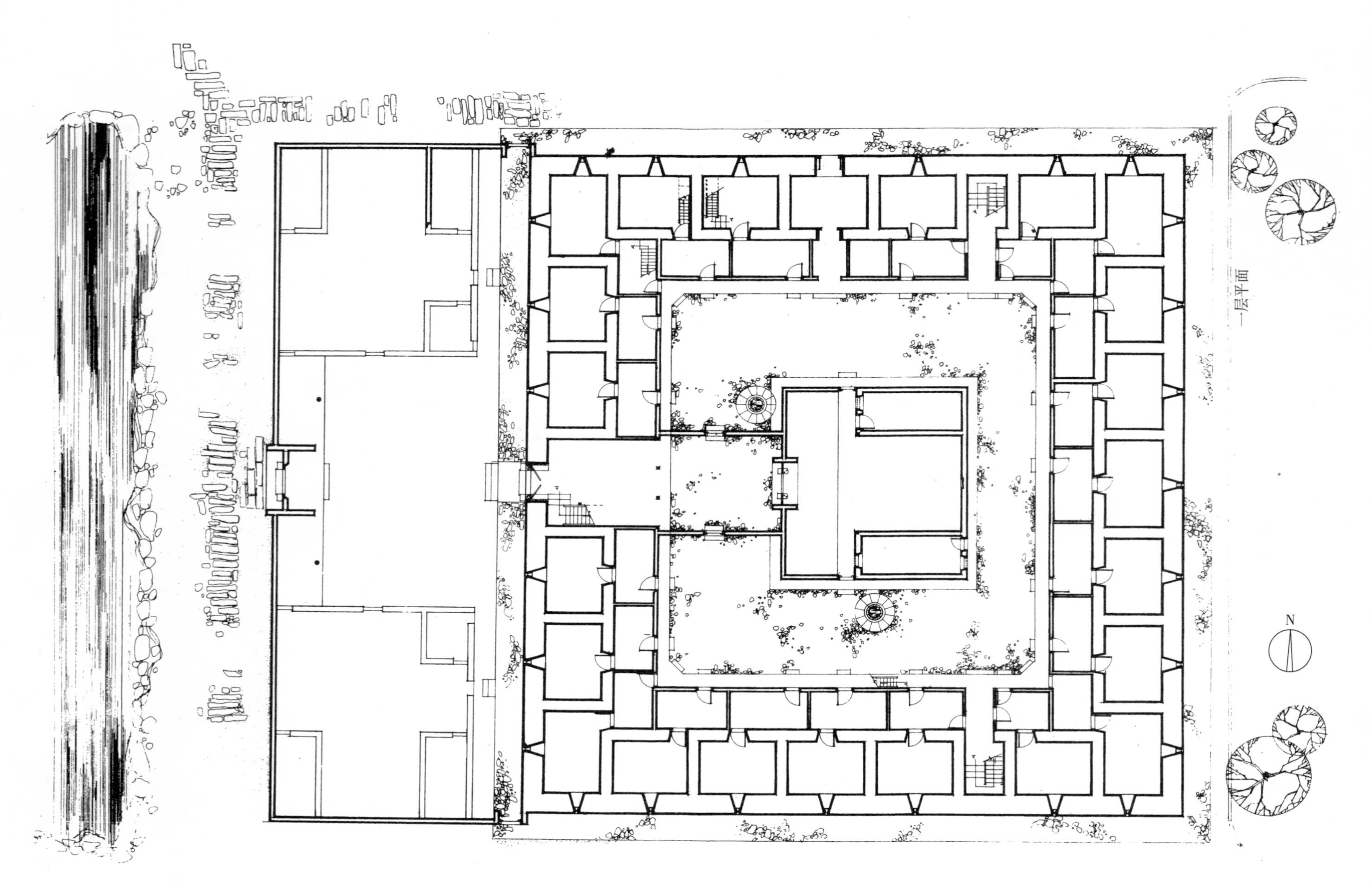

福建龙岩适中土楼测绘　南墩燕诒楼

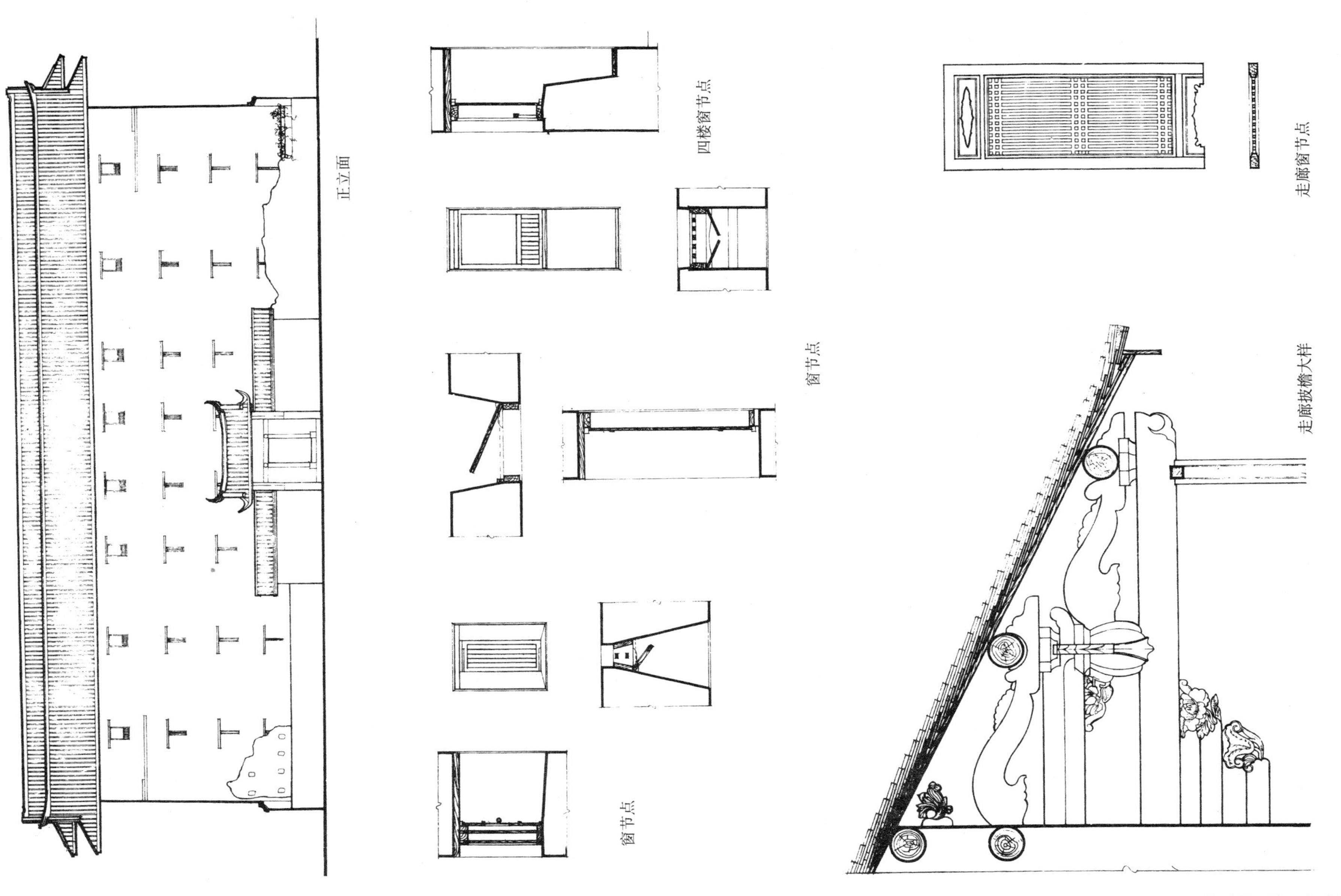

福建龙岩适中土楼测绘　南墩燕诒楼

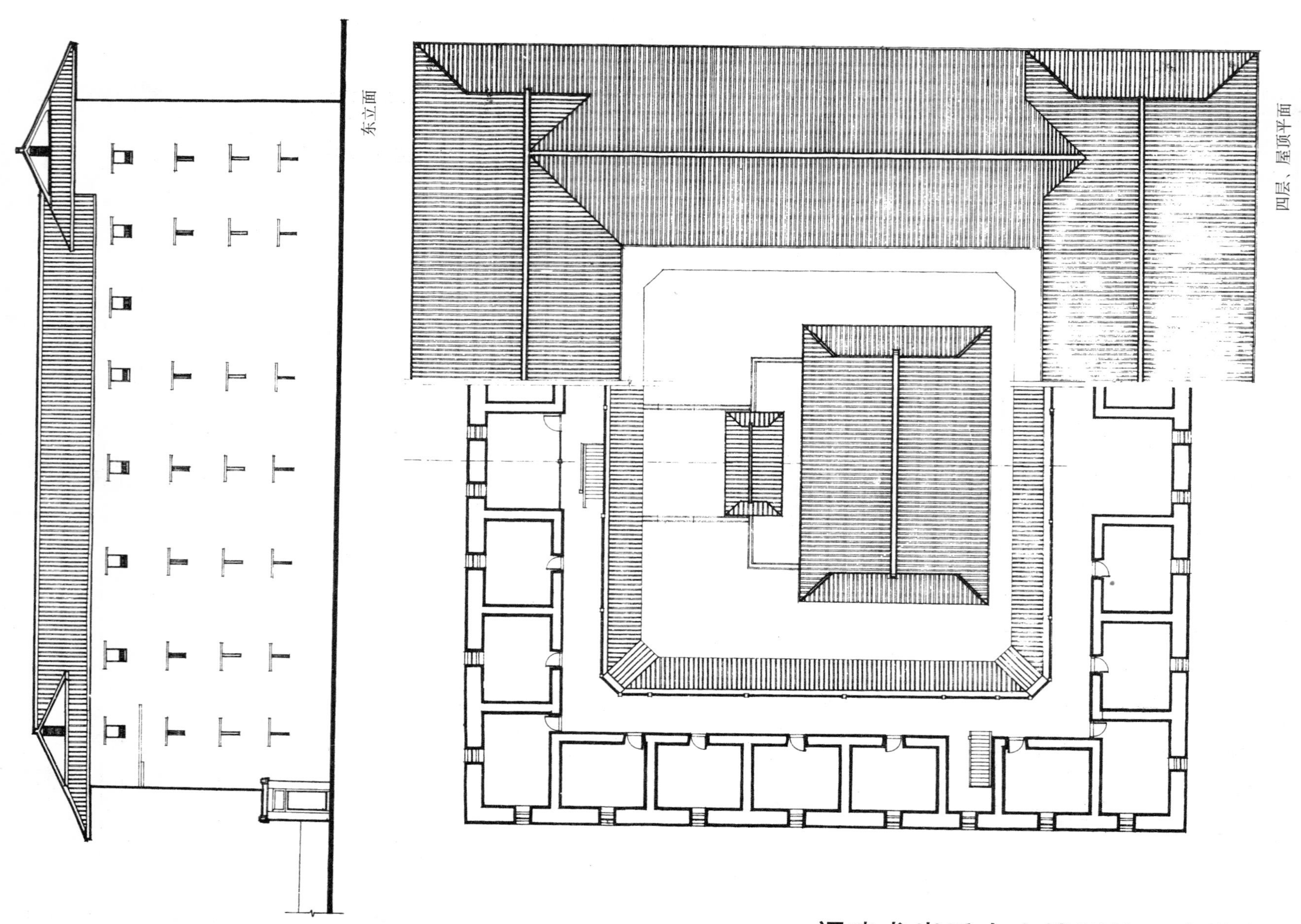

福建龙岩适中土楼测绘　南墩燕诒楼

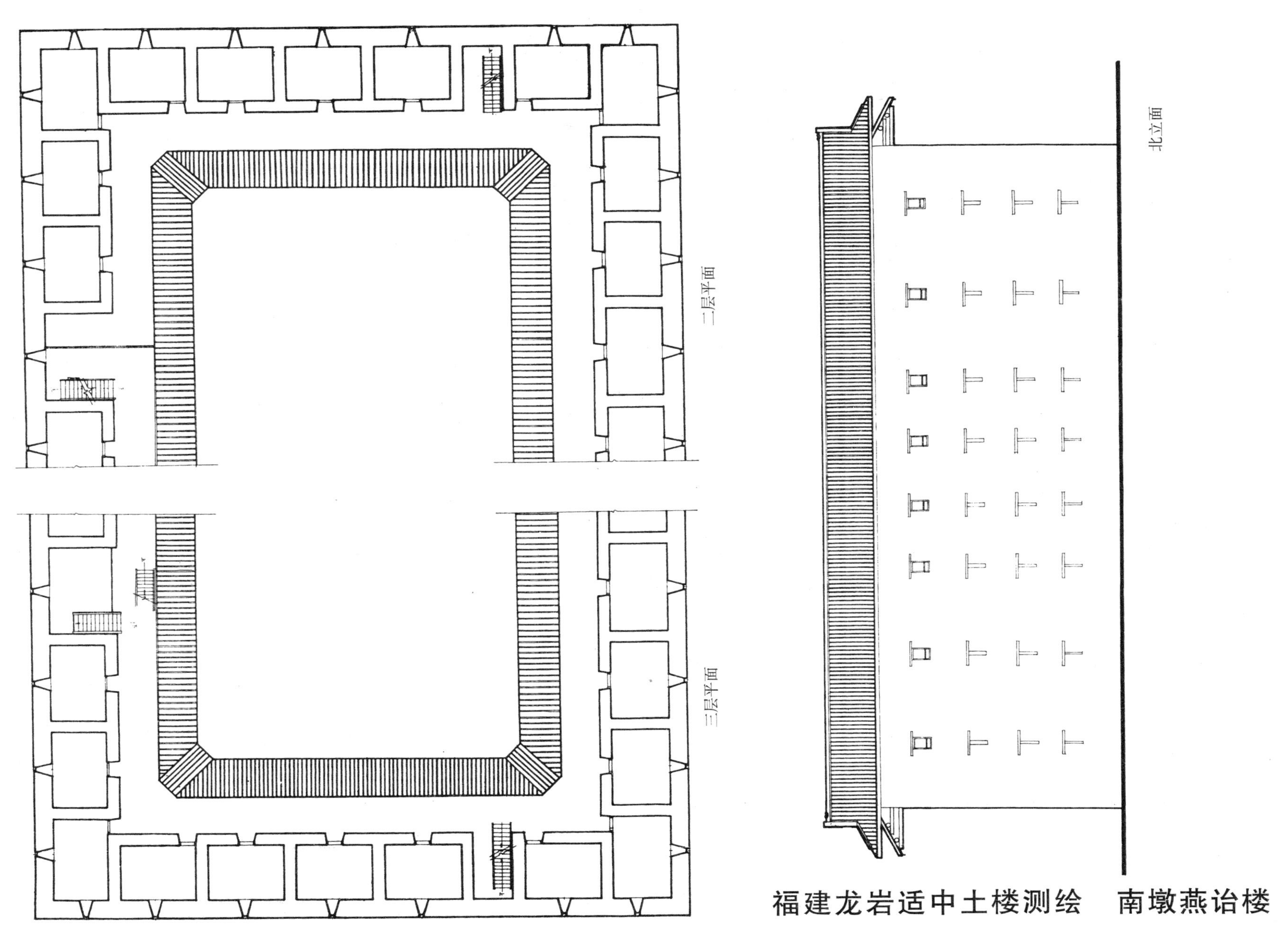

福建龙岩适中土楼测绘　南墩燕诒楼

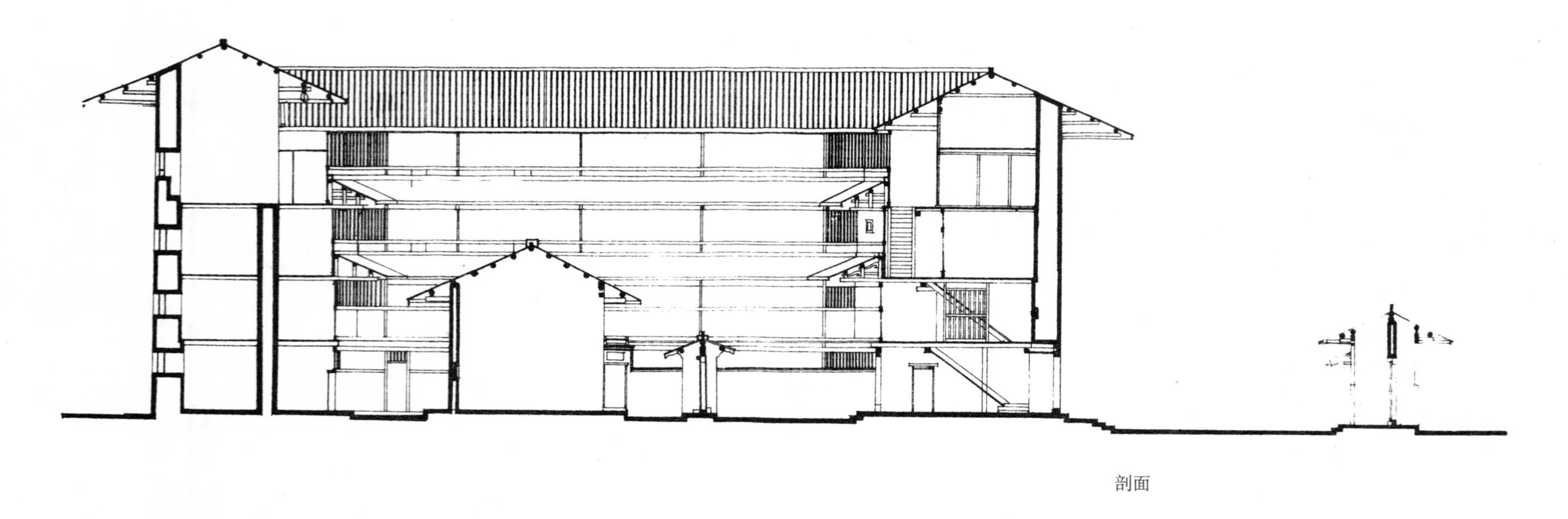

剖面

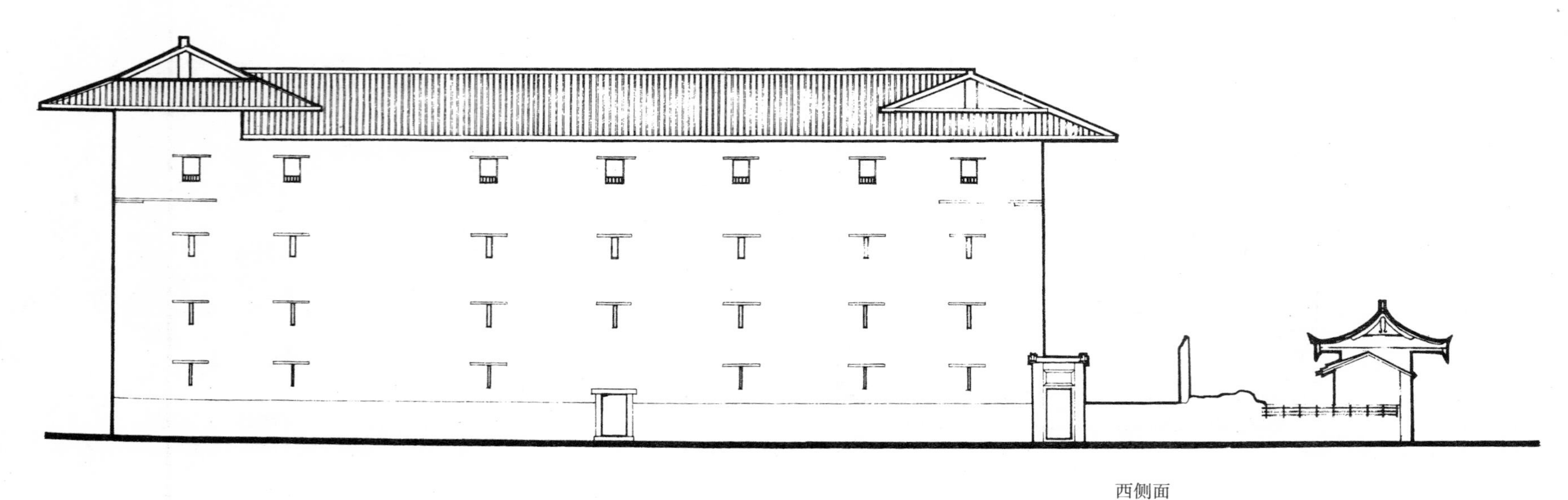

西侧面

福建龙岩适中土楼测绘　南墩燕诒楼

附录

2006 年适中土楼调查情况表

序号	楼名	又名	坐落		筑年代	主楼							主要特征
			村	自然村		层	墙高（m）	深（m）	阔（m）	墙厚（m）	面积（m^2）	居民姓氏	
1	东庆楼		三坑	石门炉	解放初	3		24	26.4	0.62	633	谢	空井前联式
2	瑞兴楼		三坑	石门炉	清	3						谢	空井前联式
3	谦亨楼		莒舟	上溪坂	清	3		23	25	0.58	575	郑	空井前联式
4	崇德楼		莒舟	三井	清	2/3		19	25.5	0.44	484	谢	单独空井式
5	景云楼		新祠	卢尾	清	2/3		19	21	0.44	399	卢	单独空井式
6	先春楼		新祠	卢尾	清	3		21	22.4	0.81	470	卢	单独空井式
7	逢原楼	肃基楼	新祠	黄乾	清	2/3		22	26.5	0.50	583	黄	空井前联式
8	东顺楼		象山	山埔	1952	2/3		19	16.6	0.65	315	林	单独空井式
9	砥中楼	再洋楼	象山	洋心	解放后	2/3		28	31		864	林	单独空井式
10	过山楼	颂德楼	兰田	4 组	清	3		19.8	21.2	0.70	419	张谢	单独空井式
11	裕德楼		兰田	4 组	清	3		20.8	22	0.75	457	谢	单独空井式
12	善庆楼		兰田	5 组	清康熙	2/3						（谢）	空井前联式
13	瑞凝楼		兰田		解放重建	3		25.6	30.5	1.10	780	谢	空井横联式
14	镇春楼		兰田	塘垌	明崇祯	4		22.3	23.6	1.10	526	谢	空井前联式
15	凤益楼		兰田	塘垌	重建	3						谢	单独空井式
16	红土楼	礼拜堂	洋东	山坪头	明	3		21	27.5	0.98	577	（谢）	单独空井式
17	承德楼		洋东	山坪头	明末	3		19	25.2	0.45	478	谢	空井前联式
18	映山楼		洋东	山坪头	清乾隆	3		16.4	22.2	0.70	364	谢	单独空井式
19	攸宁楼		洋东	洋邦	清嘉庆	2/3						谢	前联式
20	崇德楼		洋东	洋邦	清	2/3						谢	前联式
21	仁德楼		洋东	洋邦	清嘉庆	2/3						谢	前联式
22	聚成楼		洋东	洋邦	清嘉庆	3		18.5	20		370	赖	单独空井式
23	丰田楼		洋东	上赖	清康熙	4		21. 5	23.6	1.30	507	谢	空井横联式
24	顺信楼		洋东	上赖	清嘉庆	2/3						谢	丰田楼横楼

续表

序号	楼名	又名	坐落		筑年代	主楼							主要特征
			村	自然村		层	墙高（m）	深（m）	阔（m）	墙厚（m）	面积（m^2）	居民姓氏	
25	永成楼		洋东	上赖	清	2/3						赖	前联式
26	裕春楼	隔仔楼	洋东	上赖	清	3						谢	前联式
27	瑞桐楼	峰公楼	中心	上亲	明朝	4		28.8	35.6	1.23	1025	谢	空井前联式
28	仰文楼	出贵楼	中心	上亲	明末	4		35.6	39.8	1.26	1416	谢	空井前联式
29	馀春楼		中心	上亲	清康熙	4		21.2	24.6	1.00	521	谢	空井前联式
30	长春楼	和春楼	中心	上亲	清乾隆	3/4	13	38.7	43.7	0.65	1691	谢	空井前联单元式 42 厅 84
31	紫霖楼	纱波楼	中心	上亲	清	2/3				0.42		谢	单独空井式
32	馀庆楼	朝辉楼玉浮楼	中心	上亲	清嘉庆	4		25.8	27.8	0.98	717	谢	空井前联式
33	凤鸣楼	宏元楼	中心	上亲	清	4						谢	主楼拆存前楼
34	佳基楼		中心	上亲	清							赖	单独空井式
35	安吉楼	公福楼	中心	上亲	清	3		25	26	0.52	650	谢、赖、邹	单独空井防火式
36	赞绪楼	贯仔楼	中心	上亲	清	4		25.9	24.2	0.90	626	谢	空井前联式深大于阔
37	萃德楼	水德楼	中心	上亲	清嘉庆	4		26.1	24.3	0.96	634	谢	空井前联式深大于阔
38	培德楼	茶馆	中心	上亲	明末	4		50.04	50	1.07	2502	谢	空井前联式现完好最
39	绵德楼	茶馆横楼	中心	上亲	清	2/3		21	29.4	0.50	617	谢	培德楼横楼
40	瑞和楼	鸡尖楼	中心	上亲	清	3		16.6	17.7	0.50	293	谢	空井前联式
41	崇德楼	庵阿楼	中心	上亲	清	3		20	20.6	0.65	412	赖	空井前联式
42	瑞庆楼	振依楼	中心	上亲	清光绪	4		20.6	23.1	0.65	475	谢	空井前联式
43	和致楼		中心	上亲	清乾隆	3/4	11.3	51.3	54.2	0.60	2780	谢	前联式楼包楼占地最大
44	凝德楼	梅仲楼	中心	上亲	清康熙	3		20.7	22.2	0.98	459	谢	单独空井式
45	怡德楼	笃章楼	中心	上亲	清	4		28.9	27.2	0.65	786	谢	空井前联式楼四面有门
46	炮楼		中心	后街	民国	3		7.5	6.5		48.7	（店）	单独式
47	炮楼		中心	老市场	民国	3		7.5	6.5		48.7	（店）	单独式
48	延禧楼	红柑楼	中心	肃威	清	2/3		19	28	0.85	532	林	空井前联式
49	裕德楼	储元楼	中心	肃威	清康熙	4		26.8	28.5	1.10	763	谢	空井横联式
50	景云楼	分吹楼	中心	肃威	清乾隆	3		19.2	24.7	0.50	474	谢	空井前联式
51	福山堂	下行	中心	肃威	清乾隆	2/3		19.6	30.8	0.45	603	谢	空井前联式

续表

序号	楼名	又名	坐落		筑年代	主楼							主要特征
			村	自然村		层	墙高（m）	深（m）	阔（m）	墙厚（m）	面积（m^2）	居民姓氏	
52	裕福楼		中心	肃威	清康熙	3		22.9	26.9	0.96	616	林	前联空井式 36 间
53	春晖楼	赖派仔	中心	肃威	清	3		17.3	21.4	0.52	370	赖	前联空井式
54	龙田楼		中心	肃威	清康熙	4	13.3	37.7	37.1	1.30	1398	谢	前联空井式楼包厝
55	重庆楼		中心	墩古	清	4		21.2	24	1.00	508	陈	前联空井式
56	瑞庆楼		中心	墩古	明末	3		19.8	24.6	0.50	487	陈	单独空井式
57	冶燕楼	文锦楼	中心	墩古	明末	4		34	34.4	1.45	1169	谢	前联空井式土墙较厚
58	德春楼	源泉楼	中心	墩古	明	4		29	37.15	1.60	1077	谢	单独空井门后土墙最厚
59	耕书楼		中心	墩古	清嘉庆	3		26.2	38.8	0.70	1016	谢	前联空井前三门后二门
60	在田楼		中心	墩古	清	3		19	22.2	0.65	421	谢	前联空井式
61	攸宁楼		中心	墩古	清	2/3		16	22.6	0.50	361	赖	单独空井式
62	桂新楼		中心	墩古	清	3		17.5	16.8	0.50	294	（赖）	单独空井式
63	護宁楼	歪嘴楼	中心	墩古	清道光	3		17.6	25.2	0.54	443	赖	单独空井式
64	望德楼		中心	墩古	明万历	4		22.2	23.6	1.00	524	赖	前联空井式
65	聆凤楼	后坑楼	中心	墩古	明末	4		21.6	25.4	1.06	548	陈	单独空井式
66	奋裕楼	永宣楼	中心	墩古	清	4		22	25	1.00	550	赖	单独空井式
67	振东楼	番仔楼	中心	墩古	清乾隆	2/3		22.9	58	0.44	1328	谢	前联楼包楼
68	长春楼	启瑞楼	中心	墩古	清乾隆	4		21.7	26.6	0.86	577	赖	前联空井式
69	益谦楼	承东楼	中心	墩古	主楼已毁							谢	前联空井式 大门前有观鱼池三面石栏杆完好
70	维新楼	窑前厝	中心	墩古	重建	3		9.1	16	0.52	145	赖	前联封闭式
71	成志楼		中心	墩古	清康熙	3		19.6	22.7	0.55	445	谢	前联空井式厝包楼
72	式谷楼		中心	墩古	明	2/4				0.80		谢	前联封闭式
73	馀庆楼	下路楼	中心	墩古	清	3		18.2	19.8	0.40	360	谢	最薄单独空井式
74	瑞云楼	典常楼	中心	墩古	清乾隆	4	13	39.25	42.75	0.55	1678	谢	前联空井式楼包楼 125 间
75	怡致楼	坦仔楼	中心	墩古	清乾隆	3		20	27	0.65	540	谢	前联空井式
76	环翠楼	元吉行	中心	墩古	清乾隆	3		21	22.4	0.46	470	谢	前联空井式
77	古丰楼	鼓楼	中心	墩古	南宋	4	13.8	29.62	31.8	1.3	942	陈	单独空井式 54 间
78	崇安楼	后宅大楼	中心	东甲	明朝	4		22.4	25.2	0.90	564	赖	单独空井式

续表

序号	楼名	又名	坐落		筑年代	主楼							主要特征
			村	自然村		层	墙高（m）	深（m）	阔（m）	墙厚（m）	面积（m^2）	居民姓氏	
79	宝田楼	银安楼	中心	东甲	清	3		23.1	25.2	0.56	582	林	单独空井式
80	龙德楼	蔡坑大楼	中心	东甲	清	3		22.4	22.4	0.80	502	林	单独空井式
81	敦安楼		中心	东甲	清	4		28.3	29.4	0.64	832	林	单独空井式
82	聚庆楼	红土楼	中心	东甲	明中叶	4	14.8	27.2	29.9	1.30	813	林	单独空井式
83	东裕楼	方旦楼	中心	东甲	清康熙	4	12.75	33.6	33.85	1.3	1137	谢	前横联空井式楼包厝
84	裕丰楼		中心	东甲	清	4		28	24.5	0.95	686	赖	单独空井式
85	仰华楼	店尾楼	中心	东甲	清中叶	4		23.8	24	0.81	571	陈	单独空井式
86	新庆楼	习仕楼	中心	东甲	清乾隆	3		25.2	28.7	0.80	723	赖	前联空井式
87	恒升楼	裕瑞楼	中心	东甲	清康熙	4		28	31.5	1.15	882	谢	单独空井式
88	翼诚楼	广泰楼	中心	东甲	清	2/3		21.7	25.2	0.46	546	谢	单独空井式
89	馀庆楼	文波楼	中心	东甲	清乾隆	4		25.2	29.4	0.78	740	陈	前联空井式
90	树勋楼	浸兴楼	中心	东甲	清乾隆	3		23.1	24.5	0.65	566	谢	单独空井式
91	树德楼	成国楼	中心	东甲	清乾隆	4		25.2	27	1.00	680	谢	前联空井式
92	东成楼		中心	东甲	清咸丰	4	11.4	26.25	24.4	0.54	640	谢	前联横联空井式
93	东恒楼	贯川楼	中心	东甲	明朝	4		28	32.2	1.15	901	谢	前联空井式
94	绍德堂	火坤楼	中心	东甲	清	2/3		24.5	21		514	谢	前联空井式厝包楼
95	祥云楼		中溪	龙埔	清乾隆	3		30.4	36	0.52	1094	谢	单独空井式
96	崇庆楼	储恭楼	中溪	龙埔	清康熙	3/4		21.1	22.1	0.72	466	谢	单独空井式
97	逢源楼		中溪	龙埔	清康熙	3		20	24.2	0.53	484	林	单独空井式
98	安和楼		中溪	龙埔	清雍正	2/3		17.6	23.8	0.50	419	林	单独空井式 28 间
99	得月楼		中溪	龙埔	清康熙	3		19.55	26.4	0.54	516	林	横联空井式 36 间
100	奕昌楼	启修楼	中溪	龙埔	清康熙	3		22	28.4	0.65	625	林	前联空井式 36 间
101	尊华楼	五角楼	中溪	龙埔	清康熙	3		22.4	21	0.52	470	林	单独空井式 33 间
102	活源居	碧沙楼	中溪	龙埔	清康熙	2/3		16.8	14.7	0.40	246	林	碧沙楼护楼 18 间
103	澄波楼	清辉楼	中溪	龙埔	明朝	4		24	20	0.97	480	林	单独空井式
104	恒德楼	巨峰楼	中溪	龙埔	清初	4		23	25	0.96	575	林	单独空井式 48 间
105	人和楼		中溪	龙埔	清	2/3		18.2	21.4	0.52	389	林	前联空井式 26 间

续表

序号	楼名	又名	坐落		筑年代	主楼							主要特征
			村	自然村		层	墙高（m）	深（m）	阔（m）	墙厚（m）	面积（m^2）	居民姓氏	
106	迴洲楼		中溪	龙埔	清康熙	4	14.4	22.76	31.85	1.26	724	林	前联空井式 58 间
107	善庆楼		中溪	龙埔	清	3		9.5	16.4	0.6	156	林	前联封闭式 30 间
108	福宁楼	搭五楼	中溪	龙埔	明	4		22.1	19.7	1.15	435	林	单独空井式 36 间
109	卿云楼		中溪	龙埔	清	3		29	33	0.57	957	林	横联空井式 60 间
110	和致楼		中溪	龙埔	清	3		21.5	21	0.58	451	林	单独空井式 36 间
111	潆洲楼	狮头楼	中溪	龙埔	清	4		26.61	24.9	0.64	662	林	前联空井式 48 间
112	诒德楼	阿源楼	中溪	龙埔	清	3		23.1	25	0.65	577	林	前横联空井式 42 间
113	太史第	二成楼	中溪	柳溪	清光绪	2/3						谢	横联空井府第式
114	忠隆堂		中溪	柳溪	清	3						谢	一字式
115	德庆楼	储贵楼	中溪	柳溪	清康熙	4		28	32	1.15	896	（谢）	石灰墙内烧毁
116	西贯楼	西贯楼	中溪	柳溪	明末	4	12.4	29.4	29.9	1.20	879	谢	单独空井式方楼
117	三成楼	显玉楼	中溪	柳溪	清乾隆	3	11.2	28.3	31.8	1.30	882	谢	府第式五凤楼 165 间
118	仰善楼	贤宽楼	中溪	柳溪	清	3		29	28	0.75	812	谢	前联空井式
119	绵庆楼	泗荣楼	中溪	柳溪	明末	4		30	27.7	0.96	830	谢	单独空井式
120	西成楼	碧云行	中溪	柳溪	清康熙	3		21.7	21	0.54	455	谢	空井式楼包楼
121	乐和楼	源实楼	中溪	柳溪	清	3		24	28	0.90	672	谢	单独空井式
122	怀德楼	泗奇楼	中溪	柳溪	清	2/3		16.1	23	0.46	370	谢	单独空井式
123	西善楼	新楼	中溪	柳溪	清	4		30	29	0.96	870	谢	前联空井式
124	文庆楼	后窟仔大楼	中溪	大中	清乾隆	4		23.6	25.7	1.10	606	谢	前联空井式
125	龙德楼	乌土楼	中溪	大中	重建	2/3		16.1	23	0.80	370	谢	单独空井式
126	东春楼	显宽楼	中溪	大中	清	4		24.5	28.7	0.84	703	谢	单独空井式
127	毓秀楼	启芬楼	中溪	大中	清嘉庆	3		20	24	0.60	480	谢	前联空井式
128	泰和楼		中溪	大中	清嘉庆	3	11.4	32.6	38.3	0.65	1248	谢	空井纵横式准方楼包
129	善成楼	玉川楼	中溪	大中	清乾隆	4	12.8	28.5	31.4	0.63	895	谢	空井纵横式准方楼包
130	和庆楼	居藻楼	中溪	大中	清	4		24	30	1.00	720	谢	单独空井式
131	丰德楼	储高楼	中溪	大中	清	3		18.2	26	0.62	473	谢	单独空井式
132	诒谷楼	松坑楼	中溪	大中	明末	4	11.5	21.7	26.6	1.4	577	谢	空井单独式长方楼

续表

序号	楼名	又名	坐落		筑年代	主楼							主要特征
			村	自然村		层	墙高（m）	深（m）	阔（m）	墙厚（m）	面积（m²）	居民姓氏	
133	瑞凤楼	圳腾楼	中溪	大中	清	3		23	30	1.05	690	谢	前联空井式
134	朝新楼		中溪	大中	清	3		21	28	0.60	588	谢	前联空井式
135	东成楼	阿江楼	中溪	大中	清			22	21.7	0.53	477	谢	单独空井式
136	仰型楼	安水楼	中溪	大中	清雍正	2/3		33.5	32.3	0.46	1082	谢	空井式楼包大厅
137	留源楼	安水楼	中溪	大中	明	3		22.4	28	0.85	627	谢	单独空井式
138	宏德楼	鲁辉楼	中溪	大中	清	3		21.21	25.17	0.72	534	谢	空井纵联式准方楼
139	崇德楼	崩坪楼	保丰	大中	明	4		23	26.6	1.16	612	（谢）	前联空井式
140	聚秀楼	蔼春楼	保丰	中圩	清嘉庆	2/3		25	28	0.50	700	谢	单独空井式
141	永春楼	恒春楼	保丰	中圩	清	2/3						谢	宫殿式
142	协成楼	坑下厝	保丰	中圩	清	3		8	14	0.54	112	谢	前联封闭式
143	联芳楼	上楼仔	保丰	中圩	清	3		10	21	0.86	210	谢	前联封闭式
144	天然楼		保丰	中圩	明	3		19	22	0.68	418	谢	单独空井式
145	观成楼	安姑楼	保丰	中圩	清	3		23	26	0.78	598	谢	前联空井式
146	阳春楼	下楼仔	保丰	中圩	清	3		7	13	0.48	91	谢	单独式
147	东华楼	出鬼楼	保丰	中圩	清	3	10.2	22	22.4	0.56	492	（谢）	单独空井式
148	保和楼	翼西楼	保丰	中圩	明	3		21	22.4	0.58	470	谢	单独空井式
149	庆芳楼	美国楼	保丰	中圩	清嘉庆	4	12.9	24.2	24.2	0.80	586	谢	空井横联式正方楼
150	祥乾楼		保丰	中圩	清	3		20.4	20	0.66	408	谢	单独空井式
151	诒福楼		保丰	中圩	清	3		22.4	26	0.66	582	谢	单独空井式
152	祥和楼		保丰	中圩	清乾隆	2/3		22.4	36		806	谢	前联空井式厝包楼
153	馀庆楼	白楼	保丰	中圩	清	3		19	21	0.46	399	谢	单独空井式
154	西兴楼		保丰	中圩	清	4		31.5	32.93	1.20	1037	谢	单独空井式
155	燕昌楼		保丰	中圩	清	3		22.4	24.2	0.60	542	谢	前联空井式
156	苞竹楼		保丰	中圩	清康熙	2/3		24.5	30	0.46	735	谢	前联式厝包楼
157	绿沙别墅	石溪斋	保丰	中圩	清	4		26	28	0.96	728	谢	单独空井式
158	南阳楼	岭边楼	保丰	中圩	清	4		22.4	31.4	1.05	703	谢	前联空井式
159	栖燕楼	贻荣楼	保丰	中圩	清	4		23	28	0.80	644	谢	前联空井式

续表

序号	楼名	又名	坐落		筑年代	主楼							主要特征
			村	自然村		层	墙高（m）	深（m）	阔（m）	墙厚（m）	面积（m^2）	居民姓氏	
160	丹桂行	赞渊楼	保丰	中圩	重建	3		24	22.4	0.63	537	谢	前联空井式
161	水车楼		保丰	中圩	清	3		24	27	0.83	648	谢	前联空井式
162	慎德楼	下玉川楼	保丰	中圩	清	3		22	24	0.65	528	谢	单独空井式
163	萼馨楼		保丰	中圩	清	2/3		18	28	0.95	504	谢	单独前联式
164	拱秀楼	下圩大楼	保丰	中圩	清	3				0.65		谢	单独空井式
165	隆安楼	后间大楼	保丰	保宁	元朝	3	10.6	14.2	17.4	1.2	247.08	（谢）	古老单独式烧毁
166	凝庆楼	三美楼	保丰	保宁	清	3		25	24.5	0.68	612	谢	前联空井式
167	岳崇楼	振河楼	保丰	保宁	民国	3		10	25	0.60	250	谢	单独空井式
168	盘谷楼	许坑大楼	保丰	保宁	明	4		28	26.5	1.23	742	谢	单独空井式
169	天然居	许坑口	保丰	保宁	清	3		6.72		0.49	74	（谢）	最小单独封闭式
170	安所楼	陂角楼	保丰	保宁	清乾隆	3		21	27		567	谢	横联空井式
171	宁德楼		仁和	保泰	清嘉庆	4		20.5	21	0.78	430	谢	单独空井式
172	庆云楼	五层楼	仁和	保泰	清康熙	5	16.6	31.1	36.6	1.35	1138	谢	最高前联空井式 110 间
173	衍庆楼		仁和	保泰	清	3		23.5	26	0.65	610	谢	单独空井式
174	屏山楼		仁和	保泰	清	3		17.5	19	0.52	332	谢	单独空井式
175	申有楼		仁和	保泰	清光绪	4	13	26	28.5	1.20	740	谢	主楼烧毁存前楼
176	辉德楼		仁和	保泰	清	4		26.5	28	0.92	742	谢	单独空井式
177	广业楼		仁和	保泰	清嘉庆	3		17	18	0.38	306	谢	单独空井式
178	和成楼	成楼	仁和	保泰	清	3		27	26.5	0.78	715	谢	单独前联空井式
179	中洋楼		仁和	王乾	清	3						林	单独空井式
180	仰燕楼	溪坝楼	仁和	北山	清	3		21	23	0.65	483	卢	单独空井式
181	长春楼		仁和	北山	清	3		22	22	0.54	484	卢	单独空井式
182	仰田楼		仁和	北山	清	3		21	33	0.52	693	卢	单独空井式
183	观成楼		仁和	北山	清	3		19	27	0.52	513	卢	横联空井式
184	庆善楼		仁和	北山	明	3		27	31	0.84	837	卢	单独空井式
185	庆馀楼		仁和	北山	明	3		7.7	13	0.40	100	（谢）	单独封闭式
186	崇福楼		仁和	北山	明	4		19	21	0.84	399	卢	单独空井式

续表

序号	楼名	又名	坐落		筑年代	主楼							主要特征
			村	自然村		层	墙高（m）	深（m）	阔（m）	墙厚（m）	面积（m^2）	居民姓氏	
187	光裕楼		仁和	北山	清	3		27	26	0.53	702	卢	单独空井式
188	西兴楼	凹口楼	仁和	北山	清	3		21	22.4	0.58	470	卢	前联空井式重修
189	天成寨	圆寨	仁和	北山	清康熙	4	12	23.45	27.3	1.20	640	卢	单独式椭圆形 60 间
190	聚兴楼		仁和	安彬	清	3		26	30	1.09	780	林	单独空井式
191	南兴楼		仁和	安彬	清	2.3						林	单独封闭式
192	敦和楼		仁和	安彬	清	2.3						林	单独空井式
193	怡德楼		仁和	安彬	清	3		18	24	0.54	432	林	单独空井式
194	望庆楼		仁和	安彬	清	后 3		8	16.8	0.50	134	林	单独空井式
195	庆馀楼	硿口楼	仁和	安彬	明	4		33.9	38	1.28	1288	林	单独空井式
196	绵庆楼	青柏楼	仁和	王乾	明末	4	14.8	29.9	30.4	1.40	909	林	单独空井式大楼
197	东成楼		仁和	王乾	清	4		9.1	17.5	1.00	159	杨	单独封闭式
198	东兴楼		仁和	王乾	1940 年重建	3						林	前联空井式
199	庆馀楼	上楼	仁和	王乾	明	3		23.1	21	0.55	485	林	前联空井式
200	裕兴楼		仁和	南墩	清康熙	4	12.9	23.2	27.8	1.30	644	谢	单独空井式
201	燕诒楼	南墩大楼	仁和	南墩	清乾隆	4	14	39.35	39	1.30	1534	谢	前联空井式正方楼
202	望月楼		仁和	南墩	清	3		8.27	11.8		97	（谢）	单独封闭式
203	舜行楼	仓楼	营坑	城坑	明	4		27	31	1.54	837	谢	前联空井式整座墙最厚
204	虑善楼	新楼	营坑	城坑	清	3		7.5	17.5	0.53	131	谢	单独空井式
205	西安楼		营坑	寒树下	清康熙	3		22	22.5	0.53	495	谢	单独空井式
206	元德楼		营坑	寒树下	清	3		6.3	16	0.56	100	谢	单独一字式
207	福兴楼		营坑	后头山	明	3		8.5	12.5	0.52	106	谢	单独封闭式
208	白叶大楼		白叶	白叶	解放后	3		28.4	33.6	0.54	954	林	单独空井式
209	荣庆楼		白叶		清乾隆	3		9.5	23.8	0.40	226	林	单独封闭式
210	和德楼		上屿		解放后	3		26	26.4	0.60	686	陈	单独空井式
211	东华楼	白楼	上屿	上屿	清乾隆	3		16.8	21.7	0.75	364	林	单独空井式
212	高中楼		下屿	下屿	清	2/3				0.46		谢	单独空井式
213	中和楼		下屿	下屿	解放后	3		24.5	26.4	0.60	646	谢	单独空井式

续表

序号	楼名	又名	坐落		筑年代	主楼							主要特征
			村	自然村		层	墙高（m）	深（m）	阔（m）	墙厚（m）	面积（m^2）	居民姓氏	
214	和建楼		下屿		1953	3		22.5	25.2	0.50	567	谢	单独空井式
215	永新楼	下楼	下屿		1953	3		24.5	26.6	0.52	651	谢	单独空井式
216	辅庆楼		下屿		清光绪	2/3		12.6	14.7	0.46	185	谢	单独空井式
217	庆馀楼		下屿		清乾隆	3		10.5	16.8	0.83	176	谢	单独封闭式
218	瑞和楼		温庄		清乾隆	2/3		17.6	22.8	0.45	401	谢	单独空井式
219	解放楼		温庄		1963	3		21.3	25.6	0.40	542	谢	单独空井式
220	东风楼	新楼	温庄		1952	2/3		22.5	28.8	0.56	648	谢	单独空井式
221	新楼		坂溪	溪柄	解放后	2/3		23.8	26.5	0.47	630	谢	单独空井式
222	维新楼		坂溪	溪柄	清	2/3		18.5	26.4	0.58	488	谢	单独空井式
223	馀庆楼		坂溪	溪柄	清	2/3		8.2	15.4	0.44	126	谢	前联封闭式
224	瑞兴楼		坂溪	坂寮	明末	4		25	25	1.14	625	（谢）	单独空井式
225	新月楼		坂溪	坂寮	清	2/3		7.2	18	0.70	129	谢	前联封闭式
226	永安楼		坂溪	后坂	清康熙	2/3		17.5	23.5	0.50	411	谢	单独空井式
227	鼎新楼		坂溪	窑头	清	2/3		7	13.5	0.46	94	林	前联封闭式
228	永溪大楼	永溪新圩	坂溪	永溪	清	3						（谢）	原大楼横楼

调查整理：谢炎周　谢应嵩

其中：

三层方楼（包括前二后三）157 座　四层方楼 69 座　四层圆楼 1 座　五层方楼 1 座

分布：

三坑村 2 座　莒舟村 2 座　新祠村 3 座　象山村 2 座　兰田村 6 座　洋东村 11 座

中心村 68 座　中溪村 44 座　保丰村 32 座　仁和村 32 座　营坑村 5 座　白叶村 2 座

上屿村 2 座　下屿村 6 座　温庄村 3 座　坂溪村 8 座

2008年适中镇寺庙调查情况表

序号	寺庙名称	所在地	主　祀	建筑年代	大约平方米
1	龙应宫	三坑村合溪	陈真	1997年重修	200
2	清凉寺	三坑村大洋清凉山	观音	清	300
3	亨运塔	三坑村石门炉口	妈祖 观音	清	200
4	八仙宫	三坑村	八仙	2001年重修	150
5	太子庙	莒舟村下郑	哪吒太子	清　07重修	100
6	圣母宫（六角亭）	莒舟村上郑	圣母（楼上）文昌（楼上）	清末	120
7	迴澜庙	新祠村杨头	真武帝　千里眼　顺风耳	明2007年重修	300
8	会龙庙	新祠村黄垅	陈真　哪吒太子	清　1984年重修	300
9	仙妈庙	新祠村卢尾桥	仙妈等五尊	清　2001年重修	200
10	保安宫	霞村村	郭圣王　关老爷　三仙妈	清	50
11	安庆堂	颜祠村	三宝　定光　保生大帝观音	明万历年间	200
12	多福堂	丰田村后田	文昌　魁星	清	150
13	忠义堂	象山村下隔	关帝	清	100
14	天后宫	象山村洋心	妈祖	清	30
15	龙兴宫	象山村后隔	保生大帝	清	120
16	复灵宫	颜中村如山头	关帝　定光　五谷仙　观音	清　1985年重建	80
17	三夫人宫	颜中村林田岭顶	三夫人　三夫人之神位牌	清乾隆　94重修	100
18	前林庵	颜中村前林	七保王（迁礼佛山庵）	清	60
19	龙兴堂	兰田村兰坑	三宝　定光　五显	清　80年代重修	200
20	太子庙	兰田村兰坑	哪吒太子	2002年建	50
21	太平宫	兰田村兰坑	观音	清　1991年重建	50
22	满兴宫	洋东村盂头隔	定光宝佛	重建	50
23	龙虎堂	洋东村山坪头	盘古王　哪吒太子　五显	清乾隆十八年	150
24	龙归宫	洋东村洋邦楼脚	观音　保生　五显	清　1982年重建	120
25	观音厅	洋东村上赖赤楼边	观音　土地公	清　1985年重建	30
26	圣岩宫	洋东村上赖洋尾石山脚	五显大帝　观音	清　1999年重建	120
27	白云堂	中心村墩古	三宝　正顺圣王	宋	1500
28	兴龙宫	中心村乌石山	观音　文昌　财神	明　1993年重建	120

续表

序号	寺庙名称	所在地	主　祀	建筑年代	大约平方米
29	水峰宫	中心村墩古硿仔	陈真	清末（07 火灾重建）	80
30	天龙宫	中心村上方山（上庵）	观音	清　后重建	60
31	上方寺	中心村上方山（下庵）	三宝　地藏王　关公	1992 年	450
32	慈义阁	中心村东甲蔡坑口	关帝　观音	清	50
33	慈济宫	中心村东甲（东山庵）	大道公　三太子	道光廿年重修	400
34	隆兴宫	中心村下上亲（老庵）	三宝　陈真　文昌	道光八年重建	200
35	隆兴寺	中心村下上亲（新庵）	释迦牟尼　如来佛	1996 年	600
36	正仙堂	中心村下上亲（九仙庵）	观音　九鲤仙祖	清　1996 年重建	300
37	空中祖	中心村炉前中福山	空中祖师	民国	300
38	礼佛山庵	中心村裕福楼后礼佛山	圣王　七保王　南斗　北斗	2006 年建	300
39	谢安纪念馆	中溪村土城公园	正顺圣王　文昌　关帝	2003 年	350
40	观音厅	中溪村大中桥头	观音	清（原在廊桥中）	50
41	先生公庵	中溪村邦兜坑下塘	药王仙师	1985. 11. 改建	60
42	显应宫	保丰村下庵仔	唐将军（陈元光）	乾隆五十九年前	300
43	麻公庵	保丰村麻石内	麻公　三圣公	乾隆年间	50
44	慈明寺（居士林）	保丰（南墩）中南山	三宝　观音　关帝　文昌	2002 年迁修	1000
45	崇文书院	保丰村前洋西河山麓	文昌魁生五谷仙关帝观音	清　嘉庆丙子	600
46	龙安宫	保丰村后间	护国大王　关帝　太子	2000 年龙安楼迁	150
47	隆兴堂	保丰村保宁路边	三宝　陈真	乾隆五十六年重修	200
48	清风阁	保丰村保宁路边	文昌　魁生　吴公　关帝	清 1991 年重建	200
49	秀峰岩	保丰村保宁水尾尖	上宫观音　下宫骑龙仙妈	上宫清 2007 重修	50 + 50
50	天后宫	仁和村保太（北矿内）	圣母　观音	清　1995 整修	（残存）
51	水口宫	仁和村保太	圣母	约 1975 年	500
52	天后宫	仁和村王墘	圣母	200 年前	300
53	慈济宫	仁和村王墘	陈真　保生　吴公	1992 年重建	150
54	观音庵	仁和村王墘下南墩口	观音	1985 年重修	50
55	碧云宫	仁和村下南墩	五显公	清	50
56	英毅殿	仁和村王墘上楼角	关帝	清	80

续表

序号	寺庙名称	所在地	主　祀	建筑年代	大约平方米
57	传济宫	仁和村上南墩仙妈庵	骑龙仙妈　保生大帝	道光乙亥修瓦盖	150
58	天后宫	仁和村上南墩	圣母　观音	清	100
59	半天岩庵	营坑村半天岩（石碑）	观音　如来佛	清　06年迁移改建	300
60	丰乐宫	营坑村城坑	陈真　保生　五谷仙	清	150
61	水仙宫	白叶村	观音　骑龙仙妈	民国	50
62	照兴堂	上屿村	释迦灵佛　观音　定光	清	200
63	倚南宫	下屿村口	观音	清	60
64	上龙宫	下屿村	关帝　文昌　五谷仙	1993年	100
65	显宁宫	下屿村溪尾	观音等七尊	1978年	50
66	祖师厅	下屿村溪尾（楼内）	陈真　保生大帝	清	30
67	东岚宫	温庄村	关帝	解放后重建	30
68	永德庵	坂溪村合溪	观音	民国　重建	50
69	显灵宫	坂溪村坂寮	三宝　观音	清	150
70	龙华山庵	坂溪村龙华山	观音	明末	200

调查整理：谢炎周　谢应嵩

其中：

三坑村4座　莒舟村2座　新祠村3座　霞村村1座　颜祠村1座　丰田村1座
象山村3座　颜中村3座　兰田村3座　洋东村5座　中心村12座　中溪村3座
保丰村8座　仁和村9座　营坑村2座　白叶村1座　上屿村1座　下屿村4座
温庄村1座　坂溪村3座

2008 年适中镇各姓氏祠堂调查情况表

序号	名　称	所在地	姓氏	主祀者	建造年代	大约平方米
1	追远堂	中心村墩古宿基山	陈	一世祖杨氏陈妈	明　05 重修	300
2	致敬堂	中心村墩古古楼北边	陈	二世祖考妣	清	失修残存
3	常念堂	洋东村盂头口	陈	祖祠兼骨灰存放堂	清（重修）	300
4	景福堂	丰田村后田	陈	后田开基一世祖肖岩公	清	180
5	祝多堂	象山村后隔	陈	三世祖莪士进候周石公	清	100
6	愧斋公祠	丰田村后田	陈	四世祖愧斋公	清	300
7	衍庆堂	丰田村后坑	陈	四世祖愧斋公　尔嘉公	清	100
8	仰高堂	丰田村后坑	陈	四世祖振西公　有林公	清	100
9	西诃祠（怀德堂）	象山村山埔	林	适中开基始祖九郎公	明　08 重建	500
10	宗华祠（追慕堂）	象山村洋心	林	象山一世祖宗华公	清	150
11	东洋祠	象山村下隔	林	宗华 宗志 文夫公祖祠	清	150
12	四甲祠	象山村后隔	林	下隔田螺形祖祠	清	60
13	三房祠	象山村洋心	林	三世祖成忠公	清	150
14	五房祠	象山村洋心	林	三世祖成宗公	清	150
15	八房祠	象山村洋心	林	三世祖成广公	清	150
16	斌公祠	象山村洋心	林	四世祖茂斌公	清	150
17	金角祠	象山村山埔	林	四世祖茂辉公	清	120
18	三合堂	象山村神宫	林	五世阿昌 阿贵 阿宝公	清	120
19	裕庆堂（叟公祠）	中心村肃威裕福楼右前	林	三世祖宗友公（西林）	清	350
20	光裕堂（荣公祠）	中心村东甲	林	三世祖宗荣公（东林）	1708 年	侵建残存
21	聿修堂	中颜小区内	林	四世祖崇珊公（西林）	清（重修）	300
22	明馨堂	中心村东甲蔡坑口	林	四世祖崇琥公（东林）	乾隆丁丑	300
23	德庆堂	中心村下东甲	林	四世祖德辉公（东林）	清	300
24	赍成堂	中溪村龙埔宫山腰	林	六世祖世通世华公（西林）	清（重修）	500
25	择胜堂	中溪村龙埔官田	林	八世祖华田公（东林）	清（重建）	500
26	维馨堂	中溪村迴州楼后	林	八世祖鸿源公（西林）	嘉庆癸酉	火烧残存
27	崇德堂	中心村礼佛山脚月山厝	林	十世祖观颐涵理公（西林）	清	300

续表

序号	名　称	所在地	姓氏	主祀者	建造年代	大约平方米
28	爱日堂	中心村下东甲	林	十二世祖克成公（东林）	清	250
29	僾见堂	仁和村王墘象形厝	林	王墘始祖 尚青公	清	1000
30	大洋堂	仁和村安彬林氏宗祠	林	安彬始祖季甫公	清	失修残存
31	金钩祠	仁和村安彬	林	三世祖永清公	清（重修）	350
32	厚积堂	仁和村安彬	林	六世祖荣德公	清（重修）	550
33	承启堂	仁和村安彬	林	六世祖崇荫公	乾隆（重修）	300
34	大青公祠	仁和村安彬	林	七世祖大青公	清	100
35	大成公祠	仁和村安彬	林	七世祖大成公	清	失修残存
36	朴予公祠	仁和村安彬	林	九世祖朴予公	清	失修损坏
37	素予公祠	仁和村安彬	林	九世祖素予公	清	失修损坏
38	五瑞堂	坂溪村窑头	林	十二世祖达奇公	清 06 重修	200
39	得先堂	颜祠村	林	十世祖明宇公	民国	20
40	光裕堂	洋东村上赖	赖	（明高户）上赖始祖亲公	明（重修）	400
41	洋兴堂	洋东村上赖洋尾厝	赖	（明高户）三世祖维邦公	清（85 修）	500
42	维良公祠	洋东村上赖	赖	（明高户）三世祖维良公	清	失修损坏
43	永思堂	洋东村上赖	赖	（明高户）七世祖满忠公	清（重修）	300
44	绵远堂	中心村上上亲	赖	（万良户）始祖大三五郎公	明	250
45	怀德堂	中心村上上亲	赖	（万良户）五世守荣守贵公	清	200
46	追远堂	中心村下上亲	赖	（万良户）六世祖宽政公	清	150
47	追远堂	中心村后宅象形厝	赖	（朝英户）始祖 36 郎公	清（重修）	400
48	崇德堂	中心村公馆后后	赖	（朝英户）七世祖长生公	清	150
49	思德堂	中心村后宅十房厝	赖	（朝英户）八世祖胜兴公	重建	150
50	舜廷公祠	中心村公馆后	赖	（朝英户）十二世祖尚孝公	清（95 重修）	200
51	蛇形厝赖氏家庙	营坑村城坑	赖	13—19 世显祖考妣	民国	150
52	崇报堂（高户建）	保丰村下圩溪边	谢	适中开基始祖万十二郎公	乾隆（修）	860
53	追报堂（明户建）	中溪村后窟仔	谢	适中开基始祖万十二郎公	清（重修）	600
54	福成堂	保丰村后间口	谢	六世祖广宁公（阳高户）	清（重修）	500

续表

序号	名　称	所在地	姓氏	主祀者	建造年代	大约平方米
55	光裕堂	保丰村后间口	谢	六世祖广生公（阳明户）	清（重修）	200
56	坎头祠	保丰村后间口	谢	七世祖阳周公（高户）	清（重修）	300
57	追继堂	保丰村保宁赖洋	谢	七世祖阳龄公（高户）	清（重修）	500
58	远馨堂	兰田村兰坑	谢	七世祖阳德公（高户）	清（重修）	500
59	石马祠	保丰村中圩马山麓	谢	七世祖阳泰公（高户）	清（重修）	450
60	荫林祠	保丰村暗林公路下	谢	七世祖阳旻公（高户）	清（重修）	300
61	阳瓚公祠	保丰村赖洋留耕楼边	谢	七世祖阳瓚公（明户）	清	失修损坏
62	隆坪祠	保丰村保宁油坪	谢	七世祖阳瑜公（明户）	清	320
63	德基堂	仁和村保泰	谢	七世祖阳绍公（明户）	清	400
64	思德堂	保丰村保宁赖洋	谢	七世祖阳显公（明户）	清	300
65	缵馨堂	保丰村保宁赖洋	谢	八世祖春波公（高户）	清（重修）	300
66	月角祠	兰田村兰坑	谢	八世祖乾质公（高户）	清（04 重修）	500
67	崇敬堂	兰田村兰坑	谢	八世祖乾志公（高户）	清（04 重修）	500
68	明馨堂	兰田村兰坑	谢	八世祖乾德公（高户）	清（06 重修）	500
69	若思堂	保丰村中圩石马头	谢	八世殷功元配林氏（高户）	清	修路损坏
70	新安祠	保丰村中圩新安	谢	八世殷功侧配赖氏（高户）	清（重修）	800
71	西庆堂	三坑村合溪	谢	八世祖珪功公（高户）	清	300
72	仰德堂	保丰村中圩石马头	谢	八世祖崇功公（高户）	清	400
73	裕德堂	保丰村中圩	谢	八世祖厚功公（高户）	清（重修）	400
74	崇德堂	仁和村保泰	谢	八世祖恭功公（明户）	清 2000 重修	300
75	冶燕堂	兰田村兰坑	谢	九世祖尚典公（高户）	清	失修残存
76	继思堂	中心村敦古下路楼边	谢	九世祖西庄公（高户）	1944 年	500
77	惇裕堂	中溪村后窟仔檐下	谢	九世祖松山公（高户）	清	300
78	绍德堂	兰田村兰坑塘埛	谢	九世祖崖峰公（高户）	清	失修残存
79	月角祠	中溪村大中桥	谢	九世祖中山公（高户）	清	350
80	中　祠	保丰村中圩马山麓	谢	九世祖冬柏公（高户）	清（重修）	400
81	员山公祠	中溪村土城脚	谢	九世祖员山公（高户）	清	250

续表

序号	名　称	所在地	姓氏	主祀者	建造年代	大约平方米
82	古石公祠	中溪村（后窟仔口）	谢	九世祖古石公（高户）	清	失修损坏
83	永思堂	保丰村保宁月半营	谢	九世祖一阳公（明户）	清（重修）	300
84	追远堂	保丰村保宁逆水厝	谢	九世祖一阳公（明户）	清	失修损坏
85	霞溪祠	保丰村保宁月半营	谢	九世慎吾公乐川公（明户）	清（重修）	400
86	申德堂	中心村上上亲乐公祠	谢	九世祖乐川公（明户）	清（重修）	400
87	梅谷祠	保丰村中圩新安	谢	十世祖梅溪公（高户）	清（重修）	360
88	复兴堂	洋东村盂头口	谢	十世祖存在公（高户）	清	350
89	序思堂	保丰村中圩松林下	谢	十世祖敬州公（高户）	清	200
90	绳武堂	中溪村土城下	谢	十世祖怀松公（高户）	清	300
91	蛇形祠	保丰村中圩	谢	十世祖月湖公（高户）	清	失修损坏
92	龟形祠	保丰村中圩	谢	十世祖月池公（高户）	清	400
93	荣兴堂	坂溪村合溪	谢	十世祖次峰公（高户）	清	300
94	崇德堂	坂溪村溪柄	谢	十世祖玉海公（高户）	清（重修）	250
95	金屏祠	中溪村上虎岭脚	谢	十世祖可山公（明户）	清	350
96	老楼厅	中溪村西眷楼旧址改建	谢	十世祖可山公（明户）	清	300
97	怡馨堂	保丰村保宁（水尾）	谢	十世祖录琪公（明户）	清	失修损坏
98	怀报堂	中心村裕福楼后	谢	十世祖宾山公（明户）	清	300
99	世德堂	中心村肃威浮山	谢	十世祖玉峰公（明户）	清	火烧残存
100	僾思堂	中溪村柳溪四节桥	谢	十一世祖居崖公（高户）	清　08 重修	纠纷失修
101	泽报堂	温庄村	谢	十一世祖谦吾公（高户）	清（重修）	300
102	怀德堂	温庄村	谢	十一世祖宠廷公（高户）	清	300
103	从德堂	中心村肃威龙田楼前	谢	十一世祖振波公（明户）	清　2006 重修	600
104	承德堂	兰田村兰坑	谢	十二世祖周毓公（高户）	清（重修）	100
105	金星祠	洋东村楼脚老厝	谢	十二世祖兴衢公（高户）	清	150
106	潜兴祠	坂溪村上村	谢	十二世祖达宇公（高户）	清	400
107	承裕堂	坂溪村下村三组	谢	十二世祖轩如公（明户）	清	失修损坏
108	承庆堂	中心村墩古典常楼前	谢	十二世佑嘉公（明户）	清	300

续表

序号	名　称	所在地	姓氏	主祀者	建造年代	大约平方米
109	述德堂	保丰村保宁小学内	谢	十二世祖映奎公（明户）	清（重修）	250
110	承庆堂	三坑村石门炉	谢	十三世祖统益公（高户）	清（重修）	100
111	怀德堂	中心村肃威浮山	谢	十三世祖常春公（高户）	乾隆乙酉	300
112	绍志堂	中溪村土城脚	谢	十三世祖奎玉公（高户）	清	400
113	有庆堂	洋东村老赖	谢	十三世祖历数公（高户）	清	200
114	崇兴堂	莒舟村三井	谢	十三世祖（明户）	清	160
115	述德堂	中溪村大中	谢	十三世祖贤林公（明户）	清	1000
116	德裕堂（绳武堂）	仁和村上南墩	谢	十三世祖尔位公（明户）	清　2006 重修	300
117	孝睦堂	中溪村大中桥	谢	十四世祖储贵公（高户）	清	失修残存
118	追慕堂	保丰村中圩石马头	谢	十四世祖隐泉公（高户）	清　2008 重修	400
119	亲睦堂	中溪村龙埔柳溪太监城	谢	十四世祖梅仲公（高户）	清	250
120	任可公祠	保丰梅仔坑	谢	十四世祖任可公（高户）	清	200
121	承庆堂	中溪村后窟仔	谢	十四世祖储亨公未入主（高户）	清	250
122	仰德堂	中心村肃威浮山	谢	十四世祖昊旦公（明户）	清（重修）	400
123	重馨堂	中心村肃威方旦厝	谢	十四世祖方旦公（明户）	清	800
124	德之堂	中心村墩古方树楼下边	谢	十四世祖方树公（明户）	清	320
125	裕庆堂	中溪村龙埔望天仔	谢	十五世祖秀安公（高户）	清	400
126	承德堂	中心村墩古八公厝右边	谢	十五世祖美安公（明户）	清	300
127	承志堂	中溪村下虎岭脚	谢	十八世祖季芬公（明户）	清乾隆	300
128	金瓯祠	仁和村北山平埔	卢	北山开基始祖震山公	清　05 重修	600
129	溪坝祠	仁和村北山	卢	（二房）七世祖应科公	清　87 重修	300
130	明德堂	新祠村卢尾	卢	八世祖钦公	清 重修	500
131	崇德堂	新祠村黄埯老厝	黄	黄埯开基始祖子春公	清 重修	300
132	绍宗堂	新祠村黄埯黄氏宗祠	黄	五世松轩公	清	失修残存
133	明德堂	新祠村杨头高速路下	杨	杨氏祖考妣	清 重修	200
134	得福堂	竹华村	李	十三世祖得资 得耀公	清	150
135	东兴堂	丰田村南坑	李	一世祖（从永福迁基）	清 重建	160

续表

序号	名　称	所在地	姓氏	主祀者	建造年代	大约平方米
136	承庆堂	莒舟村林坑园	江	林坑园始祖石海公	清末	200
137	承启堂	颜祠村	江	一世祖惠高公	清	150
138	怀周公祠	颜祠村	江	十一世祖怀周公	清	150
139	罗氏宗祠	霞村村楼脚	罗	开基世祖	清	100
140	馨远祠	霞村村东角	罗	始世祖维彬公	清	150
141	追远祠	霞村村东角	罗	士钦公	清	150
142	永锡堂	保丰村老肖	萧	六世祖万盛公	清	300
143	鲁国堂	仁和村河口复圣家庙	颜	适中开基始祖复圣公	清	300
144	追报堂	莒舟村上郑	郑	十世祖北轩公	清 扩改建	250
145	追远堂	莒舟村下郑	郑	郑氏祖考妣	清	250
146	追远堂	丰田村后田	张	祖考妣	改建	20
147	玉华祠	三坑村大洋	张	六世祖玉华公	2003 年重建	50

调查整理：谢炎周　谢应嵩

其中：

谢氏 76 座　林氏 31 座　赖氏 12 座　陈氏 8 座　卢氏 3 座

江氏 3 座　罗氏 3 座　李氏 2 座　郑氏 2 座　黄氏 2 座

张氏 2 座　萧氏 1 座　颜氏 1 座　杨氏 1 座

另　尚有部分漏报的现存祠堂，如象山林氏的阿胜公祠、松国公祠；新祠黄墩黄氏的、洋东学校边谢氏的、保丰保宁谢氏的等等，未列入本表。

参加本书工作的实测及绘图者名单：

实测者

张宇	高泉	闻一峰	郑英姿
张杰	马晓刚	丁勇	吴其煊
杨姝	衷峻	卢朝阳	杨惠兰
夏晓刚	刘小虎	赵颖	张小满
江天风	赵澄	邵文秀	罗韬
杨宁	张弯弯	张雷	刘家仁
曹文君	颜贻嵘	杨海东	刘刚
陈继	吴晓华	何鹏	张旗
吴国华	董冰	王瑾	刘欣
奉继红	范洲	李辉	郑鸣
康曼	庄慎	陈磊	张冬梅
鲁斌	顾文斌	刘畅	陈恺
王丽华	殷明	孙延风	邹晓海
李宏	蒋之颖	吴敏东	王非
李颖	黄嵘	张伟	朱捷
黄颖	甘斌	陈旭东	俞青
章海	尹虹	林永宏	徐芸霞
董斌			

绘图者

张宇	高泉	闻一峰	郑英姿
张杰	马晓刚	丁勇	吴其煊
杨姝	衷峻	卢朝阳	杨惠兰
赵颖	夏晓刚	杨宁	刘小虎
江天风	张小满	赵澄	邵文秀
罗韬	张雷	张弯弯	刘家仁
曹文君	颜贻嵘	杨海东	陈继
刘刚	吴晓华	何鹏	张旗
吴国华	董冰	王瑾	刘欣
奉继红	范洲	郑鸣	康曼
庄慎	陈磊	张冬梅	鲁斌
顾文斌	陈恺	刘畅	王丽华
殷明	孙延风	邹晓海	蒋之颖
李宏	吴敏东	李颖	王非
张伟	黄嵘	朱捷	黄颖
陈旭东	甘斌	俞青	章海
尹虹	林永宏	徐芸霞	董斌
黄斌			